无公害农产品
安全生产手册丛书

[养 殖 类]

无公害鸭
安全生产手册

农业部市场与经济信息司　组编
杜文兴　编著

中国农业出版社

图书在版编目（CIP）数据

无公害鸭安全生产手册/杜文兴编著；农业部市场与经济信息司组编. —北京：中国农业出版社，2007.10
（无公害农产品安全生产手册丛书）
ISBN 978-7-109-12235-2

Ⅰ. 无… Ⅱ. ①杜…②农… Ⅲ. 鸭—饲养管理—无污染技术—技术手册 Ⅳ. S834.4-62

中国版本图书馆 CIP 数据核字（2007）第 149294 号

中国农业出版社出版
（北京市朝阳区农展馆北路 2 号）
（邮政编码 100125）
责任编辑 王玉英

中国农业出版社印刷厂印刷 新华书店北京发行所发行
2008 年 1 月第 1 版 2011 年 1 月北京第 2 次印刷

开本：850mm×1168mm 1/32 印张：11.625
字数：296 千字 印数：7 001～11 000 册
定价：19.00 元

《无公害农产品安全生产手册》丛书
编 写 委 员 会

目录

第一章

无公害鸭绿色安全生产的系统工程建设

一、无公害鸭绿色安全生产的影响因素分析

（一）养殖环境污染对无公害鸭绿色安全生产的影响

1. 畜禽养殖对环境造成污染的污染源分析

（1）*畜禽粪便污染*　畜禽粪便是农田良好的有机肥，但如果不加以合理的处理，而让粪便随意地堆集在露天，则由于粪中大量的营养物质在微生物的作用下将进行有氧发酵，这时一些有害菌将使粪便中的一些营养物质腐败发臭，严重影响环境中空气、水、土壤的质量，同时粪中的营养物质也将损失。所以畜禽产生的粪便是不能随便堆集在露天空气中。有些地区由于大规模发展畜禽饲养业，致使当地产生的畜禽粪便不能被及时和充分地用于农田作为有机物；而一家一户分散式的畜禽养殖，又不能集中对畜禽粪便进行加工处理，致使区域性的粪便污染经常发生，既严重浪费了资源、危害了环境，又影响了畜禽养殖业的可持续化。

（2）*饲料浪费污染*　由于农户没有实施规范化的饲养操作，有些农户无合适的饲养设备，即使有也不充足，致使在喂料中畜禽争食、抢食严重，造成饲料撒向食槽外；有的由于采用自配粉料，且粉料过细，造成适口性差，畜禽不喜食，而在挑食过程中造成大量的饲料浪费。有的农户由于不为畜禽设置饲料槽，尤其是鸭、鹅养殖场，结果农户直接将饲料撒向地面喂鸭、鹅，造成

采食时践踏饲料；这不仅造成鸭、鹅食进污染物，引起鸭、鹅疾病的发生；而且有些浪费的饲料与畜禽粪便一起被冲洗走，任意流向环境中；或与粪便一起被堆集在露天发酵，不仅使本应利用的营养物质白白的浪费，而且这些营养物质与粪便一起去污染着环境。

（3）兽药残留污染　由于农户在饲养设备上投入不足，缺乏对科学饲养技术的了解，致使他们饲养的畜禽从一开始就不断生病；同时由于他们对畜禽疾病的预防知识缺乏了解，本该按时进行的预防接种工作，得不到及时预防，致使畜禽经常发生疾病。同时由于我们的基层服务人员技术水平低及服务意识差，使疾病不能及时且有针对的治疗，造成畜禽长期处在亚健康状态下，致使养殖场（户）不得不长期、且大剂量给畜禽用药，结果造成药物在畜禽产品中大量残留。同时由于不能科学地使用兽药，而使畜禽很快对药物产生抗药性，造成有的农户不得不使用违禁药物。

（4）畜禽疾病污染　由于造成畜禽有些疾病发生的病原菌与人类致病的病原菌间存在着共生性，一旦这类疾病在畜禽上发生，如不加以严格控制，就有可能使人类同时患上这类疾病，如英国的疯牛病、香港的禽流感，就造成人的惊慌。目前畜禽应用的抗菌素，有的抗病性甚至已优于人类使用的同类药，所以有专家预测，这样长期下去，以后的人兽共患病，一旦人发生，人类将无药可治。

2. 畜禽养殖对环境造成污染的途径分析

（1）直接污染　畜禽场对环境直接造成的污染包括：畜禽排泄物、畜禽场污水、病死畜禽、畜禽的叫声形成的噪音、畜禽场的粉尘。

（2）间接污染　包括畜禽场粪便发酵后的恶臭、孳生的大量蚊蝇、病死畜禽肉制成的产品、寄生虫和一些病原微生物等。

（3）水源污染　一些畜禽养殖场的粪便不加任何处理即堆集

在场外，一旦阴雨天，就造成粪中物质随着雨水流入河道；有些养殖场甚至将病死畜禽不加处理就随意抛向河中。同时由于在水禽饲养中一些传统的饲养习俗和种用水禽本身需水源的习性，造成水禽饲养中一定要结合水来饲养，结果水禽的粪便随意排向水中。绝大部分私营养殖业主，在冲洗畜禽舍或运动场时，也没有集污水池，结果污水任意流向场外河中，造成目前畜禽养殖对水源污染日趋严重。

（4）*空气污染*　一些畜禽场，虽然设有集粪池和处理病死畜禽处，但由于处理不彻底，造成集粪池内长期不清理，粪便在内发酵，产生了甲烷和硫化氢等有毒有害的气体散发于空间。有些养殖业主为了减少养殖场设施投资费用，往往采用过于简陋的畜禽舍，尤其在肉鸭养殖中，有些农户选择在村外低洼废地上搭建鸭舍，为了防止鸭接触潮湿的地面后易发病，结果往往采用高床网养，而粪便就排向网下低洼地，常常是一趟养殖结束后才能清除粪便，结果由于网下的粪水分大、温度高，粪严重发酵，造成有害气体不断产生，严重影响了空气质量。

3. 畜禽养殖对环境造成污染的程度分析

（1）*点污染*　畜禽养殖业正在从传统的散养向集约化转变，由于大量畜禽养殖场没有治理设施，一个养殖场就是一个大的点污染源。

（2）*面污染*　由于畜禽养殖中要求以点带面，许多地方在畜禽养殖中开展了“公司”＋“农户”的养殖模式，这种“公司”集畜禽制种、“农户”分散养殖、“公司”回收加工或集中向市场出售式的联合体，虽然在一定程度上带动了区域性养殖业的发展，但如果不对区域性的畜禽养殖进行环境保护和污染处理，也就形成了区域性的面污染源。

（3）*环带污染*　20多年前，为了解决我国城市居民的副食品供应，我国绝大多数大中城市组织实施了“菜篮子工程”，建设了以城市周围郊区为主的畜禽养殖场。近年来，随着城市的向外扩增，愈来愈多的居民生活区建向于城郊，这样造成畜禽养殖场就紧临人口稠密的居民生活区，由于这类养殖场分散于城郊四周，就形成了对城市起包围作用的环带污染源。

4. 造成畜禽养殖业污染环境的原因分析

（1）各级政府和养殖者对环保意识淡薄　许多政府部门为了发展当地养殖业和地方经济，总是单一的强调养殖业给养殖者和地方经济带来的好处，而对养殖业给地方环境保护带来的危害认识不足，致使从开始养殖时就仅重视饲养规模和发展速度，对畜禽场选址和建设、畜禽粪便的处理等不首先加以考虑，致使在形成一定规模后，出现了畜禽场严重污染环境的状况。

（2）缺乏足够投资，造成饲养设施简陋　有许多养殖者，特别是比较贫困的农户，想通过养殖来发家致富，但由于缺乏足够的投资，因而就因陋就简地进行畜禽养殖，许多饲养设施简单、有的甚至缺乏必要的饲养设施，结果出现许多简易型畜禽舍和露天饲养场。有些饲养鸭、鹅的农户，由于缺乏饲养舍，干脆整天将鸭、鹅放置于水中，食料也仅在塘边上搭一个简易棚，让鸭、鹅任意采食，结果鸭、鹅大量的粪便四处随意排泄，严重污染了饲养环境。

（3）不懂饲养技术，畜禽发病严重　许多养殖者由于不懂饲养技术，致使畜禽经常发病，为了提高畜禽的成活率和生产性能，他们在饲料中长期用药，一方面出现畜禽对长期服用的某些药产生抗药性，致使疾病得不到控制；另一方面不断加大药物的剂量，同时在肉畜禽宰杀前还大量用药，致使药物在肉中有残留；再一是对不该用药的畜禽，如蛋鸡、奶牛等也出现了用药，致使产品中有药物的残留。

（4）为了追求商业利润，而使用违禁药物　有些畜禽养殖者为了追求商业利润，竟然使用违禁药物，如有些饲养者为了使猪的皮肤泛红，而使用激素类药物；为了使猪的粪便发黑，而大量使用高铜添加剂。这些药物的大量使用，一方面造成畜禽体内药物残留量高，另一方面是不能吸收的大量药物，随粪便排向大自然，致使这类畜禽场的周围被药物大量污染，严重影响了子孙后代的生存环境。

（二）品种及苗的质量对无公害鸭绿色安全生产的影响

1. 品种质量对无公害鸭绿色安全生产的影响分析

（1）缺乏全国性的繁育体系建设　目前我国肉鸭生产中主要品种有从英国引入的樱桃谷鸭，从法国引入的奥白星鸭，有从丹麦引入的丽佳鸭，从美国引入的枫叶鸭，我国的北京鸭以及一些地方性的兼用型鸭种。蛋鸭品种主要有浙江的绍鸭、福建的金定鸭以及一些地方性的小型麻鸭品种。只要是鸭的产区，各地均纷纷想建立起自己的鸭繁育体系，因而不管采用引进品种，还是开发利用自己的地方性品种，都以建立繁育体系为荣。以致出现了仅从英国引进的樱桃谷鸭就有数个省市引进，且各自为政、相互展开竞争，根本没有全国一盘棋的意识，造成大量的人力、物力的浪费，且各自又不可能有大的投入开展选育工作，以致出现多家种鸭场必须年年向国外引种，而全国缺乏统一的鸭繁育体系建设。

（2）种鸭场建设不规范　虽然我国颁布了《种畜禽管理条例》、《种畜禽生产经营许可证》和《中华人民共和国畜牧法》，但各地在建立种鸭场时，尤其是农民养种鸭时，尚缺乏严格的审批制度。在一些地方，由于地方保护主义的存在，基层畜牧兽医站在对当地繁育体系的建设中，缺乏相应的监督力度。有些养殖户不具有饲养种鸭设施条件和技术保障，还从事着种鸭的生产；一些饲养种鸭的农户缺乏种畜禽生产许可证，更有些饲养者用商品代做父母代种鸭饲养。不仅严重干扰了正常的种鸭场建设，而且造成品种质量下降，饲养的鸭的抗病力下降、生产性能下降，产品达不到规范化生产要求，也严重影响了无公害鸭绿色安全生产。

2. 苗的质量对无公害鸭绿色安全生产的影响分析

（1）*种蛋生产技术不过关，由于蛋脏而使苗受到污染*　由于一些种鸭饲养场不具备从事种鸭生产的饲养条件和技术保障，致使生产的种鸭受粪便及垫料等污染严重。同时在种蛋收集后及孵化中不按规定进行严格的消毒，造成孵化机及孵化室受污染严重，使出雏的雏受到有害细菌的严重侵袭，苗的健康受到严重影响。

（2）*孵化设施和孵化条件简陋*　人工孵化是我国传统发明之一，但传统的孵化由于操作繁琐，已愈来愈不能适应现代养鸭业发展的需要，因而各地种鸭蛋孵化者又将传统孵化方式与机械孵化方式结合进行了组装，从而使这种孵化方式能与现代规模苗鸭生产相适应。但由于在孵化设施和孵化条件上是以减少投资为出发点，因而缺乏必要的孵化室设施及配套设施，致使种蛋消毒不严，有的甚至不进行消毒就孵化；由于孵化室简陋，致使在冬季和夏季条件下出雏率尤其差，出雏的苗质量下降。由于孵化机也相对简易，很难实施规范化的操作要求，如孵化期间的带蛋消毒，孵化机及出雏机在一批结束后的严格消毒等措施均难以实施，致使苗在孵化过程中就受到细菌污染，尤其是大肠杆菌和沙门氏菌的污染更是普遍，使苗的质量明显下降，对无公害鸭绿色安全生产将是严重的威胁。

（三）饲料营养水平及饲料质量对无公害鸭绿色安全生产的影响

1. 原料质量低劣，不符合卫生质量标准

（1）*原料品质低劣，卫生质量差*　有些原料不仅营养指标不符合原料质量标准要求，而且卫生质量存在严重问题。由于鸭在传统的放牧饲养中，一般喜食小鱼小虾，因而广大饲养者就认为养鸭必须要用动物性饲料。因而民间自己制作的小鱼小虾类原料随意添加，但由于这些原料在制作中没有消毒工序，有的在制作时已出现腐烂，造成这种原料中有害细菌含量严重超标，使用后严重影响了鸭的正常消化和鸭体健康。

（2）原料保管不严，造成原料变质　目前在许多玉米种植区域内饲养鸭的农户，一般均采用自配料。他们采购原料后，由于没有规范化的原料贮存室，致使原料贮存过程中出现了原料霉变。现在的民间饲料厂也是层出不穷，但由于生产设施和原料保存条件有限，致使原料经常出现霉变。这些容易出现霉变的原料主要在梅雨季节和夏季，一般是由于原料本身的品质不好，再一是由于原料中的含水分过高所致。

2. 所配饲料不符合鸭的营养标准

（1）原料营养含量达不到质量标准　所购买的饲料原料，由于没有严格的检测条件，致使原料营养含量达不到质量标准，而在进行配合时又按其标准营养含量进行了测算，使配合饲料达不到营养质量标准，造成鸭的生长受阻，影响了鸭的健康。

（2）没有按质购买原料，而是按价格来取舍原料　有些饲料生产者在购买原料时，不是按原料质量来按质论价，而是按原料价格来取舍原料，致使所进原料质量低劣。用这些质量低劣的原料生产的饲料，其实际营养含量与理论值比较差异相当大。这中间最严重的是预混料的质量，由于质次价低的预混合料中营养达不到鸭的生产和生活所需，造成生产出的配合料喂鸭后出现营养缺乏症，严重影响了鸭的生产性能和健康状况。

（3）所推荐的营养标准有误　有的预混合料厂家或鸭苗生产厂家，为了在售后服务上能取信于用户，特给用户设计了专门的鸭用推荐配方。虽然他们中的绝大多数有这方面的技术，但也有少数缺乏相应的技术力量，有的照着错误的配方不加分辨的照抄给用户，致使用户按此配方生产的料不符合鸭生产阶段的营养所需。笔者就遇到一孵化厂给其用户推荐的商品蛋鸭青年鸭时的饲料配方中，豆饼用量达25%的推荐配方，致使鸭在产蛋初期出现严重的鸭产蛋致死现象。这就是由于推荐配方中豆饼用量过高，造成青年鸭过肥而引起的开产困难而致死亡的错误配方。目前有的公司向肉种鸭用户的推荐配方中蛋白质用量已有高达21％的配方，这必将严重误导用户。同时也造成大量的没有吸收的营养物质向外排泄后对外界环境所造成的压力。

（4）没有严格按鸭的营养需要来配合饲料　目前我国所列的鸭的营养需要标准，是在20世纪80年代初进行的研究结果的推荐标准，而现在鸭的生产水平、饲养方式、条件的不断改进以及环境污染等影响因素的进一步加剧，造成过去的标准已很难适应当今的生产需要。而由于国外鸭的饲养量较少，所以虽然像美国NRC中也有鸭的营养需要标准的推荐，但与鸡相比，他们在鸭上进行的研究就相当少。同时由于他们的饲养方式和饲养条件与我国的不同，致使他们推荐的营养需要标准拿来直接利用就有些牵强附会了，以致出现了许多配方者在设计鸭饲料配方中不知采用何种营养需要标准来设计配方。

（四）饲养方式和饲养条件对无公害鸭绿色安全生产的影响

1. 饲养方式的不当对无公害鸭绿色安全生产的影响

（1）传统的开放式饲养对无公害鸭绿色安全生产的影响　传统的开放式养鸭，鸭在舍外长期风吹露宿，承受着昼夜及日常环境变化的压力，鸭必须通过大量的营养消耗来保证在环境变化中体温的恒定；可一旦环境变化剧烈，鸭不能马上调整到适应时，就会生病。这种开放式的饲养方式，目前在肉鸭及蛋鸭生产中仍常被养殖户采用，严重制约着无公害鸭绿色安全生产的开展。

（2）传统的水陆结合饲养方式严重影响着鸭的健康　传统的观点认为，水禽的饲养必须结合水才能进行；固然水陆结合饲养方式在良好的水质条件下，有利于鸭的正常行为的发挥。但长期的在小范围水面进行的水陆结合饲养鸭，由于水体承受着鸭长期向水中排粪，而使水质遭受污染，致使在这种水体中长期饲养的鸭受到细菌的侵袭，使鸭容易发病。目前还有采用的这种鱼鸭混养式的所谓生态养殖，当水面过小时也易出现类似问题。这种方式下饲养的种鸭，由于公鸭喜与母鸭在水面交配，当水体受粪便污染严重时，水中的有害微生物极易在鸭交配时首先侵入公鸭生殖器，由公鸭的生殖器官将病菌带入到母鸭的生殖道，极易造成鸭的性器官疾病的发生，严重影响着鸭的健康和繁殖性能的发挥。

2. 饲养条件简陋对无公害鸭绿色安全生产的影响

（1）简易的育雏舍严重影响了鸭早期的健康生长　由于许多饲养者受传统的饲养习俗的影响，错误的认为雏鸭即使不按理论育雏条件操作，也能正常生长，结果在建造育雏舍时一般因陋就简。他们没有严格按育雏阶段鸭对饲养环境的要求来设计育雏室，而是用简易育雏舍来育雏，由于这种育雏舍的保温性能差，因而达不到育雏所需要的环境条件，尤其是在夜间，致使鸭早期就着凉、患感冒，从而造成鸭经常生病，长期用药。既严重影响了鸭的正常的生长发育，提高了饲养成本，又造成了鸭体内药物残留，影响了产品质量。

（2）简陋的饲养房舍影响着鸭的健康生活　与简易育雏舍相对应，育雏结束后的饲养条件更是相当简陋，有的鸭舍甚至是一年四季敞开，即使晚秋至早春的刮风下雨天气，鸭也只能在潮湿的地面，四周透风的鸭舍内相互依附着生活。由于这种鸭舍内的气候条件与外界完全一样，因而鸭也只能随着一天中早晚的气候不同而调节着自己的生活，且在季节性变化情况下这种影响更大。往往在这样的鸭舍条件下饲养的鸭不仅生长发育慢，而且鸭经常生病，用药量也大。由于长期用药，有时甚至一般性的抗生素都不起作用，因而有的饲养户用起了违禁药物，使产品质量达不到无公害质量的要求。

（3）简陋的饲养设施影响着鸭的健康生活　由于缺乏应有的

投资，或者缺乏正确的认识，造成饲养者在鸭的饲养设施投入上较差。有的养鸭户在利用水陆结合方式养鸭时，长期不在陆上设置专用饮水槽，以致让鸭长期饮用河中受过粪便污染的水。有的养鸭户虽然为养鸭专门打置了井，但由于缺乏投资或认识偏差，以致出现有的饲养户将浅井打在离鸭舍很近的地方，更有饲养者甚至将井打在了鸭舍内，以致出现井水受到有害细菌污染，尤其是大肠杆菌等污染严重，使鸭经常下痢；严重者出现鸭的逐渐死亡，出现了长期用药、甚至用违禁药物。这种死亡鸭具有心包炎、肝周炎等大肠杆菌的典型症状。解决的主要措施应是改变饮用水的质量。

（五）饲养管理及疾病防疫对无公害鸭绿色安全生产的影响

1. 饲养管理技术差对无公害鸭绿色安全生产的影响

（1）饲养者的文化水平较低，对科学养鸭知识缺乏了解　由于有些饲养者的文化水平较低，他们无法通过翻阅科普书籍来了解从事养鸭所必须掌握的基本知识；有的甚至根本没有文化就从事养鸭，造成对科学养鸭知识缺乏系统的了解，因而他们不能通过书本学科学知识，而是向从业者请教或模仿，以致出现错误的饲养管理方法也被人当作经验一样学习。这一状况严重影响着我国无公害鸭绿色安全生产的顺利开展。

（2）从事养鸭前没有参加过系统的培训　虽然我国有些地方开展了“绿色证书”制度，但并没有从法制上对从事者所要达到的基本操作技能进行规范要求，以致出现了只要饲养者愿意，他可从事任何一种养殖行业，而且只要他有投资能力，他可自由设计投资规模。造成了目前的畜牧行业的从业者的盲目性和流动性，有些地方出现了饲养数量过多，使养殖脱离了种植，脱离了饲养者的技术承受能力。

（3）缺乏良好的饲养技术服务体系　虽然我国的畜牧兽医站建到了乡镇，但这种在传统计划经济体制下形成的行业作风和从业人员技术，与现代畜禽规模养殖的技术服务已经不相适应。由于他们是自收自支的行规，造成他们必须为自己的生活出路着想，所以难以做到通过疾病防疫和传授科学饲养管理技术，来杜绝或减少畜禽疾病的发生。改变这一状况的措施是，国家或地方政府从法律、法规上制定出畜牧兽医站的从业人员与养殖户形成一种紧密型的责、利、权相结合的经济服务共同体。当然国家目前也鼓励有能力的技术人员建立有偿服务的民间服务实体。

2. 疾病防疫技术不过关

(1) *饲养者不能正确处理各类不同的疾病*　由于饲养者对畜禽疾病的知识缺乏相应的了解，当鸭出现不正常或疾病时，他们首先不是来区分鸭出现不正常或疾病是由什么原因引起的。因为出现鸭不正常或发病的原因可分为：环境的突然改变或环境不良而引起的鸭应激，营养的不良造成的鸭营养缺乏症，空气或水质的污染造成的鸭细菌性疾病的发生，急性传染性疾病的发生造成的鸭的突然性、无特定病症的死亡，慢性传染性疾病发生造成的鸭具有典型症状的死亡，中毒性疾病发生后鸭的突然性、有一定症状的死亡，或者是鸭苗运输途中造成的受热或受凉造成的鸭的早期死亡。如果不分清疾病性质就随意用药，不仅治不好鸭的病，还会延误鸭的治疗时间，造成鸭死亡量加大、用药量加大。

(2) *没有注意采用预防措施*　鸭的饲养最关键的是搞好鸭的疾病预防，杜绝和减少鸭病的发生；否则不仅造成鸭的死亡率提高，用药量加大，也严重影响着鸭的饲养经济效益。但由于目前饲养者对此缺乏相应的重视，致使从鸭场选址、鸭舍建筑到饲养设施的落实上均不符合防疫卫生标准，传染性疾病的区域性暴发次数已明显增多，环境性疾病的发生率也逐渐增高，如不加以重视，那必将严重制约我国无公害鸭绿色安全生产。

（六）市场的规范化程度对无公害鸭绿色安全生产的影响

1. 生产量与市场需求量的不确定性对无公害鸭绿色安全生产的影响

（1）生产的随意性使无公害鸭绿色安全生产难以规范化组织 虽然我国农业部确定了鸭的生产以长江流域和珠江三角洲为主，但不在此区域内的有些地方政府在寻求发展畜牧业生产、实施农业产业结构调整中，也将养鸭作为主导产业来抓；同时在鼓励养鸭发展区域内的农户，什么时间从事养鸭生产，发展规范多大，都很难加以预测。造成在引导农民按规范化的操作来实施无公害鸭绿色安全生产的难度加大。要实施无公害鸭绿色安全生产，没有一定的规模，没有严格的生产及市场组织是难以实施的。

（2）市场需求量的不确定性使无公害鸭绿色安全生产难以规范化组织 如果在产前及产中能有效的组织无公害鸭绿色安全生产，形成的产品也提高了档次和质量，但由于鸭产品的市场竞争对象较广，因而鸭产品的市场需求量是不确定性的。首先家禽内部的竞争，我国发展的养鹅生产、优质草鸡生产、特禽生产的产品多与鸭产品有竞争性；其次畜禽业间的竞争，猪及草食家畜的发展数量也构成了对禽产品的市场需求的竞争；农产品中蔬菜生产、果品生产、粮食作物及经济作物的生产量均构成了对畜产品的竞争。国外农产品及畜产品的发展又对我国的农、畜产品市场构成了竞争。因而国际市场逐渐一体化的当今，鸭产品的市场需求的竞争性因素愈来愈多，从而使我国或区域性的无公害鸭绿色安全生产的组织增添了难度。

2. 政府缺乏对市场和生产的宏观调控政策

（1）缺乏对市场和生产的宏观调控政策 在我国实行市场经济体制后，尤其是畜产品市场放开后，目前的畜禽生产一般均由饲养者自己根据市场需求来自我决策。由于目前影响市场的因素愈来愈多，所以在小农经济式的、一家一户生产方式下，饲养者既没有这么多精力，也没有那样的能力来研究、分析市场。这在西方国家由政府和行业协会承担的职能，却落到了饲养者头上。由于我国建立的行业协会也是由政府操办的，因而政府就必须承担对市场和生产的宏观调控职能。任意的、自发的、无目的的发展只能是浪费资源，加剧市场压力，也不利于无公害畜产品的规范化生产。

(2) 缺乏对市场价格的管理和调控力度 虽然鸭产品的价格是由供求关系决定，由市场来调节。但我国的畜产品市场仍处在发育阶段，还没有完全成熟。一个没有完全成熟的市场，加上有些从业人员的素质不高，就造成了市场价格的波动性大，且这种波动性并不是一个市场供求关系的真正体。尤其对南京的鸭市场来说，其变动的程度使肉鸭饲养者胆战心惊。虽然政府中有多个部门与市场有联系，但到底由哪个部门来管理和监督市场价格的变化呢？实际上政府缺乏对市场应有的管理力度，所以价格的波动人为的随意性就加大。

二、实施无公害鸭绿色安全生产的宏观策略

(一) 建立支撑无公害农产品绿色安全生产的法律体系

为了进一步加强环境保护工作，维护我国经济及生态可持续发展的战略，国家及行政主管部门已经制定出了相应的法律或法规，这些法律或法规对我国开展环境保护，开展无公害畜禽养殖起到了从法律角度的规范化作用。

1. 国家或环境保护部门制定的环境保护性法律或法规

(1) 与环境保护相关联的国家法律 我国已建立的与环境保护相关联的法律包括：中华人民共和国宪法、中华人民共和国环境保护法、中华人民共和国海洋环境保护法、中华人民共和国水

污染防治法、中华人民共和国大气污染防治法、中华人民共和国固体废物污染环境防治法、中华人民共和国环境噪声污染防治法。这些法律的制定使我国的环境保护进入到有法可依的法制化社会。

(2) 与环境保护相关的行政性法规　我国环境保护行政主管部门，为了从根本上做到严格按法律法规来执法，从而制定相应的实施细则或管理条例。这些实施细则或管理条例中与无公害畜禽生产有关的法规包括：中华人民共和国水污染防治法实施细则、中华人民共和国大气污染防治法实施细则、中华人民共和国防治陆源污染物污染损害海洋环境管理条例、中华人民共和国海洋倾废管理条例、征收排污费暂行办法、污染源治理专项基金有偿使用暂行办法、对外经济开放地区环境管理暂行规定、中华人民共和国自然保护区条例、淮河流域水污染防治暂行条例、国务院关于在国民经济调整时期加强环境保护工作的决定、国务院关于环境保护工作的决定、国务院关于进一步加强环境保护工作的决定、国务院关于开展加强环境保护执法检查严厉打击违法活动的通知、国务院关于环境保护若干问题的决定。上述这些环境法规的建立，使国家制订的环境法律更具有可执法性。

(3) 与环境保护相关的环境保护部门制定的规章或规范性文件　我国环境保护环境执法部门制定的与环境保护相关的规章或文件包括：环境保护信访管理办法、环境保护行政处罚办法、环境监理执法标志管理办法、排放污染物申报登记管理规定、国家环境保护最佳实用技术推广管理办法、环境保护档案管理办法、建设项目环境保护设施竣工验收管理规定、环境监理人员行为规范、环境统计管理暂行办法、建设项目环境保护管理办法、征收超标准排污费财务管理和会计核算办法、国家计委、财政部关于征收污水排污费的通知、全国环境监测管理条例、中华人民共和国环境保护标准管理办法、关于实施《污水综合排放标准》国家标准的通知、环境监理工作暂行办法、环境标志产品认证管理办法（试行）、有机（天然）食品标志管理章程（试行）、环境保护产品认定管理暂行办法、报告环境污染与破坏事故的暂行办法、水污染物排放许可证管理暂行办法、饮用水水源保护区污染防治管理规定、污水处理设施环境保护监督管理办法、环境保护计划管理办法。

（4）*与资源保护相关的法律或法规*　环境保护中一个最重要的就是资源的保护，为了保护我国有限的生态资源，国家及行政主管部门制定了相应的法律及实施细则，从而使我国的资源保护进入到法制化社会。这些与资源保护相关的法律或法规包括：中华人民共和国森林法、中华人民共和国森林法实施细则、中华人民共和国草原法、中华人民共和国渔业法、中华人民共和国渔业法实施细则、中华人民共和国矿产资源法、中华人民共和国矿产资源法实施细则、中华人民共和国土地管理法、中华人民共和国土地管理法实施条例、中华人民共和国水法、中华人民共和国水土保持法、中华人民共和国水土保持法实施条例、中华人民共和国野生动物保护法、中华人民共和国陆生野生动物保护实施条例、中华人民共和国水生野生动物保护实施条例、中华人民共和国野生植物保护条例。

（5）*与环境保护相关的常用环境标准*　为了使环境保护真正能组织实施，国家行政主管部门制定了常用的环境标准，这样从量上做到了具体化，使上述制定的法律能真正实施。这些标准包括：地面水环境质量标准（GB3838—88）、污水综合排放标准（GB8978—1996）、环境空气质量标准（GB3095—1996）、大气污染物综合排放标准（GB16297—1996）、土壤环境质量标准（GB15618—1995）、城市区域环境噪声标准（GB3096—93）、工业企业厂界噪声标准（GB12348—90）、建筑施工场界噪声限值（GB12523—90）。

（6）*与畜禽养殖污染防治相关的规范性文件*　国家环境保护总局于2001年3月20日予发布与施行了《畜禽养殖污染防治管

理办法》，这一管理办法以法规化的形式，直接针对目前我国畜禽养殖进行污染控制而制定的。这在规范畜禽养殖减污、防污，促进我国无公害畜禽生产必将起到极大的推动作用。

2. 国家及农业主管部门制定的与畜禽生产相关的法律或法规

（1）与畜禽生产相关的国家法律法规　这些法规包括：中华人民共和国畜牧法、中华人民共和国农业法、中华人民共和国农业技术推广法、中华人民共和国草原法、中华人民共和国渔业法、粮食收购条例、中华人民共和国农药管理条例、中华人民共和国水生野生动物保护实施条例、中华人民共和国野生植物保护条例、中华人民共和国自然保护区条例、中华人民共和国水生野生动物保护实施条例、种畜禽管理条例、种畜禽管理条例实施细则、生猪屠宰管理条例、兽药管理条例、兽药管理条例实施细则、中华人民共和国渔业法实施细则、水产资源繁殖保护条例、确定土地所有权和使用权的若干规定、进口兽药管理办法。这些法律的实施使我国的畜禽养殖业也进入了有法可依的法制化社会

（2）与畜禽生产相关的行政主管部门的规章或文件　这些规章或文件包括：由国家质量监督检验检疫总局于 2002 年 7 月 1 日通过，自 2002 年 9 月 1 日起施行《进境动植物检疫审批管理办法》；由国务院于 1999 年 5 月 29 日发布的《饲料和饲料添加剂管理条例》；由农业部发布于 2002 年 3 月 19 日发布的《兽药生产质量管理规范》，这一规范自 2006 年 6 月 19 日起施行；由农业部在 1998 年颁布了《种畜禽管理条例实施细则》和《（种畜禽生产经营许可证）管理办法》。

（3）与饲料生产及无公害食品生产相关的常用质量标准　这些标准大多数经国家监督检验检疫总局批准发布，成为国家标准实施。其中包括：配合饲料企业卫生规范（GB/T 16764—1997）、饲料卫生标准（GB 13078—2001）、饲料标签国家标准（GB 10648—1999）；饲料用玉米质量标准（GB/T 17890—

1999)、饲料用大豆粕质量标准（NY/T131—89)、小麦质量标准 GB1351—1999、优质稻谷质量标准（GB/T 17891—1991)、鱼粉质量标准（SC/T 3501—1996)；生长鸭、产蛋鸭、肉用仔鸭配合饲料行业质量标准（SB/T 10262—96)。为了搞好无公害食品生产，农业部于2001年10月1日起开始实施《中华人民共和国农业行业标准》（无公害食品)。国家环境保护总局也于2001颁布了《畜禽养殖业污染防治管理办法》和《畜禽养殖业污染物排放标准》。这些保证无公害食品行动计划方向的法规出台，必将从法规上对无公害食品生产进行全面的法规管理。

3. 国家及食品卫生主管部门制定的食品质量保护法律或法规 目前，我国的食品卫生质量主要由卫生部管理，与无公害鸭绿色安全生产的产品有关的食品卫生标准主要有：中华人民共和国食品卫生法、蛋与蛋制品卫生管理办法。该管理办法是1990年11月20日卫生部以第5号令发布施行；蛋制品卫生标准。该标准编号为 GB 2749—1996，是由卫生部批准的国家标准；鲜(冻）鸭、鹅肉卫生标准。该标准编号为 GB 10148—1988，是由中华人民共和国卫生部1989-01-11批准，1989-07-01实施的国家标准。蛋卫生标准。该标准编号为 GB 2748—1996，是于1996年11月进行第二次修订，由中华人民共和国卫生部提出的国家标准。

（二）提高全民对无公害农产品安全生产的认识

1. 加强畜禽场环境质量意识 由于我们对环境质量概念的淡薄，在十多年来的经济高速发展中，付出了沉重的环境代价。目前这种以消耗资源换来的短期内的“生活水平”和“生活质量”的提高，严重影响着日后生活质量状况，制约着经济的进一步发展，且这种影响因素目前仍然继续着。自20世纪80年代初，随着城市化的进程加快和全民“生活水平”的提高，大、中城市及农村居民对畜产品的需求量急速上升，为了保障市场供应，我国政府向省、市级领导提出了省长抓“米袋子”，市长抓“菜篮子”，由于过去的城市与农村的脱节及交通状况问题，因而城市的“菜篮子”基地都放在了围绕城市的城郊，提出了城郊型畜牧业的口号。不用质疑，这对解决十多年前我国城镇居民的畜产品供应起到了保障作用，但随着农村“农业生产责任制”的深入开展，及农村的改革开放进程的加快，大量离土不离乡的农民开始从事专业性的畜禽养殖，且规模愈来愈大，有的养殖规模与其种植规模已严重脱节，造成了大量的畜禽粪便不能被利用，结果这些粪便不仅污染了环境，也造成对可持续发展畜牧业的影响。由于环境质量意识的淡薄，目前畜禽场的粪尿污染仍未得到有力控制，大量高浓度有机污水大都未经过处理排入环境。在这些非人为意识影响环境的同时，在畜禽生产中人为的使用激素、使用违禁药物事件屡有发生，造成畜产品影响消费者身心健康的事件也“层出不穷”。所以全社会都行动起来，加强全民的环境质量意识，已刻不容缓。

2. 加强宣传，提高全民环保意识 在制定法律、法规的同时，要尽快将这些法规给全民进行宣传。因为畜禽养殖者的环境保护意识淡薄，这不仅仅是养殖者本身，而是各级党、政部门，尤其是基层的党、政部门领导人员的环保意识也淡薄，因而必须加强全民环保意识，才能使不讲究环保的养殖者无容身之地。

3. 加强监督和整治 在依法治理的同时，各级行政管理部门，还要加强对畜禽养殖场的监督，除畜牧行政管理部门正在对种畜禽场进行登记时，除加强种畜禽场的环境审核外，各级环保部门也将根据制定的法规，借鉴工业污染防治成功的经验，对畜禽养殖场粪便污染物排放纳入总量控制，实行排申报登记和许可证制度。对污染严重的畜禽养殖场将实行关闭和限期治理，以促进畜禽养殖场能在良好的生态条件下得以可持续发展。

4. 尽快治理污染物，防止污染继续扩散 由于我国农村畜禽养殖的从业者，一般多为除种植收入外，无其他外来收入的农户，因而他们在实施养殖业的环境治理上，不可能有大的投入，因而对目前已经造成污染的养殖场或养殖区，除依法进行治理实行关停外，国家和地方各级部门必须要拿出一部分资金，来进行污染物的处理，防止这些污染物继续扩散，以保护我们生存的环境。因而从现在起环保部门应会同畜牧主管部门，对现有养殖场污染情况进行全面、彻底地调查，尤其是对城郊型和在人口密集地区的畜禽养殖场要重点进行调查，对它们中造成环境严重污染的场将坚决关停，对尚可进行污染清理的养殖场必须赶快进行限期整治。对新建养殖场必须严格按照清洁型农业生产的要求进行规划建设，达不到环保条件的场不允许建设，明确谁批准建设，谁负责整治。

5. 提高饲养者饲养管理水平　要使畜禽养殖场真正做到按环保要求来进行组织生产，必须提高饲养者的饲养管理水平，让他们懂得提高饲养管理水平和环保意识，不仅能提高畜禽的生产性能，而且能提高副产品的综合利用，减少畜禽疾病的发生，提高生产的质量和档次。同时在以后实施的谁污染环境，谁负责治理的法规中，将使自己处于不污染、不掏钱治理的有利竞争条件。

6. 让无公害产品的价格更加高　在加入 WTO 后，我国的所有畜产品必须在质量上与国际接轨，如果不按要求进行清洁型生产，其产品必然受到污染物的严重污染，就不能符合产品的国际质量要求，就必将被市场无情的淘汰。为了尽快与国际接轨，我们应在几年的过渡期中，自我提高产品的质量和档次。要做到这点，必须从现在开始逐渐在人们心目中树立起清洁型产品价格高的意识，通过市场的选优汰劣，来提高我国畜产品的整体质量水平，提高畜产品在国际间的竞争力。

（三）坚持走无公害鸭绿色安全生产之路

1. 坚持走农牧相结合的道路，实施绿色安全畜禽生产　为了搞好无公害食品生产，农业部于2001年10月1日起开始实施《中华人民共和国农业行业标准》（无公害食品）。要达到这一目标，首先要求在畜禽饲养场地选择上，达到无公害畜产品生产的产地环境质量要求。在畜禽养殖规划中，过去我们比较强调建场时要注意考察和选择良好的饲养地环境，防止周围环境对畜禽养殖的影响，但却忽视了养殖场对周围环境存在的影响。部分地区为了加快畜牧业的发展，而淡忘了养殖业必须与种植业紧密结合的道理。目前各地正在建设农村区域规模型畜禽养殖业，加大规模养殖业的发展，如果不坚持养殖与种植业紧密结合，那就可能使规模畜牧业逐渐脱离种植业的轨道。因而在进行无公害鸭绿色安全生产中，在考虑产地环境质量的同时，必须考虑当地的种植业，强调走农牧结合之路，从根本上走生态农业、绿色农业之路，从而使无公害鸭绿色安全生产走上可持续发展之路。

2. 实施畜禽场环境质量的监测 环境质量是衡量环境对人类生存和发展的适宜程度的一种“指标”。良好的环境质量适宜人们的生产生活；反之，恶劣的环境质量会危害人体健康。环境质量还可以用于环境遭受污染和破坏的程度。

根据环境要素的不同，环境质量可以分为大气环境质量、水环境质量、土壤环境质量等；为方便考察环境对人类的生存和发展的影响和评定环境污染的程度，需要制订一些可比的量化指标。这些指标以生态平衡和人体健康为基准，用环境中允许存在的某些物质的最大浓度来表示，称为环境质量标准。污染物浓度超过这些标准，环境质量就被认为不适于或危害人类的生存和发展。在环境管理和环境研究中，环境质量评价是按照环境标准和评价方法对特定区域的环境质量进行评价。按地理范围可分为局部的、区域的、流域的和全球的环境质量评价；按环境要素可分为大气环境质量评价、水环境质量评价、土壤环境质量评价等；还可针对某种污染物进行单项要素评价或针对多种污染物进行综合评价；按时间因素又分为环境质量现状评价和环境影响评价。

畜禽养殖业生态环境监测的对象主要是生态环境的基本要素，包括：大气环境、水环境、土壤环境和生物环境等。

（1）大气环境 经常需要监测的大气中主要的污染物有：二氧化硫、烟尘和粉尘、氟化物、重金属（如铅、汞、镉等），其他有害气体，包括：硫化氢、氨气等。

（2）水环境 水环境包括地面水和地下水，水环境的监测指标主要是化学指标、生物指标。化学指标包括：pH、硬度、COD（化学需氧量）、BOD（生化需氧量）、DO（溶解氧）、氨氮、硝酸盐氮、亚硝酸盐氮、挥发酚、氰化物、汞、镉、铬、砷、铅、氟化物等；生物指标包括：细菌总数、大肠菌群、水生生物数量等。

（3）土壤环境 土壤虽然对畜禽养殖的直接影响不大，但对养殖业所用饲料的原料质量，对畜禽养殖场的土质情况有明显的影响。土壤生态环境的监测指标分为物理指标、化学指标和生物指标。物理指标包括：土壤质地、土壤水分、孔隙度、容重、温度、毛细作用等；化学指标包括：酸碱性、氮、磷、钾等养分含量、有机质含量，各种污染物包括重金属（汞、镉、铬、砷、铅）、氟化物、农药残留量（有机氯、有机磷等）；生物指标包括：土壤动物如蚯蚓数量、微生物种群、土壤酶等。

（4）生物环境 生物环境对畜禽养殖的影响现在已经愈来愈明显，尤其是随着区域性及世界范围内的人流量及畜禽流量的增加，造成疾病的传播范围扩大、传播速度加快、疾病种类增多，因而应予以重视。生物环境一般应包括：生物生长量、生物量、物种量、牧草资源量、海岸带资源量、植被覆盖率、野生动物种群、水土流失程度、沙漠化、盐碱化程度、特殊资源情况、自然灾害情况等。

（四）建立无公害鸭绿色安全生产的良性循环体系

无公害鸭绿色安全生产受到经济规律、自然规律和饲养者素质的三重制约，要持续稳定实施无公害鸭绿色安全生产，关键是在建立起价值、生态和能量的良性循环体系的同时，逐步提高养殖者自身的素质和科学养鸭水平。

无公害鸭绿色安全生产从表象上看，是一个在固定的生产领域里，从事着按一定标准进行的简单重复性生产循环，但在表象后面却伴随着生产循环同期进行的诸多要素，并对无公害鸭绿色安全生产起着决定性影响的四大隐性循环活动。即无公害养鸭收入与支出的经济循环，饲料等能源的使用与产出后购置能源的能源循环，养殖户新陈代谢或知识更新的人员循环，无公害鸭绿色安全生产对环境的影响及环境对无公害鸭绿色安全生产的影响的生态循环，即无公害鸭绿色安全生产包含了经济循环、能源循环、人员循环、生态循环。无公害鸭绿色安全生产的综合效益的高低，取决于上述四大循环活动是否都能良性循环。任何使这四大循环活动趋向恶化的因素，都会使无公害鸭绿色安全生产恶性循环、而流于失败。由于种种原因，使无公害养鸭生产四大循环活动趋向恶化，而造成失败的影响因素很多，一旦失败，要扭转这种恶化趋势，却需要很长时间的努力。所以要使无公害鸭绿色安全生产顺利健康发展，必须建立起科学的无公害鸭绿色安全生产的系统化生产体系，走无公害鸭绿色安全生产各影响因素的良性循环之路，这样才能使无公害鸭绿色安全生产向高效、可持续化发展。

1. 建立无公害鸭绿色安全生产的经济良性循环 建立无公害鸭绿色安全生产的良性循环体系，最根本的一条是要建立起无公害鸭绿色安全生产的经济良性循环。要做到这一点就必须在进行无公害鸭绿色安全生产的组织中，做好下列几方面工作：一是要使自己生产的鸭产品能适应市场的需求；二是要通过宣传使自己生产的无公害鸭产品的市场价格要高于普通鸭产品的市场价格；三是要考虑消费地对产品的消费量及消费档次，使本地区产出的产品量与当地的市场需求相适应；四是要使目前的科技水平及饲养条件与确定的无公害鸭绿色安全生产的产品档次相适应；五是要使饲养者素质与饲养规模、产品目标、产品档次相适应；六是要使投入与产出相适应。

养鸭生产早已进入商品经济时代，而商品生产的本质特征是有利润，必然扩大再生产，而扩大再生产，必然导致产品在局部时间内相对过剩，产品相对过剩必然导致收支倒挂，而收支倒挂必然导致生产萎缩。如果处理不好这一矛盾，必然严重制约着养鸭生产力的提高，阻碍养鸭业的发展。我国的无公害鸭绿色安全生产，是在畜牧生产已经完全进入商品经济时代，且世界的畜牧生产已经融入一体化的情况下开展的，尽管无公害鸭绿色安全生产与普通饲养比较，产品的竞争力增强，市场消费潜力增加，产品的价格提高，但由于相应的科技水平提高，饲养条件改进，必须导致饲养设施等生产成本加大，配套科技力量的投入增加，产品的成本加大。所以，不管我们对无公害鸭绿色安全生产的期望值有多高，不管人们承认与否，价值规律始终在客观地引导、控制着无公害鸭绿色安全生产的进行。

目前我国的养殖业市场已经开放，要建立无公害鸭绿色安全生产的经济良性循环，既受到世界畜牧业的大气候影响，也受到全国养殖业发展的影响，甚至还会受到全国农业生产和经济状况的影响。但是，从我国及世界对畜产品的消费趋势来分析，国内外对无公害畜产品的消费市场必须增大；相反，随着人们生活水平的提高，及对环境保护、产品质量的更加重视，那些本身产品质量档次低、各种药物残留量大的产品，及对环境质量影响大、对农业可持续发展危害大的养殖业，必然遭到淘汰。因而及时跟上形势发展要求，走无公害畜禽生产之路，是当前的大势所趋，谁先走一步，积累经验，一旦国家全面实施无公害规范化生产，坚决淘汰，杜绝对环境、产品质量有危害的畜禽生产时，就可使自己立于不败之地。因而无公害畜禽饲养是功在当代、利在千秋的大事，要使其顺利进入经济良好循环轨道，单靠企业自己、或是单靠养殖部门内部来完成是较难的，各级政府部门都必须将其作为一件大事来抓，从宣传、舆论导向上，从法律、法规建设上，都要积极宣传、引导。同时加大对影响产品质量、影响环境质量的养殖方式给予引导、纠正，对于严重屡教不改者应给予严惩、取缔。但政策、舆论等只是外围因素，最关键的还是养殖内部、养殖企业自身，养殖者通过自己的认真努力，在政策和舆论导向的支持下，在实施无公害鸭绿色安全生产中，通过提高产品质量和档次，达到污染控制和保护环境的可持续性生产，其产品的市场竞争力必然增强、产品价格必然提高，这样才能在市场经济中掌握主动权，并最终达到建立起经济的良性循环目标。

2. 建立无公害鸭绿色安全生产的能源良性循环　养鸭业是以种（鸭苗）、饲料、鸭舍作为养鸭的基本物质基础，而饲养者又是以鸭作为劳动对象的产业，因而种、饲料、鸭舍的质量对养鸭生产有着决定性影响。这些因素中，种苗的质量与整个科技水平的发展，种鸭生产企业的选育水平与饲养技术等关系密切，而对产品最后走向市场的商品生产企业来说，这是一个相对固定的因素；鸭舍及饲养设施的好坏，与社会整体经济水平的高低、物质投入的财力等关系密切，而这些一旦投入到位后，也是一个相对固定的因素；而饲料质量的好坏，主要跟饲料原料的质量、选择的营养标准档次、配合饲料的加工能力等关系密切，对养殖者来说，这也是一个可以相对固定的因素。所以，上述这些可以相对固定的因素均可以按标准化来建设，按规范化来实施，以减少在建立无公害鸭绿色安全生产的能源良性循环中的人为影响因素，达到标准化生产。

3. 建立无公害鸭绿色安全生产的人员良性循环　要实施无公害鸭绿色安全生产，就必须在无公害鸭绿色安全生产中采用科学饲养管理技术，而科学饲养管理技术的应用，最主要的决定于无公害鸭绿色安全生产中最重要的要素，即人员因素。因此，要建立无公害鸭绿色安全生产的良性循环体系，必须使饲养管理人员的素质率先进入相应的良性循环轨道。

无公害鸭绿色安全生产是科学性很强的产业部门。因此，提高饲养队伍素质，首先要注重提高饲养人员的科学文化水平。具有现代科技含量的无公害鸭绿色安全生产，由于在每个分工很细的每个生产环节中，在每个参与其中的一小部分的饲养管理人员中，都必须按无公害生产的要求进行规范化生产操作，因而每个饲养管理人员必须要经过系统的培训。同时由于分工的细化，因而要使无公害鸭绿色安全生产能在短期内规范化实施，可按照现代工业企业的培训模式，对从事人员本身从事的一个环节进行短期内强化培训，使其尽快成为该道操作工序的熟练操作人员。要做好这些工作，对具有一定规模的养鸭企业要实施无公害化鸭饲养，就必须进行生产工序操作的分段化，将人员进行分段，每人从事其中的一段工序，严格按无公害鸭绿色安全生产的要求进行培训，各人在每一段工序上按规范化的操作技能进行生产。对家庭式的养鸭业，就必须组建区域内的联合体，实行专业化、专门化生产操作，即将产前、产中、产后的采购、饲养、销售进行分工、协作，围绕整个采、销、养环节组建各专业性操作组，各组按标准化、规范化的程序来进行操作。从而才能在短期内将一批文化水平参差不齐的农民，培养成懂得无公害鸭绿色安全生产知识的专业能手。在实施无公害鸭绿色安全生产中，农民不可能再靠过去祖辈传下来的小农生产经验来生产、经营。传统个体式的养鸭生产能否顺利转变为现代规模化的无公害鸭绿色安全生产，有赖于养鸭户是否能制订最佳生产计划、采用先进生产技术。无数实践证明，这些能力的大小（即养鸭生产经营中的经营管理水平的高低）是与养殖者的文化水平相一致的。可见，在家庭养鸭业实施无公害鸭绿色安全生产的发展道路上，文化水平高的人具有绝对竞争优势。因此，要实行家庭式的无公害鸭绿色安全生产，就必须使养殖户努力提高自己的文化水平与技术。

而按照现在的家庭养鸭生产模式，作为家庭养殖户饲养操作的农民要面对养鸭生产的采、供、销的全部生产经营劳作，要想使他们在短期内掌握所有的无公害鸭绿色安全生产操作知识，不仅不现实，也是不可能的。而按照现代教育培养模式，要造就从事简单劳动的农民，只要具备有一定的文化知识，具有接受一定操作技能的能力，就可将其培养成某个生产过程中的操作员；而对从事具有较高专业知识的操作员，必须从专业化院、校中培养，使他们具有很高文化知识，且具有较高专业知识的技术服务人员。但当今的无公害鸭绿色安全生产，既涉及生产，也涉及经营，因而按照我们现在的分割培养模式，很难造就一批，既懂专业生产技术，又懂养殖场经营管理知识，还要懂专业市场营销知识的高级管理人才。因而改变我们目前的培养缺陷，尽快按无公害生产、企业经营、产品营销等涉及的领域来培养专门化人才，这一责任已摆在教育管理部门的目前，否则要想真正实施好无公害畜禽饲养是较困难的。不解决深层次的人才培养，要想使我国的无公害畜禽饲养参与国际竞争，使我们的畜产品质量达到一个很高档次，这只能是空中楼阁。

4. 建立无公害鸭绿色安全生产的生态良性循环 无公害鸭绿色安全生产过程的实质是人利用基本的物质基础，将饲料转化为鸭产品的过程，也是一个在自然环境参与下进行的物质、能量转化过程。因而人不能光对鸭进行索取而不给予，也不能给予过多、而回报过少；否则，饲养户的饲养积极性越高，造成的投入与产出愈不平衡，最终必然要受到自然规律与经济规律的相应惩罚。

养鸭生态的优化包括种的优化、饲料的优化、饲养环境的优化以及饲养户管理技术、经营技术的优化。防止养鸭生态的恶化和建立无公害鸭绿色安全生产的生态良性循环，是一项十分艰巨而又需从多方面努力的复杂工程，特别要注重优先解决好三方面问题：一是处理好人与鸭的关系，二是处理好鸭与环境的关系，三是处理好发展生产与防治污染的关系。

（1）处理好人与鸭的关系　要处理好人与鸭的关系，就必须要求饲养人员或管理人员充分了解并掌握鸭的生物学特性和行为习性，为鸭的生长、繁殖创造适宜的饲养条件，这就是人必须按照鸭的需求进行给予，从而保证鸭在整个生长、繁殖中始终处于健康状态，从而提高饲料的报酬、减少药物的使用，降低饲养成本，只有这样人才可能从鸭上获得最大的回报。

（2）处理好鸭与环境的关系　要使鸭能最大限度地发挥出生长或繁殖潜力，就必须使鸭能生活在一个最适合的环境下。从实际生产上来说，鸭的生活环境包括鸭的疾病控制、营养供应条件、饲养环境条件和管理条件、饲养人员的操作技术等。从管理上讲，鸭的饲养环境包括热环境、物理环境、化学环境。热环境有温度、湿度、气流、放射性、饲养密度等；物理环境有光（照明时间、照度及光色）、鸭舍设备、噪音等；化学环境有水、空气、氧气、二氧化碳、硫化氢、氨、尘埃等组成。上述这些环境都可以通过人工进行调节，使之符合鸭的生活需要。而这些环境条件中，实际上最关键的是饲养人员的素质。饲养人员管理不善往往引起鸭的生长或繁殖受阻，甚至造成鸭的死亡的应激并不是单个环境应激所造成，而是由于多个环境应激的综合作用，才引起了鸭的生理及生产性能的强烈反应，所以饲养人员和管理人员必须及时排除每个环境应激，防止应激累加，从而使环境符合鸭的生产需要。

（3）处理好发展生产与防治污染的关系　实际生产中常会出现，由于鸭的抗病能力及对环境的适应性强，一般家庭养殖者感觉到养鸭较养鸡等容易，所以在开始饲养时就放松对饲养管理的重视，当在养鸭生产中出现这样或那样的问题时，又对养鸭生产失去了信心。目前家庭养鸭者由于认为鸭的抗病力及对环境的抵抗力强，因而在饲养中忽视环境对养鸭生产的影响，结果常常人为造成饲养环境恶化、污染严重。阻碍无公害鸭绿色安全生产的最大问题，就是鸭饲养对环境造成的污染，而这一污染又反过来影响着整个饲养环境的质量，影响着鸭的健康，造成疾病的增加、用药量的增加，造成了死亡率的提高，饲养经济效益的下降等。这一状况的出现实际上是由于未能正确处理好发展生产与防治环境污染的关系。例如，有些饲养户采用传统的鱼鸭混养来养鸭，结果头两年鱼鸭双丰收。但是当两年后仍采用此法时，不仅鸭常生病，而且鱼也常出现死亡，这时饲养者往往会采用经常的、加大剂量的用药，结果仍无济于事。实质上他们是治表没治根，因为发生此现象的根本原因是鱼塘内水质的污染，而鸭长期饮用着受过污染的水。在实际生产中发生的环境污染，其实不仅仅只对养鸭生产造成影响，有的甚至影响到农业生产及人的生活环境，由局部污染变成了“公害”，所以在发展无公害鸭绿色安全生产中最关键的是防治环境的污染，使鸭处在一个清洁、干净的饲养环境中。

（五）建立无公害鸭绿色安全生产的科技应用体系

建立无公害鸭绿色安全生产的科技应用体系，需要研究、推广、生产和管理等部门共同努力。而这种协同有序的工作组织得越严密，无公害鸭绿色安全生产就愈容易成功。过去由于体制、经费、推广和应用者文化素质等诸多问题的影响，大多数科研成果并没有在养鸭生产实践中得到广泛、充分的利用，造成了极大的浪费，而无公害鸭绿色安全生产又是养鸭生产上的一个新课题。今后一个时期内，要就无公害鸭绿色安全生产的生产技术体系进一步开展系统研究，同时各地的畜牧科技和管理工作者，应将主要精力放在应用推广无公害鸭绿色安全生产的先进技术上，广大养鸭户也要不断学习科学的无公害鸭生产技术。

1. 推广优良品种　使用优良品种，技术要求不高，花钱不多，但增产效果比较明显。我国蛋鸭和肉鸭生产水平在近年来得以与国际水平接近，正是由于推广了优良蛋鸭和肉鸭品种的结果。目前，我国自己培育或从国外引入的优良肉鸭和蛋鸭品种已有数个，这些品种与传统的品种比较，具有较高的产蛋性能或生长速度，这些品种一般多是专门化品种，即专门用于产蛋的蛋鸭品种或专门用于产肉的肉鸭品种。

2. 推广科学的饲养管理技术　随着人们生活水平的提高，国际市场进一步接轨，规模化养鸭生产再也不可能单靠传统的小农经济的饲养管理方式来获得高效益，可以说提高饲养效益的关键就在于能否应用科学技术。因此，饲养技术的推广应用已成为实施无公害鸭绿色安全生产的关键。根据我国各地的气候状况及养鸭业的生产实际，各地采用的技术措施标准不能等同，但都必须符合无公害鸭绿色安全生产的规范化操作要求。

3. 强化科技推广、服务体系的建设　我国各地在农业技术推广、服务体系建设上多有许多成功的经验值得借鉴，凡是科技推广及服务体系建设好的省份，就为及时将农业科研成果转化为农业生产力作出了重要贡献，该地的农业生产就一直稳步发展；相反，地方假苗、劣质饲料、劣质药品的事件就经常出现。因此，科技服务体系必须要抓。但是无公害畜禽饲养与一般农业生产还不完全相同。一是我国的农作物生产的服务体系是在联产承包责任制以前就已形成，而畜牧业生产没有同时形成服务体系；二是我国的传统农业主要是农作物生产，因而千家万户的农民从他们的祖辈那里就学到了一些种植业知识，而规模畜牧业生产，尤其是无公害鸭绿色安全生产在我国还属于新生事物，许多养鸭户甚至连一般的科学养鸭知识都不懂，更不要谈无公害畜禽饲养知识，但他们仍是当今畜牧业生产的主体，他们在经营着养鸭场。现在的实际情况是：一方面是千家万户的农户十分渴望得到标准化的无公害鸭绿色安全生产技术，而另一方面是科技人员还无法及时将正在探索寻找的无公害鸭绿色安全生产技术送到养鸭户手中。这种科技推广的断层，及无公害饲养知识的缺乏，将严重制约着无公害鸭绿色安全生产的普及。

三、无公害鸭绿色安全生产的系统工程设计

（一）搞好无公害鸭绿色安全生产的生产体系建设

现代养鸭业是一个用现代科学技术武装起来的系统工程。整个养鸭业是一个统一的整体，同时其内部又可分成若干部分，各个部分具有自己的独立结构和特有机能、自成体系；但各部分之间又有互相联系，相互依赖，相互制约，相互促进，是一个完整的共同发展的系统工程。

鸭的生长快、繁殖力强、饲料转化率高，能在短期内生产、提供大量营养丰富的蛋、肉产品，是人类解决动物蛋白食品的理想来源。近半个世纪，特别是近十多年以来，由于应用了现代科学技术的成就，使我国的现代养鸭生产得以迅速发展，使养鸭生产形成了具有六大生产体系的现代养鸭业的系统工程。因而在发展无公害鸭绿色安全生产时就必须采用这些系统工程建设的成就，使无公害鸭绿色安全生产业在高平台上进一步完善和发展。这六大生产体系包括：

1. 良种繁殖体系　现代养鸭业需要有高产、稳产、规格化的品种供应。其繁殖体系包括育种、制种和随机抽样性能测定三个部分。养鸭业是我国的一个传统养殖项目，有着源远流长的历史，虽然我国的肉鸭养殖和蛋鸭养殖的良种繁育体系建设不尽如人意，尤其是肉鸭品种良种繁育体系建设受到外来品种的冲击较大。但是良种繁育体系建设上已经形成规模，蛋鸭生产已经全部采用国产化品种，肉鸭品种也已建立了引进祖代、配套建设父母代，商品代已全部采用了杂交化与配套化良种繁殖体系生产的后代。但怎样将目前已经建立的良种繁殖体系能为无公害鸭绿色安全生产服务，并且真正建立起我国自己的、围绕无公害鸭绿色安全生产的良种繁育体系，这还有相当长的一段路要走。而这一体

系的建设是否成功，直接影响到我国无公害鸭绿色安全生产能否长期稳定发展的大事，因而各级政府部门和科研单位，应关心和重视无公害鸭绿色安全生产的良种繁育体系建设，使我国的无公害鸭绿色安全生产业走在世界前列。

2. 饲料生产体系　有了高产鸭品种，必须有满足高产鸭种所需要的各种营养物质，才能保证正常生产，这就需要营养试验研究和饲料加工配合两部分构成的一整套饲料生产体系。此前的营养研究也正是围绕怎样保证高产品种的营养供应展开的。但是无公害鸭绿色安全生产的营养供应，与高产鸭品种的营养供应不完全等同，无公害鸭绿色安全生产营养供应，除了要保证营养供应充足外，还要考虑提高营养元素的吸收率，降低营养物质向外界的排放，减少营养物质给外界环境造成的压力。同时饲料加工部分也必须考虑，如何延长营养物质在肠道的停留时间，以利于营养物质的更多吸收。

3. 鸭病防治体系　我国现代养鸭业的鸭病防治体系，经过十多年的研究与推广，已经形成了一个预防为主、治疗为辅的防治结合体系，这对保证我国规模养鸭业的正常生产，起到了良好的保障作用。但由于无公害鸭对产品的质量要求远大于规模养鸭的产品质量标准，因而鸭病防治体系上将更加重视预防，对治疗将有严格的用药范围和用药时间的要求。而目前的鸭病发生，既受到鸭本身抗病力的影响，又受到环境、人为因素等方面的影响，所以按照无公害鸭生产的要求，现在的防疫体系是远不能保证无公害生产的要求。为此，必须研究和制定一整套鸭病预防及防治措施，构建无公害鸭绿色安全生产的疾病防治体系，保证无公害鸭绿色安全生产的顺利实施。

4. 鸭舍设备供应体系　这一体系包括鸭舍设计建筑和设备用具研制供应。在国外不仅设备用具、就连鸭舍也有许多专业性厂家研究制造供应，我国现在也已有不少厂家在制作养鸭设备，这必将成为现代养鸭业系统中一大行业。但无公害鸭绿色安全生产要求的是提供鸭最佳的生长、繁殖环境，保证鸭健康、正常的生活，减少和杜绝鸭的发病。因而必须围绕无公害鸭绿色安全生产来研究、开发配套饲养设备的供应体系。

5. 生产经营管理体系 这是现代养鸭业这一系统工程中的主体体系，无论蛋鸭业、肉鸭业或其他养鸭生产，都有一整套日常管理和企业经营工作。经营管理水平如何，直接影响养鸭业的发展。

6. 产品处理加工销售体系 现代养鸭业生产的最终目的在于提供质优价廉的蛋、肉商品。从生产的初产品到消费者餐桌上的食品，这一过程中，包括着产品的处理、加工、销售等环节，这些都构成了现代养鸭业发展的另一个重要环节，其作用不仅保证生产发展，也起到提高产品档次、维护消费者利益的作用。而无公害鸭绿色安全生产的产品必须保证提供的产品质优，但由于无公害鸭生产中的投入增加，为了保证经济良性循环的正常，就必须提升产品的价格，而通过初级产品提升价格有一定的限制性，因而积极发展无公害鸭生产的深加工产品开发，通过提升产品档次来提高产品价格，这是实施无公害鸭绿色安全生产与规模鸭饲养的明显区别所在。

此外，由于无公害鸭绿色安全生产是建筑在现代规模饲养基础上，也强调规模化和高度集约化生产，养鸭场不断排出大量粪便、污水、灰尘，还产生噪声等，成为环境的污染源。这些不仅违背无公害鸭生产的初衷，也影响无公害鸭绿色安全生产的正常开展。所以如何减少和杜绝污染，是实施无公害鸭绿色安全生产的又一关键体系建设。

（二）搞好无公害鸭绿色安全生产的标准化建设

要实行无公害鸭绿色安全生产，必须实现整个饲养过程的标准化建设，只有这样才能按规范化的操作要求来实行鸭饲养的整个过程的无公害化。在按标准化建设的同时，鸭的产品品质必然提高，同时鸭的生产水平也必然提高。目前，商品肉鸭 6 周龄体重已达 3 千克以上，料重比在 2.2∶1 以内；入舍商品蛋鸭年产蛋量达 280～290 个，产蛋期料蛋比在 2.2∶1 以内。虽然改革开放以来我国养鸭业得到了迅速的发展，但目前我国养鸭生产的主体是家庭式小规模养鸭，这种养鸭模式与无公害鸭绿色安全生产的要求比，还相差很大一段距离，尤其是与标准化的养鸭生产比相差距离更大。要实施无公害鸭的标准化饲养，就必须走生产工厂化、规范化，经营专业化、信息化，管理科学化、自动化，品种品系化、杂交化，饲料全价化、无害化，环境园林化、生态化，产品优质化、绿色化之路，就必须在整个养鸭生产的全程来提高科技的含量，按科学标准来指导生产过程。

1. 生产工厂化、规范化　现代规模养鸭业发展的结果必将把数以万计的鸭集中在一幢鸭舍内饲养，把鸭当作机器，把饲料当作原料，走规模化、集约化生产之路，在充分应用现代科学技术成就的前提下，以过去从未有过的效率，最大限度地把饲料通过鸭转化为蛋、肉产品，以满足市场供应之需。但无公害鸭绿色安全生产，并不是简单的在规模养鸭上增增减减，而是按照无公害的生产要求，走规范化养殖之路，使鸭在生产车间能在健康、正常的生活下生长、繁殖。因而无公害鸭绿色安全生产强调的是规范化。

2. 经营专业化、信息化　现代养鸭业包括育种公司、种鸭场、孵化厂、蛋鸭场、肉鸭场、屠宰加工场、饲料工业、药械厂等都是专业经营。虽然各环节间联系非常紧密，但任何一个投资实力再大的企业，也不可能将这些所有生产环节都成为自己的内部公司，因而就存在着从中选择一项或若干项组织生产，实施专业化生产。由于目前规模养鸭区域范围的扩大，饲养量的快速增加，以及交通网络、人流量的急速增加，使得区域性产品供求信息、畜禽区域性发病信息、饲养技术的改进信息等日新月异，为了使无公害鸭绿色安全生产长期稳定发展下去，必须及时了解市场、疾病、科技的变化情况。因而无公害鸭绿色安全生产必须在经营上走专业化、信息化之路。

3. 管理科学化、自动化 无公害鸭绿色安全生产业无论是前期的场地选择、鸭舍建筑、原料采购，还是给料、供水、集蛋、除粪等饲养管理，以及屠宰、加工等后期处理过程，都需要运用现代科学技术成就，采用规范化的操作设施和科学化的操作方式，来实施产、加、销的全过程管理，因而人为干扰因素愈少，无公害鸭绿色安全生产愈容易成功。要做到这些，就必须在整个生产过程中，一切能采用机械设施操作的工序，均必须采用机械设施。这样就能使无公害鸭绿色安全生产在管理上走上科学化和自动化管理之路。按照目前的科技发展水平，在无公害鸭绿色安全生产中，可利用电脑将日常记录、鸭舍通风、光照、营养供应和疾病预防等都可编制成程序，实行计算机自动化控制下的管理。这样不仅极大提高了劳动生产率，而且保证了管理规范化，极大地提高了管理水平。

4. 品种品系化、杂交化 无公害鸭绿色安全生产为了保证高产、稳产和整齐的生产性能，必须使用高产专门化品系及其配套筛选的杂交种，以保证生产性能稳定可靠，鸭体抗病力强、品质高，商品鸭体重、外形、外貌或鸭蛋重等达到规格化，提高生产的初级产品规格的一致性，达到生产高档鸭产品的要求。

5. 饲料全价化、无害化 在无公害鸭绿色安全生产上，供应给鸭的饲料必须达到营养的全价化和平衡化，既不使营养不足影响鸭的生产性能发挥，又不致超过营养需要，造成饲料的浪费。在饲料原料质量上还要达到无害化，要求饲料中没有有害、有毒物质，各种原料符合国家的原料质量标准。

6. 环境园林化、生态化 由于无公害鸭绿色安全生产出的产品要求卫生质量高，所以对养殖环境的要求也很高。要使鸭的生产达到无公害产地环境质量要求，就必须在鸭场建设上按照园林化建设要求来选择场地，规划鸭场布局，实施清洁化生产。平时在加强对养殖环境保护的同时，还必须规范化的处理病、死鸭，处理鸭粪和鸭场污水。使整个养鸭环境处于园林化、生态化环境条件之下。

7. 产品优质化、绿色化　无公害鸭绿色安全生产的最终目的是生产出优质的、符合无公害产品要求的鸭产品，除按无公害生产要求外，还可以按绿色食品、有机食品的要求来组织生产。在强调产品质量的同时，无公害鸭绿色安全生产也更强调饲养环境的清洁化、绿色化，强调将产品质量与环境质量等同起来，实施可持续性发展。

（三）实施无公害鸭绿色安全生产的科学规划

1. 生产体系规划的基本要求

（1）生产体系规划的系统化　整个无公害鸭绿色安全生产体系需按系统化工程设计建设，工程内各子项目紧密围绕无公害生产的要求来设计、组织。以肉鸭无公害饲养为例，该工程包括种鸭饲养、种蛋孵化、苗鸭供应、饲料生产、肉鸭饲养、肉鸭销售、屠宰加工等各子项目，各子项目均必须按无公害系统化生产的要求来设计。各子项本身必须要做到无公害化生产，各子项之间必须按系统化工程要求，对其他子项负责，不得供给其他子项不符合无公害生产要求的产品（种蛋、苗、饲料、肉鸭等）。各子项不仅在数量上相互配套，而且在质量上相互配合，以保证最终的肉鸭产品符合无公害产品的要求。

（2）生产项目规划的产业化　各子项目必须按无公害产业化工程设计，每一子项均可独立实施、周转，子项产品可单独进入市场、组织流通。这样既可按无公害生产的要求来独立实施各子项，直接检查各子项是否符合无公害生产的要求，同时还可按市场经济来衡定各子项目的经济效益，使各子项按经济效益规律、无公害生产规程来规范各子项目的操作，提高子项目产品质量和经济效益，更可便于实施和监督。

（3）工艺流程规划的生态化　各子项在设计工艺流程上必须具有生态化意识，必须按无公害生产规程来设计生产体系、落实场址选择、规范建造饲养设施、协调发展各子项、规范各生产流程、监测产品质量，在保证项目内部协调发展的同时，更要注重养殖与种植间的协调，必须使养鸭生产中出现的粪便和污水，在通过无害化处理后由种植业加以全部利用，从大农业的角度来实施农业的生态化，从而保证无公害鸭绿色安全生产的真正无公害化。

（4）项目投入产出的高效化　整个无公害化工程建设必须以具有高经济效益来组织投入，投入产出必须既保持农业项目投入的低风险性，又避免农业项目投入的慢周转性；既保持工业项目投入的快周转性、高效益性，又避免工业项目投入的高风险性。力求综合农业和工业项目的两者优势，通过最终的无公害产品来提高产品的质量和价格，通过实施全程清洁化生产来使整个项目无公害化，以避免工业清洁化生产中对污染物后处理所造成的大量资金投入，从而使项目达到投入产出高效化的目标。

（5）生产操作技术的规程化　除整个工程按无公害化系统工程设计外，各子项目为了保持整个工程的无害化系统操作正常运转，必须建立各子项生产操作技术的规程化，以保证各子项间能按质、按时、按量为下一道工艺提供产品。

（6）生产设施设备的规范化　要生产无公害产品，就必须按无害化产品的生产要求来选择设施、设备。不管是何种生产目的，采用何种饲养方式，除按生产目的选择优良品种外，还必须为这些品种的生产提供好的饲养设施和饲养条件，使这些品种能在良好的饲养条件下健康生活，从而保证所生产的产品符合无公害生产的要求。这些饲养设施和设备包括鸭舍和饲养设备，种蛋孵化厂和孵化设备，饲料加工厂厂房和加工设备，活鸭屠宰及鸭产品加工厂厂房和设备等，这些厂房和设备必须按无公害生产的要求来选材和安装，从而可逐一保证具备生产无公害产品的条件。

（7）生产工序组织的持续化　整个系统化工程建成后必须保证各子项目满负荷生产，不得有闲置的设备和人员存在。无公害养鸭要从根本上得以可持续发展的条件是，产品必须符合无公害的要求，必须使整体经济效益高于一般性养鸭生产，否则无公害鸭绿色安全生产即使产品质量再高，都不会有很多人去实施。要保证无公害鸭绿色安全生产的可持续性发展，必须在无公害鸭绿色安全生产内部的各项生产工序按持续化来组织。由于无公害鸭绿色安全生产的最终产品是鸭肉或鸭蛋走向市场，所以整个生产工序中包括饲养工序中面临的活鸭，这道工序是在任何情况下均不能停产的，因而整个工序必须以饲养工序为中心；而整个工序的终产品是鸭肉和鸭蛋，消费者最关心的是终产品的质量，所以整个工序从质量控制上必须以终产品的质量为核心。实际上质量核心受到中心工序的影响很大，这也是过去容易忽视的关键所在。由于饲养工序有着不可停顿的特点，同时由于鸭产品的整体消费不可停顿性，所以整个工序应按照不可停顿性来组织实施。

（8）疾病防疫免疫的整体化　在无公害鸭绿色安全生产的整体生产环节中，由于养鸭饲养环节中疾病因素及污染源的存在，造成降低饲养环节中疾病及病原微生物对整个生产环节的影响，所有生产环节均要实施疾病及病原微生物的无害化处理，即一个局部环节影响着整个生产环节。同时由于外源性病原微生物在任何环节中均存在，而这些在非饲养环节的病原微生物又影响着饲养环节中的病原微生物的传播和疾病的发生，所以带来整个环节均要按饲养环节一样将控制疾病和消灭病原微生物作为日常任务之一，所以无公害鸭绿色安全生产强调的是疾病防疫和病原微生物控制的整体化。这也决定了无公害畜禽饲养中，仅对终产品进行无害化处理是远不能达到生产无公害畜产品的要求，而必须从整体上、从所有涉及环节上进行无害化处理，才能生产出符合无公害要求的畜产品。

(9) 生产经营管理的信息化　由于整个无公害鸭绿色安全生产项目既是一个庞大的系统工程，又是一个各自独立的产业化工程；既是一个饲养、屠宰、加工过程，又是一个环境、产品质量控制过程；既是一个追求社会效益的全民工程，又是一个提高经济效益的养殖工程。所以整个生产、经营中有相当复杂的管理工作要处理，而且绝大部分处理必须是先处理，而不能后处理，这就必须要建立管理系统。首先要求各环节将信息及时汇总，同时要对来自各环节的信息及时整合和反馈，所以要求各子项操作人员要有全局观念、整体意识，要求项目管理者具备较高的管理才能，能及时对信息进行处理，及时减少和杜绝不利于无公害产品生产的因素出现。同时由于畜产品市场的国际化，所以现在的市场范围不断扩大，市场的时间、空间范围不同带来的对无公害产品的需求及效益回报也不一，因而如何按市场对产品数量和质量的要求来组织生产，是无公害鸭绿色安全生产中经营管理的主要任务，所以利用信息化网络来收集信息、处理信息、利用信息，掌握生产质量主动权和市场需求主要权，是实施无公害畜产品生产的关键所在。同时，所有人员还必须具备无公害生产操作规程的制度化和法制化意识，将无公害生产作为我国畜牧业能否长期生存的关键所在来认识。

2. 无公害鸭绿色安全生产工程投资的基本原则　在无公害鸭绿色安全生产工程投资中，必须按照下列基本原则来投资：一是投资的整体性；二是投资的空间性；三是投资的控制性；四是投资的科学性；五是投资的回报性；六是投资的操作性；七是投资的示范性；八是投资的商品性；九是投资的发展性。

3. 无公害鸭绿色安全生产系统工程可行性研究的基本原则

(1) 符合国家和地区的发展规划要求　无公害畜产品生产是一项利国、利民、利己的畜牧项目，是一项利在当代、功在千秋的全民工程，所以各级政府是大力支持无公害项目的发展，而且政府对无公害畜牧养殖项目的前景比企业看得更深远。我国实施无公害畜禽生产，这在提高我国畜产品质量的同时，也提高我国畜牧业在国际畜牧业中的地位，提高我国畜牧业的经济效益。同时对于改善我国国民的生活空间质量，降低对国民的身体不良影响，提高农业生态环境和农业可持续发展水平，均有百利而无一害。无公害畜产品生产也使我国畜牧业从国内市场走向国际市场提供的机会，为我国畜牧业彻底摆脱传统畜牧业的生产和经营意识，使我国畜牧业向现代科技畜牧业跨进提供了平台。

（2）实事求是，客观公正　在对项目进行可行性研究中，项目计划设计人员必须按照一定的程序要求和方法在对有关资料进行科学的分析比较的基础上，才能得出相应的结论并编制出可行性研究报告。

（3）有坚强的技术后盾　无公害鸭绿色安全生产主要是通过对饲养场址的规范化选择，对饲养鸭舍和设施的规范化建设，对饲养方式和饲养过程的规模化操作，对产品处理和加工的规范化处理等来使产品达到无公害产品的标准。这中间的所有工序均需要较高的技术，没有坚强的技术后盾，项目就很难成功实施。所以实施无公害鸭绿色安全生产必须有技术力量作保证。

（4）符合社会及生态要求　无公害鸭绿色安全生产项目的实施，对生态、环境、生产发展和社会生活等方面产生的影响很大，有时也相互之间存在矛盾。计划设计时，要消除不利因素，促使项目的生态、环境、经济和社会的综合效益能长期协调的发挥。

（5）保证项目实施的必要条件　无公害鸭绿色安全生产项目必须落实好资金、能源、物资、人才等必要条件，做到事事有着落，件件有保障。

（6）保证贷款偿还　无公害鸭绿色安全生产项目最终都要以各种形式偿还本息。分析其本息偿还能力，落实资金来源是十分重要的。

4. 无公害鸭绿色安全生产项目可行性报告分析内容

（1）背景　主要是对项目的基本情况作简单的介绍，如项目设想、资源条件、销售情况、建设条件、生产设备及经济政策、实施本项目的可能性。

（2）资源情况　包括人才和物力资源。各种材料、水电来源及供应方式；各种劳力来源及费用；各类人员的培训计划等。

（3）项目社会环境分析　是指社会基础及社会条件，如气象、水文地质、交通运输、自然环境等综合因素的考虑，尽量选择最佳地区和地形。

（4）市场销售情况　主要确定项目发展方向、生产规模及产品销售方案。根据市场调查及预测估计无公害畜产品的需求量、发展趋势、产品的价格、销售效益及销售策略等。

（5）工程设计　包括采取何种先进技术，购买何种先进设备等。

（6）财务经济分析　包括投资的结算，资金的筹措，经济效益分析，资金回收，通过各财务指标进行综合评价。

（7）进程　主要对项目时间的安排与控制，使其如期完成，同时保证质量，达到一定的目标，这就要专门制定计划。

5. 无公害鸭绿色安全生产项目的环境保护办法　国家环境保护总局专门发布了《建设项目环境保护管理办法》，根据这一文件要求，在建设无公害鸭绿色安全生产项目中必须设置环境保护的具体措施，包括采用何种饲养方式，在各种饲养方式下鸭粪产生的数量、处理和利用方式；污水产生的数量、处理方法和利用方式；对周围环境包括土壤、空气、水质的影响程度以及如何消除这些影响等。

第二章 无公害鸭绿色安全生产的繁育体系建设

一、无公害鸭绿色安全生产引种要求

（一）无公害鸭绿色安全生产的引种原则

1. 所执行的法律法规 鸭的引种可分为国内引种和国外引种两类。国内引种要按我国政府颁布的《种畜禽管理条例》、农业部颁布的《种畜禽生产经营许可证》管理办法、《中华人民共和国动物防疫法》执行，国内引种相对于国外引种手续比较简单。这里主要叙述国外引种要求，从国外的引种要求必须根据国家质量监督检验检疫总局于 2002 年 7 月 1 日发布，并于 2002 年 9 月 1 日起施行的《进境动植物检疫审批管理办法》执行。《进境动植物检疫审批管理办法》是为了进一步加强对进境动植物检疫审批的管理工作，防止动物传染病、寄生虫病和植物危险性病虫杂草以及其他有害生物的传入，根据《中华人民共和国进出境动植物检疫法》及其实施条例和《农业转基因生物安全管理条例》的有关规定，制定的最新办法。

2. 国外引种时的引种原则 要求做到：按照生产目标，在筹建场前确定选择肉用型鸭还是蛋用型鸭饲养。根据世界有关国家的鸭育种公司所提供的资料及向同行的了解，正确选择合适的育种公司，同时确定所选择鸭品种或配套系；并根据生产目的，选择引入品种的代次（是曾祖代、祖代，还是父母代），要能准确区分所购品种是纯种还是商品配套系，并能准确区分所给种鸭是否是该公司生产性能较高的核心群后代。要考虑被引进品种的生产性能，要有被引进品种的血缘关系及亲本生产性能记录。严格按我国政府规定的引种要求，不到国外疫区引进鸭种，对种鸭育种场必须要求对方出示权威部门提供的种鸭生产、经营许可证。在确定引入品种及代次后，要考虑鸭育种公司所在国和我国引种地间的环境差异、妥善安排调动季节。引种时要严格按品种或配套系要求，慎重选择个体，保证所选个体符合品种要求，且个体品质良好。严格执行我国的动植物检疫制度，对引入品种要有专门的隔离观察区，以保证所引品种的疫病安全。

（1）*确定引种方向，选择合适品种或配套系*　在引进种鸭前，必须对筹建地周围的养鸭情况有深入的了解，同时要对养鸭户的鸭产品销售渠道及去向有深入的了解，同时也必须要对国内外鸭产品的消费市场，尤其是对周围大中城市居民对鸭产品的消费喜好有准确的了解，在此基础上确定引种方向，从而确立选择肉用型还是蛋用型种鸭饲养。由于目前我国鸭生产上的区域性较强，全国鸭饲养量及销售量最大的均在长江流域和华南地区。且一般说来，目前肉鸭销售是内外结合，国外销售以分割销售腿肌和胸肌为主，主要销售地以韩国、日本等东亚、东南亚国家为主；国内销售一般以烤鸭、盐水鸭等深加工熟食制品销售为主，销售地主要集中在大中城市及东南沿海发达地区城乡为主。而鸭蛋销售普遍以深加工的盐鸭蛋和皮蛋为主，有出口也仅是对我国的港澳地区，主要销售地是与国内肉鸭销售的区域相近。所以必须结合饲养场（户）所在地区的养鸭特点及鸭产品的市场销售情况，首先确定引进肉用型或蛋用型种鸭饲养。

（2）*准确搞好可行性报告，正确选择引入品种*　选择引入品种的主要依据除考虑市场消费因素外，还应考虑该品种所具有的生产技术指标、经济价值和育种价值；作为无公害生产考虑的引进品种，还应考虑该品种对引入地的适应性，对疾病的抵抗力等因素。前者反映引种的必要性，后者说明引种的可能性。适应性和抗病力是由许多性状构成的一个复合性状，它包括人们日常所说的抗寒、耐热、耐粗放管理、抗病力、产品安全等性状，它本身不是一个直接的经济性状，但直接影响无公害鸭绿色安全生产是否成功的关键，影响到该品种的生产性能是否能在引入地正常地发挥。

在引进种鸭时，尤其是从国外引进种鸭时，应按要求向省级畜牧主管部门申请，然后由省级畜牧主管部门报农业部种畜禽管理部门审批。要求具体写明引种目的，引进何种品种，该品种产自何国家及地区，具体的生产性能如何。如引进该品种是为了提高我国的无公害鸭的生产水平，则应具体介绍该品种对引入地的环境能否适应，该品种所在的育种公司在抗病育种上是否走在世界前列。同时还要阐明引入该品种后对我国肉鸭或蛋鸭生产的良繁体系建设有何作用，引入后如何从技术上进行保证以使该品种的生产性能指标得以正常发挥。引种后对引种企业及推广鸭场（户）的饲养经济效益会有如何影响等因素。

（3）慎重选择个体　在确定引入品种及具体育种公司后，还应与该公司签订一份合同，从遗传理论上能保证所引入品种的生产性能指标较优，同时还应对所购种鸭群的个体是否健康正常有所具体要求。为了保证引种的成功，在引种时应对个体进行挑选。如不能做到亲自挑选个体，则应在合同上注明，该品种生产特性及生产技术指标，体质、外形外貌以及健康、发育状况，应有引入群体其上代的生产性能状况，其下代在正常条件下的生产性能指标等数据。由于引种时一般数量较少，因而应要求育种公司提供相关的系谱资料，引入的个体间一般不宜有亲缘关系，公鸭与母鸭最好来自不同家系，尤其是引入曾祖代时，各配套系内的公母鸭间不应有血缘关系。同时要求育种公司提供相应的其他场家引入该品种（或配套系）的生产性能测试成绩，以表明育种公司所培育品种在其他地方的生产性能指标。同时还应审查相关资料，防止鸭群带入有害基因和遗传疾病。此外，年龄也是需要考虑的因素，由于幼年有机体在其发育的过程中比较容易对新环境适应，因此，从引种角度考虑，选择幼年健壮个体，有利于引种的成功。

由于家禽的冷冻精液保存时间尚未达到家畜同样的水平，因而在引入外来公鸭杂交时一般不购买精液，而是直接购买种鸭，一般是购种苗鸭，也可购种蛋。但从国外引种时一般以购种苗为主。

(4) 严格执行国家防疫法规、不从疫区引进鸭种　不管是到国外引种还是在国内异地引种，都必须要了解该品种产地的疫病情况，尤其是被引品种产地区域内相关畜禽的疫病发生情况。因而引种前要了解疫病时，不仅仅只了解育种公司所在国家或地区的鸭类疫病，更要了解其他家禽的疫病情况，因为有些传染病是禽类中不同禽种均能相互感染的，如禽流感等。同时也要了解整个畜禽的疫病情况，如英国在暴发疯牛病时，许多国家都禁止从英国引入种畜群。因为有的传染病家禽虽不会发生，如疯牛病、口蹄疫等，但禽可作为中间宿主，引回后传染给其他家畜。所以，严格讲是不能在任何畜禽发病的疫区引进任何畜禽品种。

(5) 所有鸭种必须有检疫证书　切实加强种畜检疫，严格实行隔离观察制度，防止疾病传入，是引种工作中必须认真重视的一环。根据 1998 年 1 月 1 日起施行的《中华人民共和国动物防疫法》要求，国外或国内异地引进种用动物及其精液、胚胎、种蛋的，应当先到当地动物防疫监督机构办理检疫审批手续并须检疫合格。人工捕获的可能传播动物疫病的野生动物，须经捕获地或者接收地的动物防疫监督机构检疫合格，方可出售和运输。经检疫合格的动物、动物产品，由动物防疫监督机构出具检疫证明，动物产品同时加盖或者加封动物防疫监督机构使用的验讫标志。经检疫不合格的动物、动物产品，由货主在动物检疫员监督下作防疫消毒和其他无害化处理；无法作无害化处理的，予以销毁。动物凭检疫证明出售、运输、参加展览、演出和比赛。动物产品凭检疫证明、验讫标志出售和运输。检疫证明不得转让、涂改、伪造。因而引进鸭种或异地购入鸭苗时，均要有相关部门的检疫证书，以证明所引鸭种健康无病，且已按要求实施过异地引种时的消毒防疫工作。

（6）*要区分被引进品种是原种还是商品配套系*　对从国内引进的品种，畜禽原种是指经国家及省级畜禽品种审定委员会认定并公布的培育品种（配套系）和地方良种；对从国外引进的品种必须为经国家畜牧行政主管部门批准引进的国外优良畜禽原种（纯系）和曾祖代配套系。

（7）*要考虑品种原产地与引入地间的环境差异*　一个再好的品种，要保持其生产性能的正常发挥，最关键的是引入地的饲养环境条件是否能适合被引入的生存。为了使引入品种引入后能健康、正常地生活，引种前必须要对品种原产地的饲养方式、饲养条件等有所了解。如果畜禽品种的引入地与原产地环境差异大，且饲养方式差异也很大，则有可能品种引入后较难适应引入地的气候环境条件；该品种引入后就有可能发生疾病，或生产性能指标达不到原产地的实际生产情况。因而尤其是引入种鸭时，必须考虑引入地与育种地的环境气候条件是否相似，两地环境差异大的则不宜作为首选地考虑。尤其是引入鸭种时，由于我国在种鸭饲养时一般均采用开放式饲养方式，因而选育地的环境气候条件与引入地间的环境气候条件间的是否相似，将成为决定引种是否成功的关键。

（8）*要考虑被引进品种的生产性能*　品种引入的主要目的是使该品种发挥出与原产地同样的生产水平，以达到获得较高经济效益的目的。因而必须切实了解引入品种的生产性能指标。这不是看该品种向市场推销时的情况介绍，而是要看该品种原始生产记录，尤其是品种引进后作为繁殖畜禽用时，必须要有被引进品种的血缘关系及亲本生产性能记录；否则，就有可能在数量较少时会遇到近亲繁殖现象的发生。

3. 国内引种时的要求 国内引种时要求种鸭场必须要有生产、经营许可证。根据中华人民共和国国务院《种畜禽管理条例》第十五条规定，生产经营种畜禽的单位和个人，必须向县级以上人民政府畜牧行政主管部门申领《种畜禽生产经营许可证》；工商行政管理机关凭此证依法办理登记注册。生产经营畜禽冷冻精液、胚胎或者其他遗传材料的，由国务院畜牧行政主管部门或者省、自治区、直辖市人民政府畜牧行政主管部门核发《种畜禽生产经营许可证》。《种畜禽管理条例》第十六条规定，生产经营种禽的单位和个人，符合下列条件的，方可发给《种畜禽生产经营许可证》：（1）符合良种繁育体系规划的布局要求；（2）所用种畜禽合格、优良，来源符合技术要求，并达到一定数量；（3）有相应的畜牧兽医技术人员；（4）有相应的防疫设施；（5）有相应的育种资料和记录。

因而引种时必须到具有县级以上畜牧行政主管部门颁发的种畜禽生产许可证的种鸭场引种。

（二）无公害鸭绿色安全生产引种的检疫

引入品种，是指从其他地区引入到本地来的品种，包括从国外引进和国内其他地区引进的品种。为了防止在引进国外优良鸭种时，将我国境内不存在的疾病带入，因而对国外引入品种必须遵照《中华人民共和国进出境动植物检疫法》，对国外引入品种进行严格的检疫。对从国内其他地区间引入品种应遵照《中华人民共和国动物防疫法》执行。

1. 国外引入品种的检疫

（1）国外引入品种的检疫 国外引入品种的检疫应遵照《中华人民共和国进出境动植物检疫法》和《中华人民共和国进出境动植物检疫法实施条例》所列条款执行。条例规定：进境、出境、过境的动植物、动植物产品和其他检疫物；装载动植物、动植物产品和其他检疫物的装载容器、包装物、铺垫材料；来自动植物疫区的运输工具均应依照进出境动植物检疫法和条例的规定实施检疫。

(2) 执检部门及执检地方　农业部为全国进出境动植物检疫工作行政主管部门。中华人民共和国动植物检疫局统一管理全国进出境动植物检疫工作，收集国内外重大动植物疫情，负责国际间进出境动植物检疫的合作与交流。国家动植物检疫局在对外开放的口岸和进出境动植物检疫业务集中的地点设立的口岸动植物检疫机关，依照进出境动植物检疫法和本条例的规定，实施进出境动植物检疫。

(3) 紧急预防措施的实施　当国（境）外发生重大动植物疫情并可能传入中国时，根据情况采取下列紧急预防措施：第一，国务院可以对相关边境区域采取控制措施，必要时下令禁止来自动植物疫区的运输工具进境或者封锁有关口岸；第二，国务院农业行政主管部门可以公布禁止从动植物疫情流行的国家和地区进境的动植物、动植物产品和其他检疫物的名录；第三，有关口岸动植物检疫机关可以对可能受病虫害污染的本条例第二条所列进境各物采取紧急检疫处理措施；第四，受动植物疫情威胁地区的地方人民政府可以立即组织有关部门制定并实施应急方案，同时向上级人民政府和国家动植物检疫局报告。邮电、运输部门对重大动植物疫情报告和送检材料应当优先传送。第五，享有外交、领事特权与豁免的外国机构和人员公用或者自用的动植物、动植物产品和其他检疫物进境，应当依照进出境动植物检疫法和本条例的规定实施检疫；口岸动植物检疫机关查验时，应当遵守有关法律的规定。

(4) 办理进境检疫审批手续的条件

①输出国家或者地区无重大动植物疫情；

②符合中国有关动植物检疫法律、法规、规章的规定；

③符合中国与输出国家或者地区签订的有关双边检疫协定

（含检疫协议、备忘录等）。

④检疫审批手续应当在贸易合同或者协议签订前办妥。

（5）引入品种的防疫隔离观察　由于有些疾病不能马上得出检疫结果，因而要对国外引入品种做好防疫隔离观察工作。防疫隔离观察工作、观察地点、观察时间由动植物检疫部门根据具体情况确定。引进的种鸭，一般要求隔离观察15～30天，经动检部门检查确定为健康合格后，方可供繁殖使用。

2. 国内引入品种的防疫要求和检疫　国内引入品种的检疫应严格按1998年1月1日起实施的《中华人民共和国动物防疫法》执行。

（1）受检动物的种类　指家畜、家禽和人工饲养、合法捕获的其他动物。

（2）受检动物产品种类　受检动物产品包括动物的生皮、原毛、精液、胚胎、种蛋以及未经加工的胴体、脂、脏器、血液、绒、骨、角、头、蹄等。

（3）执检部门及执检地方　国务院畜牧兽医行政管理部门主管全国的动物防疫工作。县级以上地方人民政府畜牧兽医行政管理部门主管本行政区域内的动物防疫工作，县级以上人民政府所属的动物防疫监督机构实施动物防疫和动物防疫监督，军队的动物防疫监督机构负责军队现役动物及军队饲养自用动物的防疫工作。

（4）动物疫病的分类：根据动物疫病对养殖业生产和人体健康的危害程度，《中华人民共和国动物防疫法》规定管理的动物疫病分为下列三类：

①一类疫病：指对人畜危害严重，需要采取紧急、严厉的强制预防、控制、扑灭措施的；

②二类疫病：指可造成重大经济损失，需要采取严格控制、扑灭措施，防止扩散的；

③三类疫病：指常见多发，可能造成重大经济损失、需要控

制和净化的。

三类疫病的具体病种名录由国务院畜牧兽医行政管理部门规定并公布。

(5) 国家强制性免疫　国家对严重危害养殖业生产和人体健康的动物疫病实行计划免疫制度，实施强制免疫。实施强制免疫的动物疫病病种名录由国务院畜牧兽医行政管理部门规定并公布。

实施强制免疫以外的动物疫病预防，由县级以上地方人民政府畜牧兽医行政管理部门制定计划，报同级人民政府批准后实施。种鸭应当达到国家规定的健康合格标准，才能作为其他地方引进繁育之用。

(6) 禁止经营下列动物、动物产品

①封锁疫区内与所发生动物疫病有关的；

②疫区内易感染的；

③依法应当检疫而未经检疫或者检疫不合格的；

④染疫的；

⑤病死或者死因不明的；

⑥其他不符合国家有关动物防疫规定的。

(7) 动物疫病的控制和扑灭

①国务院畜牧兽医行政管理部门统一管理并公布全国动物疫情，也可以根据需要授权省、自治区、直辖市人民政府畜牧兽医行政管理部门公布本行政区域内的动物疫情。任何单位或者个人发现患有疫病或者疑似疫病的动物，都应当及时向当地动物防疫监督机构报告，不得瞒报、谎报、阻碍他人报告动物疫情。动物防疫监督机构应当迅速采取措施，并按照国家有关规定上报。

②发生一类动物疫病时，当地县级以上地方人民政府畜牧兽医行政管理部门应当立即派人到现场，划定疫点、疫区、受威胁区，采集病料，调查疫源，及时报请同级人民政府决定对疫区实行封锁，将疫情等情况逐级上报国务院畜牧兽医行政管理部门。

③县级以上地方人民政府应当立即组织有关部门和单位采取隔离、扑杀、销毁、消毒、紧急免疫接种等强制性控制、扑灭措施，迅速扑灭疫病，并通报毗邻地区。在封锁期间，禁止染疫和疑似染疫的动物、动物产品流出疫区，禁止非疫区的动物进入疫区，并根据扑灭动物疫病的需要对出入封锁区的人员、运输工具及有关物品采取消毒和其他限制性措施。

④疫区范围涉及两个以上行政区域的，由有关行政区域共同的上一级人民政府决定对疫区实行封锁，或者由各有关行政区域的上一级人民政府共同决定对疫区实行封锁。发生二类动物疫病时，当地县级以上地方人民政府畜牧兽医行政管理部门应当划定疫点、疫区、受威胁区。

⑤县级以上地方人民政府应当根据需要组织有关部门和单位采取隔离、扑杀、销毁、消毒、紧急免疫接种、限制易感染的动物、动物产品及有关物品出入等控制、扑灭措施。

⑥发生三类动物疫病时，县级、乡级人民政府应当按照动物疫病预防计划和国务院畜牧兽医行政管理部门的有关规定，组织防治和净化。

⑦为控制、扑灭重大动物疫情，动物防疫监督机构可以派人参加当地依法设立的现有检查站执行监督检查任务；必要时，经省、自治区、直辖市人民政府批准，可以设立临时性的动物防疫监督检查站，执行监督检查任务。

⑧发生人兽共患疫病时，有关畜牧兽医行政管理部门应当与卫生行政部门及有关单位互相通报疫情。畜牧兽医行政管理部门、卫生行政部门及有关单位应当及时采取控制、扑灭措施。

发生动物疫情时，航空、铁路、公路、水路等运输部门应当优先运送控制、扑灭疫情的人员和有关物资，电信部门应当及时传递动物疫情报告。

⑨疫点、疫区、受威胁区和疫区封锁的解除，由原决定机关宣布。

（8）动物和动物产品的检疫

①从国内异地引进种用动物及其精液、胚胎、种蛋的，应当先到当地动物防疫监督机构办理检疫审批手续并须检疫合格。

②动物防疫监督机构按照国家标准和国务院畜牧兽医行政管理部门规定的行业标准、检疫管理办法和检疫对象，依法对动物、动物产品实施检疫。

③动物防疫监督机构设动物检疫员具体实施动物、动物产品检疫。动物检疫员应当具有相应的专业技术，具体资格条件和资格证书颁发办法由国务院畜牧兽医行政管理部门规定。

④经检疫合格的动物、动物产品，由动物防疫监督机构出具检疫证明，动物产品同时加盖或者加封动物防疫监督机构使用的验讫标志。

⑤经检疫不合格的动物、动物产品，由货主在动物检疫员监督下作防疫消毒和其他无害化处理；无法作无害化处理的，予以销毁。

（9）动物防疫监督

①动物防疫监督机构在执行监测、监督任务时，可以对动物、动物产品采样、留验、抽检，对没有检疫证明的动物、动物产品进行补检或者重检，对染疫或者疑似染疫的动物和染疫的动物产品进行隔离、封存和处理。

②经铁路、公路、水路、航空运输动物、动物产品的，托运人必须提供检疫证明方可托运；承运人必须凭检疫证明方可承运。

③动物饲养场所、贮存场所、屠宰厂、肉类联合加工厂、其他定点屠宰场（点）和动物产品冷藏场所的工程的选址和设计，应当符合国务院畜牧兽医行政管理部门规定的动物防疫条件。

④动物饲养场、屠宰厂、肉类联合加工厂和其他定点屠宰场（点）等单位，从事动物饲养、经营和动物产品生产、经营活动，应当符合国务院畜牧兽医行政管理部门规定的动物防疫条件，并

接受动物防疫监督机构的监督检查。

⑤患有人畜共患传染病的人员不得直接从事动物诊疗以及动物饲养、经营和动物产品生产、经营活动。

（三）无公害鸭绿色安全生产对引入品种的管理要求

所谓引入品种，是指从其他地区引入到本地来的品种，包括从国外引进和国内其他地区引进的品种。要对引入品种进行防疫隔离观察和风土驯化工作，由于引入品种毕竟不是在当地条件下育成的，因此，应该从加强它们对当地条件的适应性入手，做好风土驯化工作，这样才可能逐步提高生产性能。

1. 集中饲养 对从国外引入的种鸭，应按检疫部门的要求相对集中饲养观察，建立以繁育该品种为主要任务的良种场，以利风土驯化和开展选育工作。这是引入品种管理和选育工作中极为重要的一点。只有改变过于分散的状况，才能提高引入鸭种的饲养管理水平和繁育技术水平，才能提高利用率，充分发挥它们的作用。

2. 慎重过渡 对于引入鸭种的饲养管理，应采取慎重过渡的办法，使之逐步适应。要尽量创造有利于引入品种性能发展的饲养管理条件，进行科学饲养。

3. 逐步推广 在集中饲养过程中要详细观察引入鸭种的特性，研究其生长、繁殖、采食习性、放牧及舍饲行为和生理反应等方面的特点。要详细做好观察记载，为饲养和繁殖提供必要的依据。在经过一段时间风土驯化，摸清了引入品种的品种特性后，才能逐渐推广到生产单位饲养。良种场应负责推广良种的饲养繁殖技术的指导工作。

4. 开展品系繁育 品系繁育是引入鸭种选育中的一项重要措施。通过品系繁育除可达到一般目的外，还可改进引入品种的某些缺点，使之更符合当地的要求；通过组建小群进行有控制的交配，可以防止过度近交；另外，通过综合不同品系的特点，还可在通过引种选育后建立起自己的配套系。当然要做到这些，必须引入原种或曾祖代；对于引进的是祖代或父母代鸭种，则很难开展系统的品系繁育。

（四）无公害鸭绿色安全生产中种鸭场应具备的基本条件

种鸭场应具备的基本条件必须严格按照中华人民共和国第十届全国人民代表大会常务委员会通过的《中华人民共和国畜牧法》、中华人民共和国国务院颁布的《种畜禽管理条例》、中华人民共和国农业部颁布的《种畜禽管理条例实施细则》执行。而无公害绿色安全生产中的种鸭场除具有下述规定条件外，还必须同时具备无公害鸭绿色安全生产所具备的条件。一般种鸭场应具备的基本条件包括：

1. 基础设施

（1）场址的地势、交通、通讯、能源和防疫隔离条件良好；生产区应与生活区和办公区隔离分开；水源充足，洁净无污染。

（2）生产区清洁道和污染道分设；有粪污排放处理设施和场所，符合环保要求。

（3）种鸭舍布局合理、生产工艺及设备配套齐全。

（4）具有资料档案室、疫病诊断室，并配备必要的仪器设备。

2. 技术力量配备

（1）种鸭场场长必须具有中专以上学历或中级以上技术职称。

（2）从事种鸭育种繁殖、疫病防治、饲养管理、生产经营管理的技术人员必须具备中专以上相关专业学历。

（3）直接从事种鸭生产的工人应经过专业技术培训，能熟练掌握种鸭生产全过程的基本知识和技能，并取得相应技术工人岗位证书。

（4）有专门资金用于员工的职业技术培训。

3. 种鸭生产群体规模

(1) 配套系原种场　应用品系不少于6个；

(2) 曾祖代场　用于生产的品系不少于3个；

(3) 品系（家系）　每个品系家系数不能少于40个，每个世代中每个纯系的观察母鸭数不能少于800只。

4. 国家保护的珍贵畜禽品种群体规模　基础母鸭300只以上。

（五）无公害种鸭群的生产管理要求

1. 种鸭群体基本要求

(1) 必须制订种鸭群选育计划，包括选育方法、配种制度及性能测定方案等。

(2) 对引进的原种或曾祖代鸭应根据育种要求建立核心群。

(3) 对引进的配套系鸭种，每个品系应有的种公鸭数不得少于25个血统，且系谱清楚。

(4) 保持合理的鸭群结构，种鸭群年更新率达50%以上。

(5) 种鸭质量必须符合本品种国家标准，暂无国家标准的参照行业标准，既无国家标准又无行业标准的，参照地方标准。国外引进的品种参照供方提供的标准。

(6) 要有科学、健全的饲养管理制度，采用先进的饲养工艺，按照营养标准配制日粮，满足鸭不同生长和生产阶段的营养需要。

2. 种鸭场的技术资料

(1) 要有系统的原始记录和统计分析资料　种鸭场要有受精率、孵化率、各期成活率、开产日期、各期体重、入舍种鸭（或饲养日）产蛋数、蛋重、各期耗料量、蛋壳颜色、蛋壳强度及蛋白比重、兽医防疫。蛋鸭需要有蛋壳颜色、蛋壳强度指标；肉鸭应有瘦肉率、皮脂率及屠宰率等指标的记录与分析。

(2) 种鸭要进行良种登记，系谱资料齐全。

(3) 各项资料按年度装订成册并存档（如采用无纸记录系

统，各项资料应存入计算机软盘)，专人保管。

3. 种鸭保健

（1）必须有免疫程序、场内防疫和监测制度。

（2）无一、二类烈性传染病和国家规定的其他疫病。

（3）场内设有病鸭隔离舍、死鸭处理设施。

4. 经营管理

（1）建立健全生产经营管理体制和岗位责任制。

（2）出场种鸭要有清楚的系谱证书、种畜禽合格证和动物检疫合格证。

（3）建立售后服务制度。

二、无公害鸭绿色安全生产的繁育体系

（一）鸭的主要经济性状的遗传参数

1. 鸭的主要经济性状的遗传力

（1）鸭繁殖性状的遗传力　鸭的主要繁殖性状的遗传力见表2 1。

表 2-1　鸭的主要繁殖性状的遗传力

性状	产蛋率	受精率	孵化率	蛋重	蛋形指数
遗传力（h^2）	0.20～0.36	0.17	0.14	0.26～0.66	0.29

（2）鸭体重的遗传力　鸭体重的遗传力见表 2-2。

表 2-2　鸭体重的遗传力

性状	初生	1日龄	20日龄	30日龄	42日龄	45日龄	50日龄	56日龄	60日龄	70日龄	74日龄	94日龄	150日龄
遗传力（h^2）	0.35～0.65	0.55～0.80	0.69	0.47	0.52	0.63	0.65	0.34	0.42	0.50	0.48	0.26	0.46～0.58

（3）鸭主要屠宰性状的遗传力　鸭主要屠宰性状的遗传力见

表 2-3。

表 2-3 鸭屠宰性状的遗传力

性状	活重	屠宰率	胴体重	胸肉重	胸肉厚	胸肉pH	胸肉色泽	胸肉多汁性	胸骨长	腿肉重	胫骨长
遗传力（h^2）	0.63～0.77	0.59～0.71	0.78	0.50～0.88	0.41～0.51	0.35	0.12	0.27	0.84	0.46	0.51

2. 鸭主要性状间的相关性

（1）鸭胴体净肉率或净肉重与有关性状之间的相关性 鸭的胴体净肉率（重）与有关性状间的相关见表 2-4。

表 2-4 鸭的胴体净肉率（重）与有关性状间的相关

与鸭的胴体净肉率（重）相关的性状	胸肉率	腿重	骨重	腿肉重	胸肉重	胴体重	皮+脂肪重	屠体重
（r）值	0.42～0.59	0.53～0.82	0.56～0.59	0.62～0.77	0.66～0.86	0.70～0.93	0.83～0.98	0.84～0.88

（2）鸭蛋重与有关性状之间的相关性 鸭蛋重与有关性状之间的相关见表 2-5。

表 2-5 鸭蛋重与有关性状之间的相关

与鸭蛋重相关的性状	出壳体重	体重	年龄	蛋白重	蛋黄重	蛋壳重	哈夫单位
（r）值	0.79	0.39～0.67	0.61～0.64	0.62～0.92	0.72～0.82	0.61～0.87	0.48

（3）鸭体重与有关性状之间的相关性 鸭体重与有关性状之间的相关见表 2-6。

表 2-6 鸭体重与有关性状之间的相关

与鸭体重相关的性状	胫长	胴体重	皮+脂重	胸肉重	腿肉重
（r）值	0.26（♂）～0.32（♀）	0.58～0.85	0.30～0.48	0.19～0.35	0.23～0.57

从表 2-1 至表 2-6 的资料均引自陈育新主编的《中国水禽》（中国农业出版社，1990，北京）。

（二）鸭的本品种选育

1. 鸭本品种选育的意义和作用　本品种选育是指在本品种内部通过选种选配、品系繁育以及改善培育条件等措施，以提高品种性能的一种方法。本品种选育一般是在一个品种的生产性能基本上能满足国民经济的需要，不必作重大方向性改变时使用，如我国的北京鸭、绍鸭、金定鸭等。

本品种选育与纯繁是两个非常相似但又不同的概念，纯繁重在“纯”字，目的是获得纯种，一定程度上纯繁更偏向于保种，但不等于保种，还应有所提高；而本品种选育不仅包括纯繁，还包括了品种的改进和提高，因此本品种选育并不强调保纯，在本品种选育中并不排除一些小规模的杂交。如采用引入杂交的方法，引进某些基因，以加快选育进程。

我国有许多鸭种，这些鸭种有的属地方鸭种，有的属培育品种。任何一个品种，无论是地方良种还是培育品种（育成品种），在品种内总是存在差异的（纯只是相对的）。因此，任何一个品种都可通过系统的本品种选育得到提高。

2. 本品种选育的方法　根据育种目标不同，各鸭种原来的经济性状不同，可采用的不同的技术措施。

（1）作为经济杂交的母本　为了使后代充分表现出杂种优势，要求：

亲本的纯合程度大：可根据上下代之间、同胞之间以及品种各个个体间性状的整齐度来评定，为了增加亲本的纯合度，应采取一定程度的近交，或者至少要进行同质选配。

在提纯的基础上还应提高它的配合力：通过杂交试验找出最佳杂交父本后，采用反复选择法（RS）或正反反复选择法（RRS），根据杂交效果进行选种。

反复选择法是以最佳杂交父本品种的纯系或近交系作为测定系（A），本品种鸭作为被测定系（X_0）。①用本地品种零世代鸭群（X_0）与测定公鸭（A_0）交配，根据它们所生杂交后代的生产性能，选出优秀母本，选出的这些优秀母本，进行纯繁；②从纯繁后代中选择种鸭，作为一世代（X_1），再与测定系公鸭（A_1）交配，检验其杂交效果，选出优秀的一世代母鸭进行第二次纯繁；③再选种（X_2），再测定，如此反复进行。目的是，提高被测定系母本的纯合度和配合力。

正反反复选择法与反复选择法是相同的，都是根据杂交后代的生长效果选择亲本，然后再纯繁。不同点：反复选择法只测定被测定系的母系，它的公鸭以及近交测定的种鸭（包括公母鸭）都采用一般选择法（即不根据杂交效果选择）；而正反反复选择法，被测定系的公母鸭都分别与测定系的母鸭和公鸭交配，双方的公母鸭都根据杂交效果来选择，将杂交测定效果最好的同一品种的公母鸭进行纯繁留种，然后再选择，如此反复进行，以提高两个品种的特殊配合力。

（2）作为经济杂交父本　其选择方法和原理基本上与作母本用的相似，不同点：

选择重点不同：主要是提高日增重、饲料利用率等，这些性状的遗传力较高，所以利用本身的表型选择是有效的，当然有同胞、后裔测定则更好。

生产实际情况不同：根据我国实际情况，经济杂交父本绝大多数是外来品种，因此：①要重视风土驯化，其饲养管理条件不宜改变得太快；②选留和饲养时应特别注意提高其生活力；③不能迷信外来品种，其纯繁后代不经选择，几乎都作种用，从而降低了选择强度，影响了品质的提高。有的地方外来品种头年很好，第二年一般，第三年退化，主要原因是忽视了选择提高，其后果必然是经常花费大量的外汇来引进品种。

（3）作为育种的原始材料　重点是保种，也就是防止基因的漂变。要求：①要有一定的群体有效含量；②留种采用随机选留法或各家系等量留种；③留种个体不能根据鉴定标准来选择（无选择)，群体大时，可采用随机选种，群体小时，则选留中等水平，能代表群体的个体作种用；④饲养管理条件一致。

（三）鸭的杂交优势利用与繁育体系建立

1. 鸭的杂交优势利用

（1）杂交亲本种鸭群的选优与提纯

①选优和提纯　“选优”是通过选择，使亲本种群原有的优良、高产基因的频率尽可能增大。“提纯”是通过选择和近交，使得亲本种群在主要性状上纯合子的基因型频率尽可能增加，个体间的差异尽可能减小。

“选优”和“提纯”的目的，是使杂交亲本群体的整齐化、规模化，减少配合力测定的误差。选优提纯的最好方法是品系繁育。

②提高（特殊）配合力　采用反复选择法和正反反复选择法，来选留杂交亲本的种畜进行纯繁。

（2）杂交亲本的选择　杂交亲本的选择包括母本的选择和父本的选择。

母本的选择：①应选择在本地区数量多、适应性强的品种或品系作母本；②应选择繁殖力高的品种或品系作母本；③在不影响杂种生长速度的前提下，母本品种的体形不一定要求太大。

父本的选择：①应选择生长速度快、饲料利用率高、胴体品质好的品种作父本；②应选择与杂种所要求的类型相同的品种或品系作父本；③父本品种的适应性和种鸭来源问题可放在次要地位考虑。

（3）杂交效果的预估　在配合力测定之前先预估杂交效果，这样可节省人力、物力和财力。①种群间差异大的，杂种优势也往往较大；②长期与外界隔绝的种群间杂交，一般可获得较大的杂种优势；③遗传力较低、在近交时衰退比较严重的性状，杂种优势也较大；④主要经济性状变异系数小的种群，杂交效果也较好。

（4）配合力测定

①一般配合力和特殊配合力　配合力就是通过杂交能够获得的杂种优势程度，也即杂交效果的好坏与大小，配合力包括一般配合力和特殊配合力。一般配合力：一个种群与其他种群杂交时所获得的平均效果，其基础是基因的加性效应；特殊配合力：两个特定种群之间杂交所获得的超过一般配合力的杂种优势，其基础是基因的非加性效应（即显性效应与上位效应）。

一般配合力所反映的是杂交亲本群体平均育种值的高低，其主要依靠纯繁选育来提高。遗传力高的性状，一般配合力的提高也较容易。特殊配合力所反映的是杂种群体平均基因型值与亲本群体平均育种值之差，其主要依靠杂交组合的选择。遗传力低的性状，特殊配合力有很大的差异，因而有很大的选择余地，这就是为什么遗传力低的性状杂交效果好的原因。

②配合力的测定方法　一般通过杂交试验进行，主要测定特殊配合力。以杂种优势值（H）表示：$H=F_1-P$，F_1：一代杂种平均值；P：亲本种群平均值。为了各性状间便于比较，杂种优势常以相对值表示，杂种优势率：$H(\%)=(F_1-P)\times P^{-1}\times100\%$。

（5）杂交的生物学效果　杂交后代会出现①性状趋向一致；②遗传上不稳定；③产生杂种优势（也可能不产生杂交优势甚至杂交劣势）。

（6）杂交方式　杂交的方式包括简单杂交（单杂交）、三元杂交、双杂交、轮回杂交。

简单杂交或单杂交：两品种杂交一次，杂一代不再作种用，而是作经济用途。这种杂交方式最简单，但有两个不足：①始终需要有纯种鸭来作补充。因此除杂交外，还要做两品种的纯繁工作；②不能充分利用繁殖性能方面的杂种优势。因繁殖用母鸭都是纯种，而繁殖性能一般遗传力低，杂种优势较明显。

三元杂交：先用两个种群杂交，产生在繁殖方面具有显著杂种优势母鸭，再用第三个鸭种作父本与之杂交，使杂种仔鸭获得生长速度的杂种优势。两次配合力测定：第一次是杂种母鸭两亲本间的以繁殖性能为重点的配合力测定；第二次是第三个种鸭（终端父本）与杂种母鸭间以生长性能为重点的配合力测定。

双杂交：先用四个种群分别两两杂交，然后再在两种杂种间进行杂交。优点：①遗传基础更广；②除利用杂种母鸭的优势外，还利用杂种公鸭的优势。这种优势主要表现为配种能力强，可以少养多配，延长使用年限；③由于大量利用杂种繁殖，可减少饲养纯种；④第一次杂交的杂种群中，除去用作第二次杂交的公母鸭，剩余的还可以作肥育用，由于其是杂种，故效果也较好。

轮回杂交：用二个或三个以上品群轮番杂交，杂种母鸭继续繁殖，杂种公鸭作经济利用。优点：①除第一次杂交外，母鸭始终是杂种，有利于利用繁殖性能的杂种优势；②每代只需引入少量纯种公鸭，而无需本场维持；③由于每代交配双方都有相当大的差异，因此始终能产生一定的杂种优势。缺点：①每代要变换公鸭，即使发现杂交效果好的公鸭也不能继续使用；②每个公鸭必须经一个轮回才能利用一次，公鸭利用率低；③配合力测定不好做。

2. 建立鸭的繁育体系和繁育基地

（1）建立各级畜牧场的繁育体系

①育种场（原种场）　其任务在于从根本上改良现有品种以及培育新品种，并繁殖和培育出大量优良种鸭，供应其他各繁殖场。

②繁殖场　其任务在于大量繁殖种鸭，特别是母鸭，以满足商品场等单位对种鸭的需要。繁殖场应分为 2 级。一级繁殖场或

称种鸭场，进行纯繁，以提供纯种种鸭；二级繁殖场多采用同品种的品系间杂交，商品场提供系间杂种。

③商品场　其任务在于最经济地生产最大量的优质鸭产品。商品场一般都采用杂交以充分利用杂种优势。

（2）建立良种繁育基地　适宜作为良种繁育基地的地区，一般应具备以下 4 项条件：①有传统的养鸭习惯，群众有较丰富的饲养管理和选育经验；②有足够数量的种鸭群；③有稳定而足量的饲料来源；④本地区鸭产品消费量不大，且邻近商品蛋鸭或商品肉鸭生产基地。

（四）鸭的繁育技术和生产性能测定要求

1. 种鸭群的选择　对种鸭的选择又可称为选种，鸭的选种可根据以下两个方面进行。

（1）根据鸭的外貌与生理特征来选择　种鸭的外貌、体形结构和生理特征既可反映出品种所特有的体形外貌，又可反映出鸭的各部位生长发育和健康状况，可作为判断鸭品种特性及生产性能的依据。这种选择适合于父母代肉种鸭和蛋种鸭，因为父母代鸭繁殖场一般不进行个体生产性能记录。外貌选择上首先要符合品种特征，其次要考虑生产用途。

①蛋用型　蛋用型母鸭的要求是，头部清秀，颈细长，眼大而明亮。胸饱满、胸深，臀部丰满，肛门大而圆润，脚稍高，两脚间距宽，蹼大而厚，羽毛紧密，两翼贴身，行动灵活而敏捷，觅食力强，肥瘦适中。皮肤有弹性，两耻骨间距宽，末端柔薄，耻骨与胸骨末端的间距宽阔。胫、蹼和喙的色泽鲜明；蛋用型公鸭要求体形较大，喙紧齐平，眼大有神，头颈较母鸭粗大，胸深而挺突，体躯向前抬起。脚粗稍长而有力，蹼厚大，举止雄壮稳健。

②肉用型　肉用型鸭种鸭总的要求是喙宽而直，头大宽圆，颈粗、中等长，胸部丰满向前突出，背长而宽，腹深。脚粗稍

短，两脚间距宽。对公鸭着重选择个大、体长，背直而宽，胸骨正直，体形成方形与地面近于水平，尾稍上翘，腿的位置近于体躯中央，雄壮稳健的留种。公鸭的交媾器官是伸出性的，对于阴茎发育不良或有缺陷的公鸭应淘汰。

(2) 根据记录资料的选择　单靠外貌和生理特征的选择，难于准确选出具有优良性能、并能把优良性状真实遗传给后代的种鸭。为此，育种鸭场必须作好主要经济性状的个体成绩记录工作，并利用这些资料采用适当的选择方法选种。

蛋用型鸭记载统计的主要内容：开产日龄、产蛋量、开产体重、产蛋期耗料比、蛋重、蛋壳厚度、蛋壳强度、蛋壳颜色、蛋形指数、哈夫单位、蛋的血斑和肉斑率、种蛋受精率、种蛋孵化率、雏鸭成活率、育成鸭成活率、羽毛生长速度和换只。

肉用型鸭记载统计的主要内容：初生重、早期体重（3 周龄、7 周龄）、成年体重、胸角、羽毛生长速度、种蛋受精率、种蛋孵化率、开产日龄、蛋重、肉用仔鸭耗料、肉用仔鸭成活率（7 周龄）、屠宰率、胸肌率、腿肌率、皮脂率、屠体品质、抗病力。

在记录资料比较完整的情况下，对种鸭进行选择时，可采用根据系谱资料进行选择，根据本身成绩进行选择，根据同胞成绩进行选择，根据后裔成绩进行选择。也可将这些资料综合起来进行选择。

2. 种鸭群的配种方法和公母配种比例

(1) 配种方法　种鸭群的配种方法主要有大群配种、小群配种、人工授精。

①大群配种　为一定数量的种公鸭按配种比例配以一定数量的母鸭，让每只公鸭均可和群中的每只母鸭自由交配。这是父母代种鸭场一般采用的配种方法，实际饲养中种鸭群以不超过 400 只为宜。

②小群配种　这是育种场常采用的配种方法。在一个相对隔

离的小间内只放一只公鸭，按该品种公母间的最佳配种比例放入适量的母鸭，公母鸭均可编脚号或肩号。设有闭巢箱集蛋，其目的在于可收集供系谱孵化用的种蛋。由于鸭性怯，采用自闭巢集蛋时，窝外蛋甚多，难于准确地观察出母鸭的产蛋量。所以采用小群配种时，主要是用于建立父系家系之用。

③鸭的人工授精　在生产上，鸭的人工授精虽然没有普及，但在鸭选育中采用人工授精还是常有的事。这方面可参阅专门的指导书来进行操作。

(2) 鸭的配种年龄和配种比例

①鸭的配种年龄　公鸭配种年龄过早，不仅对其本身的生长发育有不育影响，而且受到精率低。对于一般的繁殖群，最好采用公鸭比母鸭早 2 周留种较佳。种鸭的使用年龄一般为 1 年（指产蛋期不要超过 1 年），因为 1 年龄的种鸭性欲旺盛，使用时间超过 1 年后的种母鸭产蛋率下降，公母间的受精率下降。

②鸭的配种比例　鸭的公母配种比例因品种类型不同而差异较大，公母比例一般是：蛋用型鸭　1∶20～25；兼用型鸭　1∶15～20；肉用型鸭　1∶5～8。

3. 鸭的生产性能测定和育种记录

(1) 鸭的主要经济性状的测定与计算方法　全国家禽育种委员会 1982 年公布了《家禽生产性能指标名称和计算方法》(试行标准) 文件，见本书附录。

(2) 鸭的育种记录　鸭的育种记录包括种鸭的编号、种蛋的编号、雏鸭的编号，且这几种编号必须要相互对应，要使种鸭的体形外貌、生产性能，与种蛋的蛋重及蛋形指数，以及与雏鸭的初生重、生长发育及耗料情况等相互间的数据联系起来进行记录整理。实际上在日常与鸭生产有关的科学试验中，为了试验的准确性，试验者也常常应用到某一方面的编号，则不过这种编号进行的只是某一方面，而育种记录是将几方面的编号、测定结果进行综合分析。

三、无公害鸭绿色安全生产的饲养品种

要实施无公害鸭绿色安全生产，必须选择与无公害鸭生产相配套的鸭品种。目前，国际、国内的鸭品种选育主要围绕提高生产性能来展开，虽然还没有专门用于无公害生产用的、抗病力强、生产性能高的鸭品种；但由于鸭的抗病力相对较高，所以在蛋鸭或肉鸭生产中只要选择正规的种鸭场提供的鸭苗，就能进行无公害鸭绿色安全生产。

（一）鸭的饲养品种分类

根据经济用途分类，鸭的品种可分为肉用、蛋用和肉蛋兼用三个类型，现代家庭养鸭时一般都饲养肉用型鸭或蛋用型鸭。对具有我国传统特色的兼用型鸭，由于该类鸭种的生产性能介于两者之间，因而它们对环境的适应性极强，同时由于该类鸭种的肉蛋品质好，且适应于放牧，所以传统放牧型养鸭生产上一般均选择此类鸭。但在无公害鸭绿色安全生产上，由于要考虑鸭的生产性能和产品质量，一般不主张采用传统的全放牧形式饲养，因为放牧养鸭时不仅对环境造成的污染大，而且鸭的生产性能潜力得不到充分发挥，所以宜选择生产性能高的专用型鸭种。而专用型肉鸭或蛋鸭品种，在选育中注重了生产性能指标的选育，但也造成了品种的抗病能力有所下降。要实施无公害鸭绿色安全生产，在饲养这类专用型鸭种时，必须要提供良好的饲养条件，这样才能使专用型肉鸭和蛋鸭品种在良好的饲养环境下，处于健康正常下发挥出最佳的生产水平；否则就可能达不到无公害鸭绿色安全生产的要求。

目前，我国饲养的鸭种包括国内列入《中国家禽品种志及图谱》的鸭种，以及一些地方鸭种，这些鸭种包括肉用型鸭、蛋用型鸭、兼用型鸭和特色型鸭，这些鸭种的基本情况见表 2－7。

表 2-7　我国地方鸭种资源及生产性能指标

品种	原产地	羽毛颜色		用途	初生重(克)	成年重		开产日龄(天)	一公配母数	产蛋量(个)	蛋形指数	蛋重(克)	受精率%
		公鸭	母鸭			公	母						
绍兴鸭	浙江绍兴	深褐	麻雀羽	蛋用	36～40	1 360	1 260	100～110	20～30	250～300	1.40	68	90
金定鸭	福建龙海	灰褐		蛋型	47.5	1 760	1 730	100～120	25	260～300	1.45	72.3	90
攸县麻鸭	湖南攸县		爪黑	蛋用	38	1 170	1 230	100～110	25	200～250	1.36	62	94
荆江麻鸭	湖北荆江	红褐	麻雀羽	蛋用	39	1 340	1 440	100	20～25	214	1.40	63.6	93
三穗鸭	贵州三穗	白颈圈		兼用	44.6	1 690	1 680	110～120		200～240	1.42	65.1	
连城白鸭	福建连城	白羽	白羽	蛋用	40～44	1 440	1320	120	20～25	220～230	1.46	58	90
莆田黑鸭	福建莆田	浅黑	浅黑	蛋用	40	1 340	1 630	120	20～35	270～290		70	95
高邮鸭	江苏扬州	褐芦花	淡棕黑	兼用		2 365	2 625	108～140	20～30	140～160	1.43	75.9	93
建昌鸭	四川凉山	白颈圈	浅褐麻	兼用	47.3	2 410	2 035	150～180	7～9	144	1.37	72.9	90
大余鸭	江西大余	颈背红褐	褐色	兼用	42	2 147	2 108	205	10	121.5		70.1	83
巢湖鸭	安徽巢湖	颈墨绿	浅褐色	兼用	48.9	2 420	2 130	105～144	25～30	160～180	1.42	70	92
北京鸭	北京	白羽	白羽	肉用	58～62	3 490	3 410	150～180	7～8	180～200	1.41	90	90
山麻鸭	福建龙岩	白颈圈	麻色	蛋用	45	1 430	1 550	100	25	243	1.30	54.5	75
微山麻鸭	山东微山	红麻	红麻	蛋用	42.3	2 000	1 900	150～180	25～30	180～200	1.35	80	95

（续）

品种	原产地	羽毛颜色		用途	初生重(克)	成年重		开产日龄(天)	一公配母数	产蛋量(个)	蛋形指数	蛋重（克）	受精率%
		公鸭	母鸭			公	母						
文登黑鸭	山东文登	黑色	黑色	蛋用	48.9	1 900	1 800	150		203～282	1.38	80	
淮南麻鸭	河南固始		褐麻	兼用	42	1 550	1 380			130		61	
恩施麻鸭	湖北鄂西	青褐色	麻色	兼用	45	1 362	1 615	180	20	183	1.38	65	81
沔阳麻鸭	湖北沔阳	棕褐	麻色	兼用	48.6	1 693	2088	115～120	20～25	163	1.41	77	93
临武鸭	湖南临武	棕褐	麻黄	兼用	42.7	2 750	2 225	160	20～25	180～220	1.40	67.4	83
中山麻鸭	珠江三角	褐麻	褐麻	兼用	48.4	1 700	1 700	130～140	20～25	180～220	1.50	701	93
靖西大麻鸭	广西靖西	深浅麻黑	三类型	肉用	48	2 700	2 500	130～140	10～20	140～150	1.40	86.7	95
广西小麻鸭	广西西江	黑灰	麻花	兼用	42.7	1 600	1 500	120～150	15～20	160～220	1.50	65	90
四川麻鸭	四川重庆		麻褐	兼用	48.4	1 890	1 930		10	120～150	1.40	73.4	90
兴义鸭	贵州西南	褐色	深麻	兼用	45	1 620	1 560	145～150	10	170～180	1.40	70	84
云南麻鸭	云南	深褐	麻黄	兼用	48.4	1 580	1 550	150	12	120～150	1.44	72	92
汉中麻鸭	陕西汉江	麻褐	麻褐	兼用	38.7	1 300	1 400	160～180	8～10	220	1.40	68	72
台湾麻鸭	台湾各地			兼用	42.7	1 100	1 350	120～150	40	250			

注：上述原始资料数据来源于农业部在网上发布的我国地方畜禽品种资源资料

目前，我国饲养的鸭种还包括从国外引进的专用型肉鸭品种和蛋鸭品种，这些鸭种包括樱桃谷肉鸭、奥白星肉鸭、丽佳肉鸭以及咔叽-康贝尔鸭蛋鸭。同时，还有我国有关单位培育的一些鸭种。

（二）引入的专门化的肉用型鸭种

1. 樱桃谷鸭 该品种属商业品种，是我国目前养殖量最多的肉鸭品种。

（1）培育地 该品种育成于英国，是由英国樱桃谷公司引进北京鸭和埃里斯伯里鸭为亲本，经杂交培育而成的商业品种。该品种内有 10 个品系，其中白只系有 L3、L2、M1、M2、S2 和 S1；杂色只有 CL3、CM1、CS3、CS4。经品系配套育成 X-11 杂交鸭推销全世界。目前在我国已有四川绵英和南京宁英两个祖代种鸭场，且樱桃谷公司已计划在我国建立曾祖代鸭场。

（2）体形外貌 外形酷似北京鸭，白只，头大额宽，鼻脊较高，喙、胫、蹼为橙黄色或橘红色，颈平而粗短，翅强健而紧贴躯干，背宽长，稍倾斜，胸宽深，肌肉发达，腿粗短。

（3）生产性能 据前苏联 80 年代末饲养测定结果：7 周龄体重达 3 000 克，料重比 3.0∶1，成活率达 95%。樱桃谷公司近 9 年来经深入研究，又育成“樱桃谷超级 M”良种肉鸭，以“繁殖单位”向国外提供良种（每 30 只公鸭和 110 只繁殖母鸭为一个繁殖单位），在 40 周产蛋期内可生产肉鸭苗约 1.5 万只。据广东家禽所测定：7 周龄平均体重 3 118±70 克，料重比 2.89∶1，半净膛屠宰率为 85.55%，瘦肉率 26.2%～29.5%。该种鸭性成熟期为 26 周龄，平均产蛋量 220 个，蛋重 90 克，产蛋期 40 周内每只母鸭可提供雏鸭 172 只。目前该品种 6 周龄体重可达 3.2 千克以上，全净膛屠宰率 72.55%，料重比 2.3∶1，38 日龄即可上市。

2. 奥白星鸭 该品种属商业品种，在我国山东等省饲养较多。

（1）培育地　该品种育成于法国，是由法国奥白星公司采用品系配套方法育成的优良肉用型鸭种。具有生长快、早熟易肥、体型硕大、屠宰率高等特点。山东引进了该品种。

（2）体形外貌　鸭绒只呈黄色，脱换幼只后全身羽毛洁白。喙、胫、蹼橙黄色。头大颈粗，胸宽，体躯稍长，胫粗而短。该鸭性喜干爽，能在陆地上进行自然交配，适应旱地圈养或网养。

（3）生产性能　奥白星性成熟期24周龄，公母鸭标准体重为2 950克和2 850克，公母鸭配比1∶5，32周龄进入产蛋高峰，高峰产蛋率可达90%以上，年产蛋220～230个；商品代7周龄体重达3.7千克，料重比2.4∶1～2.6∶1。

3. 丽佳鸭　该品种属商业品种，在我国福建等省饲养较多。

（1）培育地　该品种育成于丹麦，是由丹麦丽佳公司选育成的肉鸭品种。目前在我国福建泉州建有一个祖代种鸭场。

（2）体形外貌　外形近似北京鸭，体型大小因品系而异，白只，有L_1、L_2、L_B三个配套系，适应性强。

（3）生产性能　该品种生长速度快，当其他鸭停止生长时，丽佳鸭所特有的遗传能力促使其在52日后还能继续生长和增重。在炎热的天气下丽佳鸭仍然不断生长，比其他鸭更大更重。在寒冷气候下，丽佳鸭在第二次换只后还继续生长达到4.5千克的重量。大型丽佳鸭的胸肌重量（49天L_1可达3.7千克，8周龄胸肌重达400克以上），瘦肉型丽佳鸭的肉质及饲料利用率等肉用性能在同等鸭种中处领先地位。其中L_B的7周龄体重可达3.3千克，料重比2.41∶1。L_B丽佳鸭性成熟期25周龄，30周龄进入产蛋高峰，产蛋率达95%。40周产蛋期产蛋量在220个，提供合格种蛋200个，入孵蛋孵化率达84%。$L_2$7周龄体重达3.3千克，料重比2.6∶1，全净膛屠宰率71%左右，年产蛋220个；$L_1$7周龄体重3.7千克，料重比2.75∶1，全净膛屠宰率70%，年产蛋200个。

（三）国内专门化的肉用型鸭种

1. 北京鸭 该品种被列入《中国家禽品种志及图谱》，是世界著名的肉用鸭标准品种。

（1）原产地 原产于我国北京西郊，以玉泉山及护城河一带为主产区。目前，我国各地均有北京鸭的饲养。北京鸭于1873年输入美、英国后，很快传入欧洲各国，现在世界上只要养有肉鸭的地方，均有北京鸭存在。北京鸭是著名的肉用鸭种，在国际养鸭业中占有重要的地位，许多国家引进北京鸭来改良当地鸭种，培育了许多高产品系，北京鸭对世界养鸭业的发展作出了重大贡献。

（2）体形外貌 鸭头部长大，颈粗稍短，体长背宽，胸部丰满，前胸昂起、与地面约呈30度角，两翅小而紧附于体躯，尾短而上翘。公鸭尾部有4根向背部蜷曲的性只（钩只）；母鸭腹部丰满，脚粗短，蹼宽而厚。北京鸭全身羽毛为纯白色，喙、胫、蹼橙黄色或橘红色，虹彩蓝灰色。初生雏鸭绒毛金黄色，称为“鸭黄”，绒只随日龄增加，颜色逐渐变浅，至4周龄前后变为白色。

（3）生产性能 经过选育的北京鸭Z1，雏鸭初生重58～64克；3周龄重1 001～1 073克，料重比2.02∶1，7周龄重2 928～2 998克，料重比3.27∶1；我国选育的新型北京鸭品系杂交肉鸭7周龄体重已达3千克以上，料重比在3∶1内。填鸭生产期平均为57天，平均活重2 700～2 800克，料重比3.8～4.1。150日龄公鸭体重3 786克，母鸭3 681克。北京鸭双桥Ⅱ系7周龄半净膛屠宰率，公鸭91.62%，母鸭91.32%；全净膛屠宰率公鸭84.02%，母鸭84.43%。北京鸭Z1系的胸腿肌占胴体29.5%，脂肪占胴体35.77%。北京鸭有较好的肥肝性能，填肥2～3周肥肝重达300～400克。北京鸭的繁殖性能是肉用型品种难得的优点。性成熟期一般为150～180日龄，但经过选育的大型父本品系需190日龄才能开产。年产蛋量在200个以上，管理精细的母本品系年产蛋可达240个，蛋重90克左右，蛋壳白色。在公母配比1∶5的情况下，受精率达90%以上，受精蛋孵化率80%～90%。一般生产场1只母鸭可年产150只的雏鸭，种鸭第一个产蛋期为40周，之后可采用强制换只停产，约50天进入第二个产蛋期，第二个产蛋期产蛋100个以上。在良好的饲养管理条件下，雏鸭成活率可达95%以上。

（四）引入的专门化的蛋用型鸭种

1. 咔叽-康贝尔鸭 培育品种，用该品种来改良其他鸭的产蛋性能。

（1）原产地 咔叽-康贝尔鸭是英国采用浅黄色和白色印度跑鸭与法国罗恩公鸭杂交，再与公野鸭杂交选育而成的蛋鸭品种。

（2）体形外貌 种公鸭的羽毛特征是头、颈、尾只为古铜色，其余部位羽毛为咔叽色（茶褐色）；喙墨绿色，胫、蹼为深橘红色。雌鸭头、颈羽毛为深褐色，其余位的羽毛为茶褐色，喙浅褐色或浅绿色，胫、蹼黄褐色。白色康贝尔鸭是由咔叽-康贝尔选育出来的，但其产蛋量不高。此鸭的喙和胫为橘红色。

（3）生产性能 咔叽-康贝尔高产品系的平均产蛋量接近365个。蛋重70克左右，壳白色。据上海市禽蛋公司科研所测定，500日龄产蛋量为301.24个，蛋重69.91克。仔鸭60日龄体重分别为母1.58千克、公1.82千克。成年公鸭体重2.3～2.5千克，母鸭2.0～2.3千克。

（五）国内的专门化的蛋用型鸭种

1. 绍鸭 我国地方鸭种，属小型麻鸭，该品种被列入《中国家禽品种志及图谱》。

（1）原产地 原产于浙江绍兴等地，故全称为“绍兴麻鸭”。

(2) 体形外貌　该品种体躯狭长，颈细而长，臀部丰满，腹略下垂，站立或行走时与地面成45度角，体态匀称，结构紧凑，具有理想的蛋用鸭体型。其特点是产蛋多、成熟早、体型小、耗料省。既能在稻田、江河、湖泊中放牧，又适应于进行集约化圈养，适应性很广，遍及浙江全省，分布于上海市各郊县及江苏的太湖流域，近年来已有十多个省、市引种。

1976年以来，绍鸭经过5个世代的闭锁群繁殖和5个世代的家系选育，已培育出2个高产品系WH系和RE系，这两个系除羽毛颜色有明显的区别外，主要生产性能比较接近。WH系（原称带圈白翼梢）母鸭全身以浅褐色麻雀只为基色，而RE系（原称红毛绿翼梢）母鸭全身以深褐色的麻雀只为基色，只下均布有粗细不等的黑色斑点。WH系母鸭有白颈圈、白主翼只、白色腹部等“三白”特征。喙、胫、蹼都是橘黄色，喙豆黑色，爪白色，虹彩灰蓝色，皮肤黄色；而RE系母鸭颈上部深褐色，无黑斑。镜只黑绿色，有光泽。腹部浅褐色。喙灰黄色，嘴豆黑色，胫、蹼橘红色，爪黑色，虹彩赭石色，皮肤黄色。两系的公鸭全身羽毛均为蓝褐色，头部及颈上部墨绿色，镜只箭尾部墨绿色，都有光泽，皮肤黄色。但WH系公鸭颈中部有白色只圈，主翼只白色，腹部中下部羽毛乳白色。喙、胫、蹼都是橘黄色，喙豆黑色，爪白色，虹彩灰黑色；而RE系公鸭颈部无白色只圈，喙、胫、蹼橘红色，喙、爪都是豆黑色。腹中下部羽毛乳白色。虹彩赭石色。

(3) 生产性能　绍鸭成熟较早，一般在16周龄时陆续开始产蛋，在正常的饲养管理下，20～22周龄时可以达到50%产蛋率，以后再经过2～3周，即可达到产蛋高峰期，并能保持持续高产。选育初期，群体达50%产蛋率WH系为180日龄，RE系为182日龄；经5个世代选育后，育成的两个高产品系，达50%产蛋率的群体开产日龄已有明显提早，WH系为146天，RE系为141天。按入舍母鸭统计的500日龄平均产蛋量，选育初期 WH 系为 263.3 个，RE 系为 279.6 个，经 5 个世代选育后，效果极其显著，WH 系 500 日龄入舍母鸭的产蛋量为 309.4 个，RE 系为 311.5 个。并经过大群生产考核，4 142 只入舍母鸭测定，500 日龄平均产蛋 310.2 个。500 日龄产蛋总重，WH 系每只平均 18.51 千克，RE 系 18.54 千克。蛋的品质：300 日龄蛋重，WH 系 67.45 克、RE 系 70.12 克；蛋形指数，WH 系 1.41、RE 系 1.44；蛋壳厚度，两系均为 0.33 毫米。6 月龄以上的种鸭所产的蛋才能留种，母鸭可利用 1～2 年，以第一的较好；公鸭只利用 1 年。按产区传统的生产方式，每年的孵化繁殖季节为 3～8 月份，即留种时期只有半年，近年来逐渐延长使用期（2～9 月份）。生产上公母鸭配种比为 1∶20～30，随季节和气温的变化进行适当调整，一般早春 1∶20，夏秋季 1∶30。按此配比，受精率可达 90%以上。绍鸭无就巢性，全部采用人工孵化。产区农村都采用传统的缸式孵化，由于破蛋率较高，受精蛋的孵化率为 75%～85%。在原产地，绍鸭过去都采用放牧饲养，受自然环境的影响较大，近年来已逐步改为圈饲形式，环境条件比较稳定，成活率有所提高，雏期（0～4 周龄）的成活率可达 98%，产蛋期（150～500 日龄）的存活率 WH 系为 96%，RE 系为 98%。绍鸭体型小，成年体重 1.45 千克左右。生长速度与放牧条件和管理水平关系极为密切。一般初生重 37～40 克，30 日龄时可达 450 克，30～60 日龄生长最快，70 日龄后生长减慢，90 日龄时的体重可达成年体重的 90%左右。

新育成的两个高产品系，在生长速度和成年体重之间没有明显区别（表 2-8）。

表 2-8　绍鸭的生长速度和成年体重　　单位：克

日龄	初生	30 日龄	60 日龄	90 日龄	300 日龄	500 日龄
WH 系	39.9	425.7±6.3	843.7±12.3	1 128±43.2	1 426±60.6	1 466±28.4
RE 系	39.2	443.8±17	873.4±37.2	1 116±63.1	1 481±42.6	1 477±30.1

2. 金定鸭　属我国地方小型蛋用麻鸭品种，该品种适应于

海滩放牧，该品种被列入《中国家禽品种志及图谱》。

（1）原产地　该品种原产于福建省。其中心产区在福建省龙海县紫泥乡金定村，厦门市郊区，龙海、同安、晋江、惠安、漳州、漳浦、云霄和绍安等县均有分布。

（2）体形外貌　鸭的公鸭胸宽背阔，体躯较长。喙黄绿色，虹彩褐色，胫橘红色，爪黑色。头部和颈上部羽毛具有翠绿光泽，无明显的白颈圈，前胸赤褐色，背部灰褐色，腹部羽毛呈细节花斑纹，翼只深褐色，有镜只，尾只黑褐色。金定鸭身体细长，匀称紧凑，头较小，喙呈古铜色，虹彩褐色，头秀长，胸稍窄而深，胫、蹼橘红色。母鸭亦具赤褐色麻雀只，背面体只绿棕黄色，只片中央为椭圆形褐色变浅，颈部的羽毛纤细，没有黑褐色块斑，翼只黑褐色，有镜只。金定鸭的尾脂腺发达，为鸭梳理羽毛提供了充足的油脂，故羽毛防湿性能较强。

（3）生产性能　金定鸭产蛋期长，高产的金定鸭在换只期和冬季能持续产蛋而不休产，产蛋率高。一般在260～300个。据厦门大学生物系1979～1981年测定，在舍饲条件下平均年产蛋量为313.35个，其中产蛋360个的占3%，平均蛋重72.26克，壳色以青壳蛋为主，占95%以上。蛋形指数1.45。母鸭开产日龄110～120天，公鸭性成熟日龄100天左右。公母配种比例1∶25，受精率89%～93%，孵化率85.3%～92.3%。母鸭利用年限一般为3年，公鸭1年。初生公雏体重47.6克，母雏47.4克。1月龄体重公鸭560克，母鸭550克，2月龄体重公鸭1 039克，母鸭1 037克，3月龄公鸭1 464.5克，母鸭1 465.5克。成年体重公鸭1 760克，母鸭1 780克。成年母鸭的半净膛屠宰率为79%，全净膛为70.0%。以金定母鸭与瘤头鸭公鸭生产的“半番”鸭，产肉性能良好，饲养90天体重可达3千克。

3. 攸县麻鸭　我国地方小型蛋鸭品种，该品种被列入《中国家禽品种志及图谱》。

（1）原产地　该品种原产于湖南省。主产区为湖南省攸县境内的攸水和沙河流域一带，以网岭、鸭塘浦、新市等地为其中心产区。

（2）体形外貌　攸县麻鸭体型狭长，呈船形，羽毛紧密，喙豆黑色。母鸭全身羽毛呈黄褐色带椭圆形黑斑，虹彩茶褐色，爪黑褐色。鸭群中有70%左右母鸭具深麻雀色，其余的羽色较浅。公鸭喙绿褐色，头部相颈上部羽毛翠绿色，富光泽，虹彩油黑色，颈中下部有白羽环，前胸羽毛赤褐色，腹羽、翼羽灰褐色，尾羽和性羽墨绿色，爪黑色。

（3）生产性能　攸县麻鸭初生重39克；1月龄体重48.5克，2月龄公鸭重850克，母鸭重852克；3月龄公鸭重1 120克，母鸭重1 180克；成年公母鸭体重相似，均为1.2～1.3千克。开产日龄100～110天，最早的85～90天，公鸭性成熟日龄100天左右，公母配种比例1∶25，受精率94.8%，受精蛋孵化率82.66%。群放饲养条件下，每只年产蛋200～250个，总重10～13千克，精养时可达13～15千克。春秋两季产蛋量占全年产蛋量的83.5%，平均蛋重60克。白壳蛋占90%，蛋壳厚0.36毫米。青壳蚕较少，蛋壳厚0.37毫米，蛋形指数1.36，饲料报酬2.7∶1。

攸县麻鸭性成熟早，行动敏捷，极富神经质，在中等群（300～400只）饲养条件下，产蛋率易起易落。但由于体型小，觅食力强，饲料报酬高，在湖南省广为饲养。

4. 荆江麻鸭　我国蛋用型麻鸭，该品种被列入《中国家禽品种志及图谱》。该鸭种因盛产于荆江两岸而得名。

（1）原产地　中心产区为江陵、监利和沔阳县，毗邻的洪湖、石首、公安、潜江和荆门等县、市亦有分布。

（2）体形外貌　荆江麻鸭头较小，眼大而突，颈细长而灵活，肩褊狭，背平；体躯稍长而向上抬起。喙石青色，胫、蹼橙黄色。全身羽毛紧密，眼上方长有眉状白毛。母鸭头颈部羽毛多为泥黄色，背腰部羽毛以泥黄为基色，杂育黑色条斑或浅褐色底色上缀黑色条斑，群体中以浅麻雀色居多。公鸭头、颈部羽毛具翠绿色光泽，前胸、背腰部羽毛褐色，尾部浅灰色。

（3）生产性能　荆江鸭成年体重公鸭 1.4～1.6 千克，母鸭稍轻。初生重 39.33 克，1 月龄体重 167.77 克；3 月龄体重公鸭 1 122.5克，母鸭 1 040.50 克；6 月龄体重公鸭 1 678.75 克，母鸭 1 503.50克。开产日龄 100 天左右。2～3 年鸭达产蛋高峰，可利用 5 年。平均年产蛋量 214.4 个，年平均产蛋率 58%，春秋季产蛋率在 90%左右，冬季则较低。蛋以白壳者居多，占 76%，平均蛋重 63.5 克，青壳蛋约占 24%，蛋重平均 60.62 克。蛋壳厚 0.33 毫米，蛋形指数 1.40。公母配比 1∶20～25，受精率 93.10%，入孵蛋孵化率 98.24%。公母鸭半净膛屠宰率分别为 72.22%和 79.93%，全净膛屠宰率分别为 72.22%和 72.25%。

5. 三穗鸭　我国蛋用型麻鸭，该品种被列入《中国家禽品种志及图谱》。

（1）原产地　三穗鸭产于贵州省东部的低山丘陵河谷地带，三穗县为中心产区，故称为三穗鸭。分布于镇远、岭巩、天柱、台江、剑河、锦屏、黄平、施秉、思南等十余县。雏鸭除供应本省外，尚远销湖南省和广西自治区。

（2）体形外貌　三穗鸭属小型麻鸭，体躯稍长，似船形，颈细长，前胸突出，胫、蹼橘红色，爪黑色。公鸭体羽以绿色居多，颈中下部有白色颈圈，前胸细褐色，背部羽毛灰褐色，腹部浅褐色。虹彩褐色，胫细长而强健有力。母鸭羽色以深麻雀色居多，间有纯黑和黑白花色个体。

（3）生产性能　三穗鸭成年体重公鸭 1 690 克，母鸭 1 680 克。初生体重 44.62 克，1 月龄体重 414.25 克；开产日龄 110～120 天，年产蛋 200～240 枚，蛋重平均为 65.12 克，以白壳蛋居多，青壳蛋仅占 8%～9%。蛋壳厚度 0.31 毫米，蛋形指数 1.42。公母配比 1∶20～25，受精率 80%～85%，孵化率85%～90%，60 日龄成活率 95%以上。利用年限，公鸭为 1 年，母鸭

2～3 年。70 日龄公母鸭半净膛屠宰率分别为 84.34％和 84.44％，全净膛率分别为 61.22％和 66.32％。

（六）国内特色型鸭种

1. 连城白鸭　连城白鸭是中国麻鸭中的白色变种，属小型蛋肉兼用型品种，该品种被列入《中国家禽品种志及图谱》，是集药理膳食于一身的地方特色品种。

（1）原产地　该品种原产于福建省，主要产区在福建连城、长汀、上杭、永安和清流等县。目前该品种除原产地设有种鸭场外，南京市畜牧家禽研究所也引进了该品种，并与南京农业大学合作对该品种进行了系统的选育。

（2）体形外貌　该品种全身羽毛洁白紧密，体躯狭长、头小、嘴长、颈细长，喙、趾、蹼均为青绿色或黑色，眼球黑色，身躯狭长结实，前胸浅，在长期的舍饲选育条件下，腹部略下垂，形如楔状。民间长期放牧条件下，鸭的腹部不下垂，行动灵活，善于爬坡和潜水，觅食和抗病能力强，适宜在山区梯田、垄田上放牧。公鸭有性羽 2～4 根。

（3）生产性能　初生重为 40～44 克，成年鸭体重 1.25～1.5 千克，成年公鸭为 1 440 克，母鸭为 1 320 克。屠宰测定：全净膛公鸭为 70.3％，母鸭为 71.7％。开产日龄 120 天左右，第一年产蛋 220～230 个，第二产蛋年为 250～280 枚，平均蛋重 55～60 克，壳色白色居多，蛋形指数 1.46，公母配种比例 1∶20～25，种蛋受精率为 90％以上。商品鸭 70 日龄可达 1.1～1.2 千克。

（4）特色　连城白鸭富含 18 种氨基酸和 10 种微量元素，其胆固醇含量低。具有清热解毒，滋阴降火，祛痰开窍，宁心安神，开胃健脾之功效。近年，临床证实连城白鸭还有缓解癌症患者病情，延长生命的首选食物。连城白鸭饲养期越长，其药效越好，只有饲养 4 个月以上的才是真正具有药效的连城白鸭。

2. 莆田黑鸭 莆田黑鸭是中国麻鸭中的黑色变种，该品种被列入《中国家禽品种志及图谱》。

（1）原产地 该品种原产于福建省，主要产区为福建的晋江和莆田两个地区的沿海各县及福州市的浪歧、亭江、连江县的浦口等地。

（2）体形外貌 莆田黑鸭体形轻巧、紧凑，骨骼坚实，行走迅速。全身羽毛浅黑色，着生紧密，喙墨绿色，胫、蹼、爪黑色。公鸭具性羽，头、颈部羽毛具有光泽，雄性特征明显。

（3）生产性能 莆田黑鸭成年体重，公鸭 1 340 克，母鸭 1 630 克。70 日龄屠宰测定：半净膛为 81.9%，全净膛为 75.3%。开产日龄 120 天左右，年产蛋量为 270～290 个，蛋重 70 克，白壳蛋占多数。公母配比 1∶25，种蛋受精率 95%，蛋料比3.84∶1。

3. 高邮鸭 我国地方鸭种，属中型麻鸭，被列入《中国家禽品种志及图谱》。该鸭种以产双黄蛋而闻名世界。

（1）原产地 高邮鸭主要产于江苏省里下河地区。是肉、蛋兼用型麻鸭，以产双黄蛋著称。全国许多省市均有引进，以广东、云南、贵州、湖南、江西、安徽等省市饲养较多。

（2）体形外貌 高邮鸭发育匀称，有典型的兼用型种鸭的体型。公鸭体型较大，背阔肩宽，胸深，体躯呈长方形。头颈上半部羽毛为深孔雀色，背、腰、胸褐色芦花只，尾只黑色，腹部白色，喙青绿色，嘴豆黑色，虹彩深褐色，胫、蹼橘红色，爪篙色，有“乌头白档，青嘴雄”之称。母鸭的颈细长，羽毛紧密、胸宽深、后躯发达。全身为麻雀色只，淡褐色，花纹细小。有锐只。喙青色，嘴豆黑色，虹彩深褐色，爪黑色。雏鸭只色黑头星，黑线背，黑尾巴，青喙，胫、蹼黑色，黑爪。

（3）生产性能 当地鸭农有“春不离百，秋不离六”之说（即该鸭春天可产近百个蛋，秋天可产近 60 个蛋）。年平均产蛋量 140～160 个，蛋重 75.9 克，78 克以上的占 4%，70 克以下的占15.3%。壳色以白色为主，约占82.9%，青壳蛋占17.1%左右。蛋形指数1.43，双黄蛋占产蛋总数的0.3%左右。公鸭70日龄后即有性行为，母鸭108～140日龄开产，公母配比1∶25～33，受精率92%～94%。受精蛋孵化率85%以上。在放牧条件下，一般70日龄体重可达1.5千克，100日龄体重1.85千克，以40～70日龄生长最快。采用配合饲料饲喂时50日龄平均体重1.78千克。成年公鸭体重2.3千克，母鸭2.5千克。成年鸭半净膛屠宰率80%，全净膛70%。

（七）国内兼用型鸭种

1. 建昌鸭　我国肉蛋兼用型麻鸭，被列入《中国家禽品种志及图谱》。该鸭种肉用性能优良，以生产大肥肝著称的，素有“大肝鸭”的美称。

（1）原产地　建昌鸭产于四川省的西昌、德昌、冕宁、米易和会理等县。西昌古称建昌，因而得名。产区位于青藏高原和云贵高原之间的安宁河河谷地带，属亚热带气候。当地素有腌制板鸭，填肥取肝，食用鸭油的习俗，经过长期的选择，育成了以肉为主，肉蛋兼用的品种。

（2）体形外貌　建昌鸭体型中等大小，体躯宽阔，头大颈粗。公鸭头、颈上部羽毛墨绿色，具光泽，颈下部1/3处有一白色颈圈，尾羽、性羽黑色，喙墨绿色，前胸及鞍羽红褐色，腹羽银灰，故有“绿头、红胸、银肚、青嘴公”之称。母鸭羽毛褐色，有深浅之分，以浅褐色麻雀羽居多，喙插黄色。

建昌鸭中还有约15%的白胸黑鸭，其公母羽毛相同，前胸白色，体羽乌黑，喙、腔、蹼黑色。近年来，四川农业大学又从建昌鸭中分离出一个白羽品系。

（3）生产性能　成年体重，公鸭2.2～2.5千克，母鸭2～2.3千克。

①产蛋性能　年均产蛋量150枚左右，平均蛋重72.9克。

蛋壳以青壳者居多，占60%～70%，壳厚0.35厘米，蛋形指数1.37。公鸭性成熟日龄120天左右，母鸭开产日龄150～180天，公母配比1∶28，受精率90%左右，受精蛋孵化率85%左右。

②产肉性能　建昌鸭生长较快，初生体重37.4克，1月龄体重302.5克，2月龄体重达962.5克，3月龄体重1 655.8克，4月龄公鸭重1 844.0克，母鸭1 694.7克。其相对增重高峰期出现在8周龄前，13周龄后则增重急剧下降，28周龄时接近成年体重。两用仔鸭8周龄活重1.3～1.6千克。6月龄半净膛屠宰率公鸭为78.9%，母鸭为81.84%。全净膛屠宰率公鸭为72.3%，母鸭为74.08%。6月龄胸、腿肌总重公鸭为327.38克，母鸭为318.60克。三肌占屠体重的比例，公鸭为25.84%，母鸭为24.27%。56日龄肉料比为1∶3.07，7月龄填肥21天的肉料比为1∶11.07。

③产肝性能　7月龄建昌鸭填肥14天平均肝重229.24克，最大者达455克，肝料比为1∶23.81，填肥21天平均肝重324.36克，最重达545克。

2. 巢湖鸭　我国兼用型麻鸭，被列入《中国家禽品种志及图谱》。该鸭种以觅食力强、善潜水，适放牧而著称，是制作无为熏鸭和南京板鸭的良好材料。

（1）*原产地*　主产区在安徽省中部的巢湖附近，分布于巢湖周围的庐江、巢县、肥西、肥东、舒城、无为、和县、含山等县。产区地理位置属江淮分水岭以南、大别山以东、长江北岸的低洼湖沼冲积平原地带，具有良好的放牧条件。

（2）*体形外貌*　体型中等大小，呈长方形，结构紧凑。公鸭的头、颈上部羽毛呈墨绿色，有光泽，前胸和背、腰部羽毛褐色，缀有黑色条斑，腹部白色，尾羽黑色，喙黄绿色，虹彩褐色，腔、蹼橘红色，爪黑色。母鸭体羽浅褐色，缀黑色细条纹，呈浅麻细花形，翼部有蓝绿色镜羽，眼上方有白色或浅黄色眉纹。

（3）生产性能：成年体重，公鸭 2.1～2.7 千克，母鸭1.9～2.4 千克。

①产蛋性能 年产蛋量 160～180 枚，平均蛋重 70 克，蛋壳以白色居多，占 87%，青壳蛋占 13%，母鸭开产日期 140～160 天，公母配比早春为 1∶25，清明后为 1∶33。种蛋受精率 90%以上，受精蛋孵化率 89%～94%。利用年限，公鸭为 1 年，母鸭为3～4 年。

②产肉性能 肉用仔鸭 70 日龄活重 1.5 千克，90 日龄活重 2 千克。全净膛屠宰率 72.6%～73.4%，半净膛屠宰率 83%～84.5%。

3. 大余鸭 我国蛋肉兼用型麻鸭，被列入《中国家禽品种志及图谱》。以该鸭种腌制的南安板鸭（大余旧称南安）在广东、香港、澳门和东南亚地区久负盛名，其特色是皮薄肉嫩，骨脆可嚼，腊味香浓，耐人寻味。

（1）原产地 主产区在江西省南部的大余县，分布于赣西南的遂川、崇义、赣县、永新等县和广东省的南雄县。

（2）体形外貌 大余鸭体型中等大小，不具白色颈圈。翼部有墨绿色镜羽。喙青色，胫、蹼青黄色。公鸭头、颈、背部羽毛红褐色，少数个体头部有墨绿色羽。母鸭体羽褐色，杂有较大的黑色雀斑，故有“大粒麻”之称。

（3）生产性能：成年体重 2～2.2 千克。

①产蛋性能 年产蛋量 180～220 枚，平均蛋重 70 克左右，蛋壳白色。母鸭开产日龄 180～200 天，公母配比 1∶10，种蛋受精率 81%～91%，受精蛋孵化率 90%以上。

②产肉性能 在放牧条件下，90 日龄仔鸭活重 1.4～1.5 千克，再经 1 个月的育肥饲养，体重达 1.9～2 千克，即可屠宰加工板鸭。半净膛屠宰率公鸭为 84.1%，母鸭为 84.5%；全净膛屠宰率公鸭为 74.9%，母鸭为 75.3%。

（八）国内培育鸭种

天府肉鸭　天府肉鸭属培育品种，采用配套系繁育，于1996年初通过了四川省畜禽品种审定委员会的审定。

（1）培育地　该品种培育于四川，是四川农业大学利用引进品种和地方良种的优良基因库，采用现代家禽商业育种先进的育种技术，育成了大型肉鸭2个父系（天府肉鸭G系、蜀川肉鸭C系）和天府肉鸭2个母系（M和L）及适应性广、抗病力强的天府肉鸭配套系（GM、GL）。1996年列入国家“九五”重点科技成果推广项目。现广泛分布于四川、重庆、云南等省、市。

（2）外貌特征　体型硕大丰满。羽毛洁白，喙、胫、蹼呈橙黄色，母鸭随着产蛋日龄的增长，颜色逐渐变浅，甚至出现黑斑。初生雏鸭绒毛呈黄色。

（3）生产性能

祖代：父本品系成年体重早3.1～3.2千克、3.2～3.3千克。

母本品系成年体重早2.7～2.8千克、3.0～3.1千克。

开产日龄180～190天（产蛋率达5%），入舍母鸭年产合格种蛋230～250个，蛋重85～90克，受精率达90%以上，受精蛋孵化率84%～88%。

父母代：成年体重3.2～3.3千克、早2.8～2.9千克。

开产日龄180～190天（产蛋率达5%），入舍母鸭年产合格种蛋200～250个，蛋重85～90克，受精率达90%以上，每只母鸭提供健雏数180～190只。

商品代肉鸭：

28日龄活重1.6～1.86千克，料重比1.8～2.0∶1；

35日龄活重2.2～2.37千克，料重比2.2～2.5∶1；

49日龄活重3.0～3.20千克，料重比2.7～2.9∶1。

（九）引入的瘤头鸭种

1. 瘤头鸭　瘤头鸭又称疣鼻栖鸭、麝香鸭，在欧洲称为火鸡鸭，在法国又称蛮鸭或巴巴里鸭，我国俗称番鸭、洋鸭或火鸭。瘤头鸭与普通家鸭不同属，属鸭科、栖鸭属，是新大陆属的唯一代表，也是驯养鸭中唯一保留就巢性的鸭种。

（1）原产地　瘤头鸭原产于南美洲和中美洲的热带地区，属善飞的森林禽种。我国饲养的瘤头鸭由国外引入，在福建至少有250年以上的饲养历史。在台湾、广东、江西、广西、浙江、江苏、湖南和安徽等省、自治区均有饲养。

（2）体形外貌　番鸭外貌与家鸭明显不同，在嘴的基部和眼圈周围有红色或黑色的肉瘤，故名瘤头鸭。公鸭的肉瘤展延较宽。瘤头鸭的体形呈纺锤状，站立时呈水平状态，头大，颈粗稍短，喙短而狭，头部顶端有一排纵向长羽，受到刺激时竖起呈刷状。胸部宽而平，胸腿肌肉发达，翅长达尾部，有一定飞翔能力，腹部不发达。脚短而粗壮，脚爪硬而尖，行走时步态平稳。公鸭叫声低哑，呈“嗞嗞”声，母鸭抱孵时常发出“唧唧”声。公鸭在繁殖季节常散发出麝香气味，故又名麝鸭。瘤头鸭的羽毛颜色有白色和黑白花，还有少数呈银灰色。常见的是背部黑色，颈下部、腹部、翅羽白色。喙红色带黑点，脚黄褐色。

（3）生产性能　成年公番鸭体重3～3.5千克，母鸭1.8～2.1千克。母鸭开产日龄180～210天，一般年产蛋量80～120枚，高产者可达150～160枚。蛋重70～80克，蛋壳玉白色。蛋形指数1.38～1.42，公母配比1∶7，种公鸭利用年限1～1.5年，每季产蛋后即自行孵化，每羽可孵种蛋20个左右，孵化期35～40天。种蛋受精率85%～94%，受精卵孵化率80%～85%，初生雏重40～42克。番鸭的早期生长速度较快，3～10周龄增重最快，10周龄后增重开始减缓。公母增重差异较大，10周龄时公母鸭体重分别为2.78千克和1.84千克。全净膛屠宰率公鸭为76.3%，母鸭77%，公母鸭胸腿肌占全净膛率比率分别为29.63%与29.74%。料肉比3.3∶1。10～12周龄的番鸭经填饲2～3周，平均产肝300～350克，公鸭肝重高于母鸭，肝料比为1∶30～32，较其他鸭耐填，肝大质好，等级高，在产肝的同时，体重比填前也增加50%～70%。

番鸭行动迟钝，可水养，也可旱养，能飞翔，胆大不怕人。一般作为家庭零星饲养，并可用作杂交亲本。如用人工授精技术使公鸭头鸭与母家鸭进行属间杂交生产的半番鸭或骡鸭，具有生长快、饲料报酬高、肉质好和抗逆性强等优点。8周龄平均体重2 160克。用雄番鸭与雌麻鸭杂交可生产泥鸭。番鸭还可与北京鸭、金定鸭进行三元杂交，生产“番北金”杂种鸭，10～12周龄平均体重2.24千克，优势率为23.78%，生长速度快于泥鸭。但因番鸭与其他家鸭不同属，因而杂交时受精率低，一般为60%左右。

2. 克里莫瘤头鸭　为肉用型鸭种，杂交后又可作为肉肝兼用型。

(1) *原产地*　该鸭种为法国克里莫公司育成，又名克里莫番鸭，已在我国多个省、市落户。

(2) *体形外貌*　体型似瘤头鸭，公母体格差异较大。布三种羽色，即白色R51、灰色R31、黑白R11，都是杂交种，其体质强健，适应性强。

(3) *生产性能*　成年体重，公鸭4.9～5.3千克，母鸭2.7～3.1千克，仔母鸭10周龄体重2.2～2.3千克，仔公鸭11周龄体重4～4.2千克，料重比2.7∶1。屠宰率：半净膛82%，全净膛率64%。开产周龄28周，年均产蛋160枚，受精率90%，受精蛋孵化率72%，肉仔鸭成活率95%，包括育成期在内，每个种蛋耗料380克。

第三章

无公害鸭绿色安全生产的种蛋孵化技术

在无公害鸭绿色安全生产中，要提高鸭的生产水平和经济效益，就必须按无公害鸭绿色安全生产要求来搞好种蛋的孵化，这样既可提高种蛋的孵化率，又可增强苗鸭的健康水平，对减少苗鸭早期的发病率，提高苗鸭早期的生长速度是极有利的。

要搞好无公害鸭绿色安全生产中的种蛋孵化水平就必须做到：掌握种蛋的构造；种蛋的清洁化处理，包括种蛋的科学选择、种蛋的预流消毒处理、有效保存、运输，种蛋入孵前的科学清洗和消毒，畸形蛋和脏蛋的预防；搞好种蛋的清洁化孵化，包括掌握胚胎发育规律、提供科学的孵化条件、实施胚胎发育的有效监控。目前，在我国中小规模的孵化厂还采用传统的种蛋孵化方法，因而实施传统孵化方法的改进也是搞好种蛋无公害孵化的关键。

一、种蛋的科学管理

（一）了解种蛋的构造及其作用

蛋是由蛋壳、壳膜、气室、蛋白、蛋黄、系带、胚珠（胚盘）七个部分组成的。

1. 蛋壳 是蛋最外层硬壳，包裹和保护蛋的内容物。不同品种的种鸭蛋蛋壳厚度差异较大，我国地方麻鸭蛋蛋壳厚度一般在0.32～0.44毫米。蛋的小头（又称锐端）比大头（又称钝端）略厚些，鸭蛋蛋壳重约为全蛋重的13%～14%。蛋壳主要由碳酸钙组成，孵化过程可供胚胎钙的需要。蛋壳包括油质层（亦称胶质层、壳上膜）、海绵状层（栅状层）和乳头层。

（1）*油质层* 紧贴在蛋壳的一层胶质薄膜，由水分和有机物组成，蛋产出后立即干燥，对防止细菌、霉菌浸入蛋内起一定的保护作用，还能防止蛋内水分蒸发，但如果长期保存或洗涤，油质层即脱落。

（2）*海绵状层* 是成结晶体的矿物质沉积在乳头状层上的硬质层，具有相当的硬度和耐压力，起着固定蛋形和保持蛋黄、蛋白的作用。海绵状层愈厚，蛋壳也愈厚，耐压性也愈强。由于蛋壳的长轴耐压性比短轴强，所以，蛋在运输中应直立竖放。

（3）*乳头层* 在海绵状层的下方由许多小圆形的乳头组成的薄硬层，厚度约为蛋壳总厚度的1/3，是海绵状层的基础。

蛋壳上密布4～10微米的孔隙，叫气孔，每个蛋约有8 000个气孔，蛋的钝端气孔最多，胚胎发育过程通过气孔进行气体交换和水分的代谢。蛋壳还具有透视性，用强光照射可观察蛋内部变化，便于检查蛋的品质和观察胚胎的生长发育。

2. 壳膜 壳膜分内外两层，内层包围蛋白，叫蛋白膜或内壳膜；外层紧贴蛋壳，叫外壳膜。蛋白膜很薄，仅约0.015毫米，外壳膜较厚，约内壳膜3倍。

3. 气室 禽蛋大头（钝端）在内外蛋壳膜之间有一空间，叫做气室。蛋产出体外后，由于外界温度比禽体温度低得多，蛋的内容物发生冷缩，蛋的大头气孔多，空气进入此处使内外壳膜分离，就形成了气室。鲜蛋存放久了，水分不断向外蒸发，气室就增大，所以可以根据气室的大小来判别蛋的新鲜程度。气室充满的空气可提供胚胎发育所需的氧气和进行气体交换。

4. 蛋白 是一种白色半透明的黏稠状半流体。蛋白约占全蛋重量的50%左右。蛋白分为4层，紧贴蛋黄表面的一薄层叫内浓蛋白层（包括系带），约占整个蛋白的2.7%；第二层为内稀蛋白层，约占17.3%；第三层叫外浓蛋白层，约占57.0%；最外的一层（第四层）叫外稀蛋白，约占23.0%。随着存放时间的延长，在蛋白中酵素的作用下，浓蛋白逐渐变稀，稀蛋白随之增多。所以，蛋白的浓稠度也是判别蛋的新陈的重要依据之一。

5. 系带　在输卵管形成蛋的过程中，蛋黄旋转前进，浓蛋白前后两端扭曲，形成的位于蛋黄两端的纽带状物称系带。系带起着固定蛋黄位置的作用，使蛋黄的位置始终保持在蛋的中央，不与壳膜相接触，这对防止在孵化过程中早期胚胎与壳膜粘连，保证胚胎的正常发育有十分重要的意义。

6. 蛋黄　是一种不透明的黄色半流体物质。由一层叫卵黄膜的薄膜包住。把煮熟后的蛋黄切开，可见蛋黄是由黄卵黄层与白卵黄层交替成同心圆的环状排列组成的。深浅卵黄的形成则是由于家禽昼夜代谢率不同所致。日粮中叶黄素和类胡萝卜素含量高或放牧的家禽，深浅卵黄层更明显。母禽在连产中生的蛋，一般深浅卵黄层常为6层。产蛋较少时黄卵黄的层次会增加。

7. 胚珠或胚盘　在蛋黄上，卵黄膜的下方有一个小白圆点，称为胚珠，卵子受精后，在输卵管的形成过程中，受精卵经多次分裂，形成中央透明，周围较暗的盘状囊胚，叫做胚盘。

（二）提供生产优质种蛋的生产条件

1. 良好的种鸭舍饲养条件　种鸭必须饲养在通风良好的鸭舍中，舍内温度适宜，具有良好的垫草条件，舍内必须干燥、不起灰尘、地面无硬块、无霉菌以及合理的光照制度等；同时应保证每只种鸭有足够的饲喂和饮水条件，充足的水陆运动场，清洁干净的舍内外环境等。

2. 健康的鸭群　只有健康的、活力强盛的种鸭才能产下合格的种蛋，而且种鸭群必须按计划全部接种疫苗，同时防止寄生虫的感染。整个鸭场（包括孵化设施）必须清洁干净，以保证鸭群体质健壮，产蛋期间尽量少用或不用抗菌素，必须按农业部下达的兽药使用规定来用药，尤其不能使用药残量大的兽药。

3. 干净且符合营养标准的饲料 各种种鸭都应按该品种的饲养管理手册中所规定的饲养规则进行饲喂。在开产时，尤其应注意日粮中的维生素和微量元素含量，同时也要注意钙、磷的供给量及钙、磷比例。

薄壳蛋会降低孵化率，鸭舍内有应激时应给鸭添喂加倍量的维生素。定期给鸭补饲些维生素对鸭群有利。不干净及营养不平衡的饲料都可以引起种鸭出现肠炎，继而降低营养物质的吸收率，致使种蛋品质下降、孵化率下降并孵出弱雏。

4. 清洁、干净的水源 饮水器和饲槽必须经常清洗，防止霉菌和其他微生物的生长。为了得到良好的生产与孵化效果，应给鸭提供清洁、干净的饮用水。对于采用水、陆结合饲养种鸭的饲养场，应在陆上设置专用的清洁水饮水装置；尤其是在陆上运动场设置供鸭戏水、及帮助种鸭水上交配用的小浅水沟时，更应在陆上及舍内设置水槽，并提供清洁的饮用水。为了减少种鸭饮用脏的河水，尤其是戏水的小浅沟中的脏水，最好在喂料时不要让鸭下水。

5. 公、母配比 母鸭过多，不能得到公鸭配种；公鸭过多，会产生争斗现象，这二者都会降低鸭群的产蛋率和受精率。就肉种鸭来说，在24周龄时每100只母鸭中放18只体壮的公鸭对受精率是必要的。整个鸭群的产蛋期间，每100只母鸭需用的公鸭不可超过20只。为了使每只公鸭具有良好的性活力，必须把过多的公鸭取走。在产蛋阶段不要在鸭群中放入新的公鸭，否则，将可能引起鸭群配种间的混乱，况且在上述公母配比下再追加公鸭也是不必要的，因为只要公鸭健康而有活力，公、母鸭按1∶8的比例配种也可获得高的受精率。

6. 鸭群的年龄 从刚开产的种鸭所产的种蛋中较难获得良好的受精效果、孵化效果及优质雏鸭。这可能是由于刚开产的蛋，卵黄相对较小，或是公鸭的发育较同批母鸭的发育迟、性能力差造成。就肉种鸭来说，32～55 周龄的种鸭所产的种蛋孵化效果最好。一般讲种鸭最好使用一年，因为鸭的第一产蛋年的产蛋率最高，以后逐年下降。但由于目前父母代种鸭的价格较高，且苗鸭价格全年波动较大，因而在种鸭产蛋至 60 周龄产蛋率下降时，且苗鸭在数月内仍较旺销时，可对父母代种鸭进行人工强制换只，因而生产上有用肉种鸭产第二年蛋的。但利用年限不能超过 2 年，因为利用年限过长，不仅产蛋率下降，且饲料转化率降低。而且种鸭产蛋年限过长会使所产种蛋的质量下降，后代成活率也受影响。另外，肉鸭的原种场的鸭群使用年限也不能过长，否则就势必造成种鸭选育的世代进展率降低。

7. 产蛋窝或产蛋箱的安置　种鸭产蛋时一般使用产蛋窝，使用前应铺上一层厚度适当的清洁垫草。在产蛋阶段应经常往产蛋窝内添加新的垫草，破蛋及脏垫草必须立刻从产蛋窝中清除，因为这些都是寄生虫和微生物的潜在温床。为了防止窝外蛋的产生，在产蛋阶段应采取以下措施：①开产前准备好产蛋窝，并在所有产蛋窝内铺上清洁、干净的垫草。②在刚开产时要每小时检查一次鸭舍，及时捡走窝外蛋。③在主要窝外蛋的地方放上一些草，并逐渐把草移向产蛋窝内。④把在窝外准备产蛋的鸭放到产蛋窝内。

由于母鸭喜欢在黑暗处产蛋，因此产蛋窝必须具有足够的深度，而且不能将产蛋窝设置在很亮的地方，人工补光时也不能将灯泡直接挂在产蛋窝的正上方。

8. 集蛋　集蛋次数取决于季节、气候条件以及产蛋窝的设置方式等。产蛋时蛋的温度为 41℃（105 ℉），即鸭的体温。蛋产出后应在约 6 小时内逐渐冷却至 27℃，在此温度下，胚胎发育缓慢。若将种蛋保存在 27℃（80 ℉）以上，则胚盘继续发育。由于卵子的受精部位是在母鸭输卵管的漏斗部，而带着受精卵的卵黄从漏斗部至形成整个蛋产出需要近一天时间，因而受精卵在体内即开始发育，种蛋在产出后如处在夏天鸭舍内的高温下则继续发育，发育时间越长越不利于保存；如果种蛋产出后处在冬天鸭舍内的较低温度下，则发育过的胚盘遭遇突然冷却时，胚盘有可能死去。所以产下的种蛋应及时收集，并进行预消毒后进入种蛋贮存室。进入种蛋贮存室后种蛋不宜过速冷却，过速冷却的种蛋容易使胚胎发育延缓，结果形成弱胚，最后也可能死去。只有那些逐渐冷却的种蛋才可能发育成强壮的胚盘，并能很好地保存与运输。由此可见，为保证种蛋的质量必须勤捡蛋。

种蛋应捡入蛋托并将破蛋和脏蛋搁置一边，勿用铁丝篮和铁桶装蛋。放置时所有的蛋锐端朝下。种蛋用的蛋托必须是新的，装蛋托的纸箱必须干净。目前种鸭场还很少用蛋托装蛋，所以种鸭场应改进目前的集蛋方式，以提高种蛋的孵化率。

（三）畸形蛋及脏蛋的预防

1. 双黄蛋和三黄蛋　有时发现一个蛋中有 2 个或 3 个以上的蛋黄，其原因是两个以上的卵子同时成熟或成熟时间过近，排卵后在输卵管内相遇，被蛋白包围在一起。这种现象在初产母鸭中容易发生。因为初产母鸭生命力旺盛或是母鸭未到完全性成熟的时候不能正常排卵而致。

2. 小蛋　一般没有蛋黄，是由输卵管黏膜上皮组织脱落刺激输卵管分泌蛋白和蛋壳所致。少数小蛋也有少量蛋黄，是由于卵子碎块进入输卵管，刺激输卵管分泌作用而成。

3. 蛋中蛋　当蛋已在子宫形成硬壳后，由于受惊吓或某些生理反常现象，输卵管发生逆蠕动，将蛋推至输卵管上部，当恢复正常后，蛋又沿输卵管下行，刺激输卵管又分泌蛋白和蛋壳，将已形成的蛋包围，而形成蛋中蛋。

4. 血斑、肉斑蛋　血斑蛋是排卵时血管破裂，血流在蛋中（多数发现血斑在卵黄上）形成的，也有是遗传性的。此外，饲料中缺乏维生素 K 时，也会出现血斑蛋。鸭蛋中血斑、肉斑蛋比率低。

肉斑蛋是当卵子进入输卵管时，一些输卵管的黏膜上皮组织脱落，一起被蛋白包围所致。一般青年母鸭会有这种现象，但不多。高产期很少发生，低产期比较常见，这主要是生殖机能控制能力差的缘故。

5. 产薄壳或软壳蛋的原因　正常鸭蛋壳厚度一般不少于0.33毫米，厚度小于0.27毫米时，即为薄壳蛋，产生薄壳或软壳蛋主要是饲养管理问题。

(1) 长时间不断高产，所需钙质难以从饲料中得以补充。

(2) 环境温度过高，鸭的食欲减退，吃饲料相对减少，钙质供不应求。

(3) 鸭舍拥挤而引起的应激因素，密度过大，引起鸭只不舒服，活动减少。

(4) 患传染性支气管炎或鸭瘟时，吸收钙质的功能降低，在疾病的初期，不仅使蛋壳变薄，而且蛋形不正常。注射疫苗后，也容易产生软壳蛋。

(5) 饲料中钙、磷和维生素D不足时，也易产生薄壳蛋，尤其是产蛋旺季。

(6) 用药不当，一般使用药物的剂量应根据鸭的体重大小而定，用药过量时，亦易产生薄壳蛋或软壳蛋。

如果发现种鸭所产的蛋中，薄壳蛋占1/3时，则可能是遗传因素的，这样的鸭应予淘汰。

6. 其他畸形蛋　由于输卵管的生理反常，产生过长、两头尖、过圆、扁形或壳上带有皱纹的蛋。有时也可发现个别双壳蛋(即双层蛋壳)。除此，疾病亦被认为是其中原因之一。

(四) 种蛋的预处理与选择

1. 种蛋的预处理　产后的种蛋会立刻受到微生物的污染。所以每天所产的蛋必须马上进行消毒。消毒种蛋在特别设计的小室内进行；此处的温度、湿度以及消毒时间和通风都可以得到控制。种蛋必须置于蛋托内或蛋架上，而不是蛋箱内进行消毒。消毒的目的是杀死蛋壳表面的细菌、霉菌以及病毒，以防它们穿过蛋壳上的无数气孔而进入种蛋。

在每幢种鸭舍应设有一间集蛋及预消毒过渡间，每天每次收集的种蛋应及时放到过渡间，待收集完后进行种蛋的消毒（消毒方法同种蛋库消毒一样）。如果种鸭场与孵化厂相连，则可将每天每次收集的种蛋先暂贮在值班间，然后待每天上午将种蛋收集完后迅速交到种蛋库。在夏天和冬天两极气候条件下，如果在种鸭舍没有标准的过渡间，则每天每次收集种蛋后，必须及时送交种蛋库，如每天凌晨至早晨收集 3 次种蛋，则必须 3 次送种蛋库，否则将影响种蛋的胚胎发育。尤其是冬天收集及送种蛋时，应对种蛋加以保暖处理。春秋两季收集的种蛋可在每天在上午一次送至种蛋库。

2. 种蛋的选择

（1）种蛋的大小和蛋形　一般来说，各鸭种所产的蛋重大小不完全一致，种蛋大小和该品种成年体重大小成正比，同一品种内个体也是如此。每一品种都有一个品种标准，同一品种内过大或过小的蛋，其孵化率会受到影响。蛋重随着种鸭年龄的增大而增加。种蛋一般以卵圆形为好，过长、过圆等畸形蛋必须剔除。

（2）蛋壳质量　种蛋用于孵化时，其蛋壳质量和蛋的形状虽未明确要求，但有些薄壳蛋在孵化操作时易破，继而污染其他种蛋。蛋壳过厚的钢皮蛋、沙壳蛋、皱纹蛋等也不宜做种蛋。

（3）蛋壳的清洁　脏蛋不能直接用于孵化。对于产下的脏蛋，如用不正确的清洗方法进行清洗后的种蛋，也不能用于孵化。

在选择种蛋时，肉鸭对蛋壳质量和鸭蛋形状的要求可比蛋鸭放宽些。以下各类种蛋不宜用于孵化：①脏蛋；②破蛋；③薄壳蛋；④蛋壳表面粗糙或不均匀的蛋；⑤畸形蛋；⑥气室不正常，松弛或漂动，气室过大；⑦血斑和肉斑较大的蛋。不太脏的蛋可以用砂纸或金属刷子刷干洗。

3. 种蛋的清洗　正常情况下，种蛋一般不进行清洗。但对于较脏的种蛋，也可以用水洗，但勿用沾了水或醋的布去擦。为了洗种蛋，必须有一台结构良好的洗蛋机，而且操作正确。使用洗蛋机时应严格按照规定进行操作，否则等于污染种蛋，正确清洗的种蛋对孵化率无不良影响。由于种鸭一般采用地面平养，且具有舍内外运动场相结合，因而有些种鸭会将种蛋产于窝外。尤其是农村农户饲养种鸭时，常由于饲养设施不到位，因而造成种蛋常常较脏，对这些种蛋可在进入种蛋贮存间前进行清洗。清洗时可视种蛋脏的程度，采用新吉尔灭（剂量按说明书用）等消毒液进行浸泡 3～5 分钟，然后用清洁的流动水进行清洗。清洗后必须在舍温下（20～22℃）进行自然风干。待蛋表面水分干后将种蛋放入贮蛋库。

（五）种蛋的保存与运输

1. 种蛋的保存　为保存种蛋，种鸭场需建一个条件良好的种蛋室。种蛋的保存室应有三部分组成，一部分供种蛋的清洗以及贮存包装材料之用；第二部分供入贮种蛋预消毒用；第三部分供保存种蛋用。第二部分的房间密封性及通风性均要好；第三部分必须密封性好，且具备冷却与取暖系统，贮壳室主要采用机械通风换气。因而贮种蛋室的绝热条件要好，能保持恒温与恒定的湿度。正常情况下不要将种蛋贮存在种蛋箱内。如有可能，可将种蛋放置在入孵盘中，这样种蛋的蛋壳可四周通气。化木条台架上、蛋库内不应有灰尘、过堂风和鼠类。种蛋保存应该采用大头向上保存。

一般建议将种蛋保存于 15℃，但根据保存时间的长短应有所区别。种蛋保存 3～4 天的最佳温度为 22℃；保存 4～7 天的最佳温度为 16℃；而保存 7 天以上者，应维持在 12℃。种蛋在保存期间由于水分蒸发而失去水分，周围空气中相对湿度越低水分蒸发越快，适宜的相对湿度为70%～80%；但保存条件不应达到露点，因为，此时蛋壳表面凝集水分，给细菌生长提供了有利的条件。贮蛋室必须保持恒温，否则相对湿度也将波动。必须将通风限制在最低限度。若贮蛋室无冷却设备，则可在夜间放入新鲜空气，而在白天暖和时将贮蛋室关上。如种鸭场内无贮蛋室，则最好每天将种蛋送往孵化室。

2. 种蛋的运输　种蛋运输前应装入专门的种蛋箱，对于运出的种蛋，种鸭场必须设有符合标准的种蛋箱，且这些种蛋应按要求进行消毒处理。种蛋运输时购买者应注意包装完善，种鸭场是否具有县级以上畜牧主管部门颁发的种畜禽生产许可证。运送时应避免震荡，以防破蛋。装车和卸车时需要特别小心。冬季运输时，注意保温，以防将种蛋冻裂。夏天运输时应注意防晒，以防止蛋温升高。随着我国高速公路的建设和航空事业的发展，我国的交通状况已经得到极大的改善，因而目前远距离运输时已不再采用过去用船或火车运输用的“嘌蛋”法，数百公里以内一般采用汽车运输。路途较远时一般采用航空运输苗，而不运输种蛋。

（六）种蛋入孵前的再消毒及检查

1. 种蛋入孵前的消毒　种蛋在入孵前必须要进行消毒，消毒可在消毒间进行，也可在进入入孵机时进行。消毒剂可采用粉状或液态的福尔马林加高锰酸钾。消毒1立方米的空间时用量如下：①6克甲醛置于特殊的电热盘中加热至205℃。②20克高锰酸钾和30毫升40%的福尔马林。消毒时使用瓷盆，应将福尔马林加入盛有高锰酸钾的瓷盆中。使用损坏的搪瓷盆时可能发生金属的氧化作用而释放蚁酸，后者对种蛋有害。在25℃温度下，相对湿度75%消毒30分钟。需要时消毒后的福尔马林混合物可用40%氨加以中和（每立方米40毫升氨）。高锰酸钾要保存在棕色瓶中。

2. 种蛋入孵前的检查　种蛋在入孵前的检查，主要目的是了解种蛋经过贮藏后，在种蛋库内有没有出现影响孵化结果的变化。一是检查种蛋在贮藏室的重量是否减少，如减少则说明种蛋库内湿度相对较低，种蛋内水分向外散发，这时一般会出现气室。二是检查种蛋在贮蛋库内的是否发生内部结构的变化，这种发生的变化一般会出现在贮藏室有害细菌较多，造成有内细菌侵袭种蛋内部而引起种蛋发生系带松滞、蛋白发生变化，严重时造成种蛋出现恶臭。造成这一原因的根源是种蛋过脏，消毒时没有杀死有害细菌；对脏蛋进行清洗时，没有按规定进行，造成带有有害细菌的脏水进入蛋壳内；没有按规定进行预消毒，致使种鸭舍内的有害细菌随着蛋壳上的黏液附着于蛋壳，细菌进入后使种蛋变质；对入贮藏室保存的种蛋挑选不严，使一部分裂纹蛋、沙壳蛋进入种蛋贮存间。这一部分种蛋如在入孵前检查不力，甚至不检查就进入入孵机孵化，则在入孵机内的合适温、湿度条件下，有害细菌有迅速繁殖，从而使整个孵化机内受到有害细菌的侵扰，从而严重影响了种蛋的孵化率和苗的质量，尤其是对孵化阶段不经常消毒的孵化厂的孵化结果影响更大。

二、种蛋的无公害绿色安全孵化技术

（一）掌握胚胎发育规律

鸭属卵生禽类。受精卵产出体外后，还需通过孵化才能繁殖后代。所以，胚胎发育分为母体内发育和体外发育两个阶段。母体内发育阶段即蛋形成过程中的胚胎发育。从受精卵的形成到蛋的产出约需 24～26 小时，在此期间受精卵不断分裂，形成一个多细胞的白色盘状囊胚，称为“胚盘”。胚盘中央较薄，充满液体的部分为“明区”，周围较厚的不透明部分为“暗区”，并在“明区”开始形成两个不同的内、外细胞层。

鸭产出的受精蛋在体外发育过程中，完全脱离了母体，无任何营养物质的供应，胚胎只能利用蛋内的营养物质和外界适宜的条件发育。种蛋入孵后，其内外胚层之间形成中胚层。以后，随着胚胎不断的发育，由外、中、内三个胚层逐渐形成雏鸭的各种器官和组织。

正常的受精蛋，在合适的孵化条件下，应该在27.5天出壳。如出壳时间提前或滞后12～14小时，对雏鸭体质影响不大，若超过14小时出壳则要查明原因。

要实行种鸭的清洁化孵化，就必须掌握鸭胚胎的发育规律（表3-1）。

表3-1　鸭胚胎发育标准

胚龄（天）	俗称	照蛋时看到的特征
1	小圆点	胚胎在蛋黄上呈一较为透明的小圆点
2	鱼眼珠	圆点较前略大，似鱼眼珠，又称“白光珠”
3	樱桃珠	胚胎较前扩大，形似樱桃粒
4	蚊虫珠	胚胎和伸展的卵黄囊血管形状似蜘蛛
5	小蜘蛛	蛋转动时，卵黄不易跟着转动
6～7	单　珠	明显看到黑色眼点，又称“起珠”
8	双　珠	可看到两个小圆团，为头部和弯曲的躯干部
9	沉　底	胚胎在羊水中不易看清，又称“沉”
10	浮	胚胎似在羊水中浮游，蛋黄的边不易移动
11～12	发　边	尿囊血管迅速伸展，越出卵黄
13～14	合　扰	尿囊血管在小头合拢，除气室外都有血管
15～19	收　亮	血管加粗，颜色加深，小头发亮部分日益缩小
20～21	封　门	以小头对准光源，看不到发亮部分，又称“关门”
22～23	转　身	因胚胎转身，气室向一边倾斜，又称“转身”
24～25	闪　毛	气室内可看到黑影在闪动
26	起　嘴	胚胎喙部穿破壳膜，伸入到气室内
27	啄　壳	头部突入气室更多，部分已将蛋壳啄开一个小洞
27.5～28	出　壳	雏鸭破壳而出

（二）提供最适的孵化条件

孵化期间，鸭胚胎所需的外界条件包括温度、湿度、通风换气、翻蛋和凉蛋等。孵化条件是否适宜，直接影响胚胎的正常发育，从而影响孵化率和雏鸭品质。因此，必须按鸭胚发育所需提供合适的孵化条件，以获得优良的孵化效果。

1. 温度　温度是孵化的首要条件。只有适宜的孵化温度，才能保证蛋中各种酶的活动及正常的物质代谢，从而保证胚胎正常发育。由于鸭蛋较大，尤其是肉种鸭蛋，以单位重量计算的蛋壳表面积比鸡蛋小，且蛋壳和蛋壳膜也比较厚，因而在孵化初期受温慢、吸温时间较长，需要稍高而稳定的孵化温度，以促进胚胎的早期发育。鸭蛋黄脂肪含量高于鸡蛋，在孵化中后期随着胚胎的生长发育，脂肪代谢也日趋增强，胚胎须散发出大量的体热，以维持正常的物质代谢。根据鸭胚胎发育不同阶段的特点，需要施以不同的孵化温度，这种施温方法称为“变温孵化”。一般种鸭蛋不同阶段的温度要求为：前期37.9～38.1℃（100.2～100.6℉）、中期37.6～37.9℃（99.6～100.2℉）、后期37.2～37.4℃（98.8～99.4℉）。如果每隔数天入孵一批，机内有数批不同日龄的胚蛋时，则孵化温度应为37.8～37.6℃（100～99.6℉），孵化后期37.3～37℃（99～98.5℉），这种施温程序通称为“恒温孵化”。由于“恒温孵化”与鸭胚不同发育阶段所需不同温度不一致，为了有利于胚胎发育，一般利用温热上升的特点，将孵化机的上层放置刚入孵的种蛋，随着孵着中新蛋的不断入孵、老蛋的不断移出，而将孵化入龄长的鸭胚蛋向下移。但这时也要注意孵化机风门的设置位置，一般当孵化机的风门设置在上方、且孵化室内温度较低时，风门开得越大，上层温度就可能越低，所以这时就不能将刚入孵的种鸭放到顶层，而是放到孵化机的中间位置，以保证刚入孵的种蛋能处于孵化机内最高温度处。

在孵化实践中，孵化温度还受孵化机类型、性能、种蛋类型以及外界气温等因素的影响，需视具体情况，加以灵活掌握。在使用各种型号孵化机时，应按说明书规定的温度施温，通过使用验证，予以调整，确定适宜的孵化温度。由于肉用种鸭的种蛋比兼用、蛋用型的蛋大，蛋壳也较厚，温度要求稍高些。在孵化期间不仅要求孵化机内有合适的温度，而且要求孵化室也必须保持适宜的温度，孵化室温度一般要求控制在18～20℃，如室温变化范围在12～32℃，则机内温度相应升降0.3～0.6℃。

2. 湿度 水汽有传导热的作用，在相同温度下，湿度不同，胚胎所感受的温度也不同。孵化初期要求稍大的湿度，使胚蛋受热良好，并减少蛋中水分的蒸发，这样有利于形成胚胎的尿囊液和羊囊液。前期孵化机内湿度以55%～60%为宜；孵化中期，随着胚胎发育，胚体增大，需排出尿囊液、羊囊液以及代谢产物，故需降低湿度到50%～55%，以利于胚蛋中水分的蒸发；孵化后期，为了促进胚胎破壳出雏，应提高湿度到65%～70%。采用"恒温孵化"时，所给湿度在孵化器内应为53%～57%。在啄壳出雏阶段有足够的湿度时，水分与二氧化碳作用产生相应数量的碳酸。碳酸使蛋壳的碳酸钙变为碳酸氢钙，从而使蛋壳变脆。同时，胚胎不致脱水及绒毛干枯而与壳膜粘连，因此，高湿利于破壳出雏。出雏器内应为65%～70%。无论"变温孵化"或"恒温孵化"，当雏鸭出壳达10%～20%时，应将湿度提高到75%以上，以促使雏鸭顺利出壳。

3. 空气 胚胎在发育过程中必须不断进行气体交换，吸入新鲜空气，排出二氧化碳。气体交换量随着胚龄的增长而增多，出壳时，需氧量和二氧化碳排出量约为1胚龄的100倍。孵化箱内的二氧化碳含量达到0.5%以上时，即对胚胎产生不良影响，达到2%以上就会使孵化率急剧下降，如果达5%时，孵化率可降至零。通风量的大小会影响机内湿度的变化，通风量过大，机内湿度降低，胚胎内水分蒸发加快；通风量过小，机内湿度增加，气体交换缓慢，这些都会影响孵化率。因此，通风与湿度的调节要彼此兼顾。冬季或早春孵化时，机内温度与室温的温差较大，冷热空气对流速度增快，故应注意控制通风量。夏季机内温度与室温温差小，冷热空气交换的变化不大，就应注意加大通风量。

4. 翻蛋　翻蛋的主要作用在于防止胚胎与壳膜的粘连，粘连会使胚胎血管循环受阻，影响胚胎的正常发育。同时，定时转动蛋的位置，还可增加胚胎运动，也增加了卵黄囊、尿囊血管与蛋黄、蛋白的接触面，有利于营养物的吸收。大型电孵机每昼夜应转动蛋 10～12 次，转蛋的角度应达到 90 度。平面孵化器或缸孵时，采用手工转蛋，昼夜转蛋次数应不少于 4 次，转蛋角度应达 180 度。

5. 凉蛋　鸭胚胎发育到中期以后，由于脂肪代谢增强而产生大量的生理热。因此，定时凉蛋有助于鸭蛋的散热，促进气体代谢，提高血液循环系统机能，增加胚胎调节体温的能力，又可防止机内出现超温，对提高孵化率有良好的作用。

凉蛋的方法归纳起来可分三种：一种为机外冷蛋。从孵化 8～10 天或 15～16 天起蛋盘移出机外，每次放冷至蛋温降到 30℃左右，冷后在蛋面上洒些温水；另一种为机内冷蛋。从第一到第二天起，每日降低机温 2 次，每次降至 32～35℃，然后恢复正常孵化温度，每次 30 分钟左右；第三种为逐期降温。从孵化初期的 37.8℃降至孵化末期的 37.0℃，不采用凉蛋的措施。

这三种凉蛋的方法对提高鸭蛋的孵化率均有一定效果。但实践证明，当采用同批入孵、变温孵化、再加上机内凉蛋或喷水凉蛋时，不仅可节约劳力，而且孵化效果较好。

（三）使用科学的孵化方法

1. 机器孵化法　机器孵化设有自控装置，具有孵化效果好，易于操作管理和孵化量大等优点。机器孵化法的操作程序如下。

（1）*孵化前的准备*　根据孵化机厂家提供的孵化机使用说明书，熟悉和掌握孵化机的性能。下式开机入孵前应对孵化机进行运转检查、消毒和温度校对。为了防止临时停电事故，应有专用的发电设备或备用电源，电压不稳定的地方应安装稳压器，以防止自动控制系统失灵。

（2）入孵（上蛋） 鸭蛋有分批入孵和整批入孵两种方式。分批入孵一般可每隔 3 天、5 天或 7 天入孵一批种蛋，出一批雏鸭。整批入孵是一次把孵化机装满，大型孵化场多采用整批入孵。冬季或早春时节，入孵前应将种蛋在孵化室停放数小时，使蛋逐渐达到室温后再入孵。这样可防止因将冷蛋放入孵化器内，蛋面凝结小水珠（称“出汗”），影响孵化效果。分批入孵时，各批次的蛋盘应交错放置，这样有利于各批出雏的时间在白天，有利于工作的进行。

（3）照蛋 在孵化过程中应对入孵种蛋进行 3 次照检。第一次照的时间为入孵后的 5～7 天。此次照的目的是剔除无精蛋和死精蛋（血环蛋），如发现种蛋受精率低，应及时调整公鸭和改善种鸭群的饲养管理。第二次照检为 13～14 天，此次照检可将死胚蛋和漏检的无精蛋剔出，如此时尿囊膜已在蛋的小头“合拢”，则表明胚胎的发育是正常的，孵化条件的控制也合适。第三次照检可结合转盘时进行。由于照检多采用手工操作，费时费工，因此，第二次照检在生产上一般采用抽检，以检视胚胎发育是否正常。

（4）移盘（或落盘） 肉种鸭蛋在 25～26 天进行最后一次照检，将死胎蛋剔除后，把发育正常的蛋转入出雏机继续孵化，叫做“移盘”。有时孵化机没有专设出雏机，只有在孵化机的下部设有出雏盘，末期将蛋放入出雏盘叫伏“落盘”。移盘（落盘）时，如发现胚胎发育普遍延缓，应推迟移盘（落盘）时间。移盘后应注意提高出雏机内的湿度和增大通风量。在肉鸭育种工作中需要进行系谱孵化时，在移盘（落盘）时应按同一母鸭的装入出雏盘的同一小格间内，或同一系谱孵化罩内，也可将种蛋逐个装入系谱孵化袋内继续孵化。

（5）出雏 在孵化条件掌握适当的情况下，孵化期满后即出壳，出雏期间不要经常打开机门，以免降低机内温度、湿度，影响出雏整齐，一般每 2 小时拣雏一次即可，已出壳的雏鸭应待绒毛干燥后分批取出，并将空蛋壳拣出以利继续出雏。出雏开始后应关闭机内的照明灯，以免引起雏鸭的骚动。在出雏末期，对已啄壳但无力出壳的弱雏可进行人工破壳助产。助产要在尿囊血管枯萎时方可施行，否则容易引起大量出血，造成雏鸭死亡。雏鸭从出雏机拣出后即可进行雌雄鉴别和免疫。出雏完毕后应及时清洗、消毒出雏机、出雏盘、水盘，以备下次出雏时使用。

2. 传统孵化法　我国是发明人工孵化最早的国家之一。至今已有 2 000 多年的历史。传统孵化法有：桶孵法、缸孵法、炕孵法等，而这三种方法其共同优点是设备简单，不需用电。成本低廉；缺点是靠经验探温和调温，初学者不易掌握，操作时劳动强度大。这三种传统孵化法虽然孵化用具和供热方式不同，但孵化过程均分为两大阶段进行，前半期靠孵桶、孵缸、火炕供热和保温，后半期上摊床，靠胚胎自温孵化，此阶段的操作方法，三种传统孵化法却相同。这三种孵化法在我国分布较广，特别是桶孵法和缸孵法，孵化的效果更好，至今在养肉鸭上仍发挥一定的作用。

（1）桶孵法　由于孵化初期用炒谷为热源，又通称炒谷孵化法，华南、西南各省普遍采用。桶孵法主要优点是利用蛋孵蛋，可节约能源，设备简单、孵化量大、成本低廉对广大农村发展养鸭业具有重要作用。

前期孵化器具是用竹桶或木桶（俗黍炉桶），内壁糊纸，底部填谷壳。种蛋用麻布或肉袋包裹，初期热源是炒热稻谷用麻布包裹用砂纸盛载。种蛋入孵前需先晒蛋或焙蛋加热，然后炒热稻谷放二层在桶底，再将种蛋与热谷相同分层放入桶内至顶层蛋面上又放热谷二包。每天经过二次调桶更换成热谷，顺序上下对调蛋层和加减桶面覆盖物以调节孵化的温度、湿度和换气，一般经过 14～16 天入孵 4～5 批胚蛋（每 3 天入孵一批）之后，首批日龄长的胚蛋所产生的热量能满足新蛋胚胎发育的需要时，就可进入自温孵化，即老蛋孵新蛋。此时将各批不同日龄的胚蛋间隔排列放置桶内孵化。每天须进行调桶，即由上至下更换蛋层二次。自温孵化期对于蛋层排列、蛋数变化、加减覆盖物，是孵化过程的关键性操作，须凭经验，灵活掌握。

（2）缸孵法　主要分布于长江中下游各省。前期孵化器具是用稻草和黏土缸，中间放置铁镬，上层放竹编的箩筐，内盛种蛋，盖上稻草编成的缸盖保温，下层昌缸灶，设有灶口。热源是用木炭作燃料供温，通过控制炭火的大小，灶门的开闭和缸盖的揭覆，并每天定时换箩，把箩内上下、内外的种蛋位置相互对调等措施，以调节温、湿度和换气。胚蛋在缸内给温孵化至 13～14 日龄时可上摊床自温孵化。

（3）炕孵法　主要分布于华北、东北各省。前期孵化器具是用土坯砌成，像北方冬季保暖用的土炕。炕面铺一层麦秸稠铺上苇席，四周设隔条，炕下设有灶口，有烟囱通向室外，以供烧柴草给温之用。种蛋入孵前须烫蛋或晒蛋并烧炕加温室炕温恒定时，将种蛋分上下二层放在炕席上并盖棉被。通过控制烧炕次数，火力大小，翻蛋调换上下层位置以凉蛋。增减覆物和调节室内温、湿度等措施来调节胚胎所需的温度、湿度和换气。

（4）摊床孵化　不论桶孵、缸孵或炕孵法，胚蛋经过前半期孵化，胚胎产生体温能借覆盖物保温进行自孵时（后半期）就可将胚蛋移上摊床孵化至出雏，称为摊床孵化。

摊床是木制形长架，一般分为 2～3 层，摊床的大小长短视室内面积和布置形式而异床面铺纸撒轩谷壳再加上草席，床内边沿围以旧棉条做隔条，用以松成保温良好，床面平滑面利于保温和翻蛋。

摊床孵化的操作　从初上摊床时，视气温和蛋温的高低，将胚蛋平放一层或叠放二层，在蛋面上覆盖物，以后每日进行翻蛋

2～3 次，当蛋温增加后则平放一层，蛋的疏密也视气温而定。翻蛋是将心蛋与边蛋位置相互调换，以调节温差，促进胚胎活动。翻蛋完毕，再加上棉被或棉毡或麻布则视胚蛋日龄和气温等情况而定，翻蛋操作直至出雏为止。此外，还视气温变化，随时检查蛋温高低，加减覆盖物调节温度和换气以利出雏。摊床孵化能利用孵化后期的胚蛋进行自温孵化，不需给热。任何孵化法的后半期胚蛋都可上摊孵化而获得良好效果。所以，摊床孵化法至今还在生产上广泛应用。

（四）掌握种蛋的孵化技术

孵化种鸭蛋时不能按孵化种鸡蛋一样来操作，因为种鸭蛋的蛋壳较厚，而且蛋壳结构和蛋内容物含量也与种鸡蛋不完全相同；而且孵化肉种鸭蛋时也不能按孵化麻鸭种蛋的操作方式一样来进行，因为两者间蛋的大小不同，胚胎发育所要求的条件也不完全相同。要保证种蛋出雏率高、孵出的鸭苗质量好，为实施无公害鸭绿色安全生产打好基础，必须掌握下述鸭种蛋的孵化操作技术。

1. 提供合适的起温　如果孵化室内温度保持在 24℃左右时、且孵化地处于正常的气候条件下，如长江流域的春天和秋天，则孵化机在开机后经 5～6 小时机内温度可达 38.2～38.4℃，且肉种鸭蛋的入孵温度要略高于蛋种鸭蛋；如果夏季气温较高时，则可能导致孵化机开机后机内温度上升过快，所以孵化机内温度应控制在 36～37℃，并保持 5～6 小时的预温阶段，然后才能转入 38.2～38.3℃正常孵化温度；如果由于冬季外界气温低而导致孵化室内气温较低时，则孵化机开机后机内温度可能上升过慢，此时应设法给孵化室加温，同时可在种蛋入孵前就将孵化机预温到 24℃左右，同时给孵化机的加水盘中加入热水，以加快提升孵化机内的温度，争取在 8 小时内达到 38.3～38.4℃的正常孵化温度。

2. 调节好合理的孵化温度 如果孵化机内种蛋为同一批入孵的种蛋，则可采用变温孵化。一般种蛋的入孵时间为下午3～4时，入孵第一天为0胚龄，具体温度调节为：0～3天胚龄38.3℃，4～7天胚龄37.8℃，8～14天胚龄38.0℃，15～20天胚龄37.6℃，21～25天胚龄37.3℃。由于肉种鸭蛋较大，单位重量的蛋壳面积小，蛋黄多，胚胎后期产热又多，故孵化期的施温应采取逐渐下降的变温方式较合适。但因为4～7天胚龄正好是胚胎的物质代谢由渗透方式转向蛋黄循环和尿囊循环为主的代谢方式，胚胎对环境条件特别敏感，高温容易引起胚胎死亡，故此期孵化温度应由38.3℃降到37.8℃，这样做可以降低这一时期胚胎的死亡率，但以后如果继续用37.8℃的温度，又会因温度不足而影响胚胎发育，使尿囊不能按时合拢和按时出壳，所以必须在8～14天胚龄又将温度稍为提高，以加速胚胎发育。

3. 做好及时凉蛋工作 凉蛋的目的在于散热调节温度和进行气体交换，还可以刺激胚胎发育等，一般0～4天胚龄可不凉蛋，5天胚龄后要求每天早、晚各凉蛋一次，每次10～15分钟，使蛋壳温度下降到30℃左右，然后开机孵化。

4. 适时加湿和喷水 湿度的大小与蛋内水分蒸发和胚胎的物质代谢有关，湿度大还能使蛋壳变脆，有利于雏鸭破壳期胚蛋对相对湿度的要求一般为：前期（2～7天胚龄）65%～70%，中期（8～25天胚龄）50%～55%，后期（26～28天胚龄）70%～75%。因为机内温度较高，所以如果不加湿或喷水，机内湿度就不能满足胚胎发育的要求。具体做法是：①加湿：在整个孵化期机内一定要保证水盆有水；②喷水：从第8天胚龄起隔天喷水一次，从第16天胚龄起每天喷水2次。喷水可结合再用30℃左右的温水喷洒蛋面，要求各层都要均匀喷到，待稍吹干后便可关机门继续孵化。喷水不但可以起到加湿作用，同时也可以起到凉蛋的作用。

5. 做好翻蛋和调盘、调温工作　翻蛋可防止胚胎与壳膜粘连，使胚胎各部位受热均匀，又有助于胚胎运动和供应新鲜空气。我们的做法是除了按照电孵机每2小时自动翻蛋一次外，并于8～14天胚龄时每两天进行人工逐个翻蛋一次。调盘则自第6天胚龄起每两天一次，方法是上下和对角调盘，使机内各部分胚蛋受热均匀，整齐出壳。

6. 加大孵化机的通风　入孵的第一天，为了使机内温度尽快达到要求和恒定，应将孵化机的所有通风孔关闭，从第二天起就要将侧面和通风孔逐渐打开，第三天后要求全开。

7. 及时照蛋并分析孵化不良原因　第6天胚龄进行头照，把无精蛋和死胚蛋及时检出；14日龄进行二照，将死胚蛋检出；26日龄进行三照，将死胚蛋检出。如果在头照以后因死胚不多，一般可不进行二照。如在检出中发现异常情况，则可按表3-3和表3-4进行原因分析。

8. 选择上摊孵化及出雏　因为肉种鸭蛋较大，蛋黄含量多，后期胚胎代谢产热多；同时胚胎发育旺盛，需要的氧气多。所以后期上摊孵化及出雏有利于散热和提供充足的新鲜空气，一般25天或26天胚龄上摊孵化，直到出雏完毕。此阶段孵化就注意：

（1）温度调整　可根据气温变化用加减覆盖物来进行，使温度控制在37℃左右（用眼皮试温，以感不冷不烫为宜）。

（2）翻蛋调温　每4小时翻蛋一次，将边缘温度较低的胚蛋与中心温度较高的胚蛋调换位置，保持整个摊床温度相同。

（3）喷水加湿　有70％以上的胚蛋未出壳前均应实行喷水加湿，一般春、秋季每天2次，夏季每天3次，冬季每天一次。

（4）检雏鸭　胚蛋孵化到27天半则大量破壳出雏，检雏鸭的次数不能太多，也不能太少，一般以4～6小时检一次为宜。

（5）及时助产　正常出壳的雏不必助产，但孵到末期有部分尖端破壳的胚蛋，破壳时间又超过6小时者，则可人工打破壳点周围的蛋壳，以之助产。

9. 夏季孵化时注意事项 夏季气温高，胚胎代谢产生的代谢热散失比较困难，故应采取相应措施加以调整：

(1) 控制温度 0～3 天胚龄 37.8℃，4～7 天胚龄 37.5℃，8～14 天胚龄 37.6℃，15～20 天胚龄 37.5℃，20～25 天胚龄 37.2℃。

(2) 适当增加凉蛋和喷水的次数及时间 从第 8 天胚龄起每天喷水一次，从第 13 天胚龄起每天喷水两次，从第 16 天胚龄起每天喷水 3 次，直到上摊孵化。每次凉蛋时间可延长 10～15 分钟。

(3) 严防超温孵化 由于目前大多数单位未能采用空调恒温（24℃）式的孵化室，夏季孵化胚胎发育到 16～17 天胚龄后容易超温，即使机内发热丝长期处于热断及通风孔全部打开，仍无法把胚胎发育的代谢热全部排出，我们就把前后机门打开一条约几厘米的缝隙（俗称开门孵化），以加速排热，这样可以防止超温。

10. 初产蛋的孵化注意事项 母鸭初产期一个月左右的种蛋叫初产蛋，由于初产蛋蛋壳较厚，且壳上膜（胶质层）也较多，所以蛋壳上的气孔就相对小了一些。胚胎发育过程与外界的气体交换主要靠这些气孔，胚胎发育早期需要的氧气少，一般影响不大；但到了中、后期，胚胎的气体交换多了，蛋壳的气孔小，就必然会影响胚胎的气体交换，这就是初生蛋胚胎发育的中、后期发育较慢，死亡较多的主要原因。根据这种情况，我们对初生蛋的孵化采用提前喷水，即第一次喷水提前一天，从孵化第 12 天起则每天喷水 2 次。因为水可以溶解过量的壳上膜，又可以使蛋壳碳酸钙变为碳酸氢钙等，使蛋壳变脆，也就使蛋壳上的气孔变大，从而利于胚胎的气体交换，提高了初生蛋的孵化率。据某孵房反映，他们把初生蛋先用清水洗去壳上膜，然后才入孵，也可提高初生蛋的孵化率。

（五）保持孵化室和孵化机内清洁卫生

1. 科学的选择孵化厂厂址　孵化厂在选址和建设上有相对严格的要求。采用自繁自养的种鸭场，在选择孵化厂必须符合与种鸭场的饲养及商品鸭场的饲养相结合，一般选择在种鸭场与商品鸭场之间，偏近商品鸭场的地方；而只饲养种鸭、不饲养商品鸭的种蛋孵化厂，必须选择相对远离种鸭场的地方，这样可使一般的购苗者不进入到种鸭场附近，同时孵化厂必须在交通条件方便的地方，但也不能紧临交通繁忙、运输动物较多的主干公路旁。孵化必须选择在有良好的清洁干净水源，冲选后的污水排放方便的地方。

2. 合理的设计和建造孵化室　孵化室必须具备保温、通风性能良好，冲洗、消毒方便，具有水源充足、排水方便等设施，并且要求按种蛋的清洁化孵化流程来设计和建造孵化室。一般来说，标准化的孵化厂清洁型孵化操作流程应为：集蛋间→过渡间→孵化机间→出雏机间→苗鸭室→出售室等流程。具体操作包括：收集种蛋→挑选种蛋→将种蛋放置于蛋架车上→消毒种蛋→保存种蛋→保存结束，开始孵化前，将种蛋送入到孵化前的过渡间预温→送入孵化机内→消毒种蛋→及时剔除无精蛋→及时剔除死胚蛋→将 26 日龄的发育胚送入出雏机、孵化机清洗消毒→出雏机内及时拣雏→拣出的雏放入恒温的专用苗鸭室→分两批注射小鸭肝炎疫苗→分两批将苗鸭送至出售室→出雏结束后及时清洗、消毒出雏机。如果是比较大型的孵化厂，则可将孵化间分隔成数大间，每大间放置同批孵化的种蛋，这样在每批孵化结束，可对该大间进行彻底清洗和消毒。

对种蛋舍内收集的种蛋，要求将收集的所有种蛋放置在蛋托上，这样在收蛋时可一目了然的看清哪些蛋该剔除。如果在种鸭舍时将种蛋收集在萝框内，则将种蛋送至孵化室时，必须先将种蛋放于蛋架上，这样既便于挑选种蛋，又便于种蛋在蛋架上存放。将放置于蛋架车上的种蛋送至种蛋消毒间进行消毒；在消毒结束后，再将蛋架车推至种蛋保存间保存。

3. 经常对孵化室进行全方位消毒 由于种鸭舍内收集的种蛋均带菌，且在孵化车间内所有的流程中多可能受到外界细菌的污染，所以孵化厂的所有工序中都带有细菌，只有对这些所有的工序进行经常性的全方位消毒，才能减少有害细菌对种蛋的污染，任何一环的疏忽，都有可能使种蛋受到孵化厂环境的污染。

4. 搞好孵化过程中的带蛋消毒 由于孵化机内的温度和湿度是微生物活动的最佳环境，因而少量的有害细菌在孵化机内也会大量繁殖而污染种蛋。因而加强对孵化机内的消毒，也是控制有害微生物繁殖的必要手段。由于种蛋孵化至后期，蛋内胚胎发育所需要的氧气量增加，因而种蛋的呼吸作用增强，对孵化机内的气味及氧气含量敏感，所以带蛋消毒主要在孵化前期进行。一般可在种蛋进入孵化机时消毒一次，然后在头照结束后可消毒一次。也可根据出售情况、种蛋清洁程度、孵化季节而定。种蛋本身清洁、出售正常时，且孵化进入到晚秋至早春时期，带蛋消毒可少些；种蛋相对较脏时、出售率不高时，且孵化处在外界环境气温较高时，可增加带蛋消毒次数。

5. 及时剔除无精蛋和死胚蛋 由于无精蛋和死胚蛋内没有胚胎发育，因而在孵化条件下，蛋内各结构发生的变化加快，一旦有害微生物侵袭进入蛋内，则将是有害微生物的良好繁殖场所。这些繁殖的有害微生物一有机会就对正在发育的胚蛋进入侵袭，而严重影响正常胚胎蛋的发育。所以必须及时剔除无精蛋和死胎蛋。

在无公害苗鸭生产中，必须坚持按清洁化的孵化操作流程来进行孵化，否则不仅造成苗的出雏率低，而且还使出雏苗的品质差，使这部分苗在以后的饲养中容易发病，从而影响了无公害鸭饲养的进行。

三、胚胎发育的检查方法

（一）胚胎发育的有效监控

在孵化过程中，导致胚胎死亡的原因是多方面的，检查和分析胚胎死亡的原因，主要是通过照蛋、称重、解剖以及啄壳出雏的一系列检查方法，及时发现胚胎发育是否正常，了解胚胎死亡情况，并分析其原因后可立即采取调整孵化条件、改进种鸭饲养管理和加强种蛋的管理工作等措施，以提高孵化效果。

1. 照蛋　通过照蛋可以全面了解胚胎的发育情况，了解所用的孵化条件是否合适，便于及时调整孵化条件，使胚胎正常发育，从而提高孵化率和苗的质量。

照蛋时要检出无精蛋和死胚蛋，了解入孵蛋的受精率和胚胎死亡情况，并增加孵化机内的容蛋量。无精蛋可供作食用，死胚蛋和破裂蛋要剔出，以免变质腐败而污染活胚蛋和孵化机，保持机内清洁卫生。

（1）*照蛋方法*　照蛋是利用蛋壳的透光性，通过阳光、灯光透视所孵的种蛋的胚胎发育情况。为了提高生产效率，目前规模孵化厂一般均采用手持照蛋器，照蛋时将孔按在蛋的大头，逐个点照。此外，还有装上光管的反光镜的照蛋框，将蛋盘置于其上，可一目了然地检出无精蛋和死精蛋。传统的照蛋方法一般要将蛋拿起后，逐个在光源下照，这样既降低了劳动生产率，又导致不小心会摔破种蛋，所以目前生产上越来越少用。

为了增加照蛋的清晰度，照蛋室需保持黑暗。如没有专用的照蛋间，则可在晚上进行照蛋。照蛋之前，如遇严寒应加热提高室温至28～30℃。照蛋时要逐盘从孵化器内取出。头照时为防止照蛋时蛋温过度下降，种蛋在孵化机外停留的时间不应超过20分钟，如时间过久会使蛋温下降，影响胚胎发育而延迟出雏。

(2) 照蛋次数　种蛋在孵化期中，照蛋的次数应视孵化场的规模、孵化方式、孵化设备的质量，以及照蛋器的类型而定。孵化场刚开始孵化时，为了能掌握孵化机的性能及摸清各阶段孵化的注意点，此时可适当增加照蛋次数，或隔数天即抽照一批蛋，以及时摸清胚胎发育情况及采取相应措施。使用平面孵化机容蛋量较少时，可分头照、二照和三照进行。立体式八角型蛋架的孵化机容蛋量过万个，头照和三照均全照，二照时只抽样照查尿囊是否在蛋的小头“合拢”。至于巨型房间式或翘板蛋车的孵化机，它的孵蛋量较多，孵化条件比较稳定，如种蛋新鲜，受精率较高时，只需在胚蛋转移到出雏机时进行一次照蛋，以减少照蛋的工作量和破损率，但是不能及时剔出无精蛋和死胚蛋，往往引起死胚蛋变质发臭，污染孵化机。所以，要实施清洁公的种蛋孵化技术，就必须适当增加照蛋次数，以便及时剔除无精蛋、死精蛋，防止这些蛋在孵化机内变质发臭，使整个孵化过程处于清洁公的操作之下。

各次照蛋的日龄，无精蛋、死胚蛋、活胚蛋的区分以及胚胎发育的强弱情况，可见照检情况一览表（表3-2）。通过观察胚胎发育，及时拣出无精蛋、死胎蛋。验蛋时，用验蛋器的灯光透视胚胎发育情况，操作简便，结果准确。

表3-2　照检情况一览表

项　目	头　照	二　照	三　照
鸭胚	6	13～14	24～25
特征	“起珠”、“双珠”	“合拢”	“闪毛”
无精蛋	蛋内透明，隐约呈现蛋黄浮动暗影，气室边缘界线不明显	蛋内透明，蛋黄暗影增大或散黄浮动，不易见暗影，气室增大，边缘界线不明显	—

（续）

项目		头照	二照	三照
胚胎发育情况	活胚蛋	气室边缘界线明显，胚胎上浮，隐约可见胚体弯曲，头部大，有明显黑点，躯体弯，有血管向四周扩张，分布如蜘蛛状 弱胚体小，血管色浅纤细、扩张面小	气室增大、边界明显，胚体增大，尿囊血管明显向尖端“合拢”，包围全部蛋白 弱胚发育迟缓，尿囊血管还未“合拢”，蛋的小头淡，色透明	气室显著增大，边缘线更明显，除气室外胚胎占蛋全部空间，漆黑一团，只见气室边缘弯曲，血管粗大，有时见胚胎黑影闪动 弱胚气室边缘平齐，可见明显血管
	死胚蛋	气室边缘界线模糊，蛋黄内出现一个红色的血圈或半环或线条（蛋黄血液循环的血管残迹）	气室显著增大，边界不明显。蛋内半透明，无血管分布，中央有死胚团块，随转蛋而浮动，无蛋温感觉	气室更增大、边界不明显，蛋内发暗，混浊不清，气室边界有黑色血管，小头色浅，蛋不温暖
照蛋目的		1. 观察初期胚胎发育是否正常 2. 剔除无精蛋和死胚蛋	1. 观察前中期胚胎发育是否正常 2. 剔除死胚蛋和头照遗留的无精蛋	1. 观察中后期的胚胎发育是否正常 2. 剔除死胚蛋，以利活胚蛋转入出雏机内

各次照蛋时凡符合标准要求达到75%以上，只有少数胚蛋稍快或稍慢差异有限，死胚蛋数占受精蛋总数的比率：头照为3%～5%，二照2%～4%，三照为2%，这说明孵化条件掌握得当，胚胎发育正常。如果只有少数胚蛋符合要求，死胚蛋的比率低，这说明孵化温度偏低。如果绝大多数胚胎发育超过标准要求，而死胚蛋在同一日龄中显著增多，这是短期超温所致。相反，胚胎发育绝大多数未达到标准要求，这说明孵化温度偏低，造成胚胎发育缓慢。

2. 测量蛋重

（1）测量蛋重　种蛋在孵化过程中，由于蛋内水分的蒸发，蛋的重量逐渐减轻，其快慢程度与孵化湿度的大小有密切关系，但也受蛋的大小、蛋壳厚薄、温度高低以及气流快慢等影响。同时蛋的失重在整个孵化期中并不是每天都相同的，孵化开始时较慢，以后迅速增加。出雏时胚蛋重量约为入孵蛋重量的70%～73%，初生雏鸭体重约为入孵蛋重的65%左右。

（2）计算蛋重减轻的方法　入孵以前，将1～2个蛋盘称重，然后装入中等大小的种蛋，再次称重。在总重量中减除蛋盘的重量即为种蛋入孵时的重量（计算平均蛋重）。如孵化的种蛋数量少，可随机抽取50～100个，做记号称重并算平均蛋重。以后定期称重时，减去无精蛋和死蛋数，求得活胚蛋的总重计算平均蛋重。先算出本次称重所减轻的百分率，然后根据鸭蛋孵化期中的减重率（分别为5日龄2.0%～2.5%、15日龄7.0%～8.0%、25日龄12.0%～15.0%）进行核对，检查是否相符。如不相符，应根据失重率相差的高低幅度来调整孵化湿度。

（二）及时分析死胚原因

1. 死胚的剖检　剖检死胚以查明胚胎死亡的原因。种蛋品质不良和孵化条件不适当时，死胚往往出现许多病理变化。因此每次照蛋后，特别是最后一次照蛋和出雏结束时，如果胚胎死数超出正常死亡数，应将死胚进行解剖。检查死胚外部形态特征，判别死亡日龄，然后剖检皮肤、肝、胃、心脏、肾、胸腔、腹膜以及气管等组织器官，注意其病理变化，如贫血、充血、出血、水肿、肥大、萎缩、变性以及畸形等，从而分析其致死原因。

2. 死亡曲线的分析　一般孵化正常时，鸭胚胎在发育过程中有两个死亡高峰时期：第1个高峰是在孵化的4～6天，第2个高峰是在孵化的24～27日龄。

（1）死胚的剖检　剖检死胚以查明胚胎死亡的原因。种蛋品质不良和孵化条件不适当时，死胚往往出现许多病理变化。因此每次照蛋后，特别是最后一次照蛋和出雏结束时，如果胚胎死数超出正常死亡数，应将死胚进行解剖。检查死胚外部形态特征，判别死亡日龄，然后部检皮肤、肝、胃、心脏、肾、胸腔、腹膜以及气管等组织器官，注意其病理变化，如贫血、充血、出血、水肿、肥大、萎缩、变性以及畸形等，从而分析其致死原因。

(2) 死亡曲线的分析　一般孵化正常时，鸭胚胎在发育过程中有两个死亡高峰时期：第一个高峰是在孵化的4～6天，第二个高峰是在孵化的24～27天。

鸭蛋通常按入孵蛋计算其孵化率在85%左右，其中无精蛋数量不超过4%～5%，头照的死胚蛋占2%，8～17日龄的死胚蛋约占2%～3%，18日龄以后的死胚蛋占6%～7%，后期死胚率约为前、中期的总和。这是正常死胚的分布情况。

为了便于检查胚胎死亡原因，每次照蛋时都应检死胎蛋判别其死亡日龄，并登记数量，即可绘制胚胎死亡曲线，然后与正常死亡曲线比较。但是为了简便起见，不需剖检死胚，而按每次照蛋和最后的死胚数量，也可大致确定孵化期胚胎的死亡曲线。

当胚胎死亡曲线异常，如孵化前期死胚绝对数量增加，多属遗传因素、种蛋贮藏或凉蛋不当、种蛋消毒不当、孵化温度太高或太低、翻蛋不足所致。孵化中期死胚率高，多属种蛋中维生素和微量元素缺乏、温度不当或种蛋带有病原体所致。后期死胚绝对数量增加，多属孵化条件不正常、遗传因素影响、胚胎有病、气室异位等造成。如果在孵化过程中某一日死胚数量增多，很可能是突然超温或低温所造成（表3-3、表3-4）。

表3-3　孵化不良原因分析一览表

原　因	入孵前	第一次照蛋	开蛋检查	第二次照蛋	死　胎	初生雏
维生素A缺乏	蛋黄颜色浅淡	受精率不高有较多死胚	发育较迟缓	肾及其他器官有盐的沉淀，眼肿胀	许多雏无力破壳，或虽破壳但不出来	很多雏有眼病
维生素B_2缺乏	蛋白稀薄	—	发育较迟缓	死亡率增高，营养不良	羽毛“萎缩”，脑膜浮肿	很多雏软弱，颈、脚麻痹
维生素D缺乏	壳薄而脆蛋白稀薄	破壳多，死亡率高	胚囊生长迟缓	死亡率增高	胚胎有营养不良象征	出雏不齐，幼雏衰弱

（续）

原因	入孵前	第一次照蛋	开蛋检查	第二次照蛋	死胎	初生雏
蛋白中毒	蛋白稀薄，蛋黄流动			死亡率提高死胎腿短而弯曲成“鹦鹉嘴”，蛋重减轻不多	胚胎营养不良，腿短而弯成“鹦鹉嘴”	许多弱雏，颈和腿麻痹
陈蛋	气室大，壳陈旧，系带、蛋黄膜软弱	胚胎多在2日龄内死亡，胚盘多泡沫状的表面	发育迟缓	发育迟缓		出壳时期延迟
运输中受强力震动	系带折断，蛋白流入气室，气泡流动	许多散黄蛋	蛋白、蛋黄混为一体	许多臭蛋		
入孵头两天过热		胚胎发育加速，很多畸形并粘在壳上		很多头、眼颚的畸形	很多头、眼颚的畸形	出壳早，很多畸形
入孵3～5天过热		许多部位充血、溢血和异位		尿囊早期包围蛋白，心肝、胃畸形，胚胎异位	尿囊早期包围蛋白，心肝、胃畸形，胚胎异位	出壳早
短期的强烈过热		干而粘着壳上	尿囊血管暗黑色，血液凝结	皮肤、肝、肾、心、脑充血、溢血	皮肤充血、头的位置不正常	
孵化后半期长期过热					啄壳时死亡多，不能很好地吸收卵黄，卵黄囊、肠、心充血，心脏小	出壳早，时间拖长，雏鸭弱小，羽毛红枯、粘壳，脐出血，蛋壳上布满血丝

（续）

原　因	入孵前	第一次照蛋	开蛋检查	第二次照蛋	死　胎	初生雏
热量不足		生长发育比较迟缓		生长发育非常迟缓，气室边界平齐	活胚不出壳，尿囊充血，心肥大，卵黄吸入，但呈绿色，肠内充满卵黄和粪	出壳延期，时间拉长，雏萎缩站立不稳，腹及全身浮肿，有时下痢，蛋壳内污秽多粪
湿度过高			尿囊闭塞迟缓	气室界限平齐，蛋重减轻不多	啄壳时，喙粘于外壳，肠胃满是黏性液体	出雏期延迟，期限拖长，绒毛发达，雏与蛋壳粘着，腹大，雏重
湿度不足		死亡率增高	蛋重减轻较多，胚胎充血粘附于蛋壳		蛋壳膜粘附结实，啄壳困难，绒毛干枯	早期出雏，雏轻，绒毛干燥，多橘红色
通风换气不良			在羊水中有血液	内脏充血、溢血，死亡率增高	在蛋的小端啄壳，不能出雏	
翻蛋不正常		蛋黄粘于蛋壳上，不能转动	尿囊没有包围蛋白	尿囊之处有粘着性剩余蛋白	死胎增多	
种蛋未消毒受到双球菌污染		蛋壳污秽，多弱精蛋	发育迟缓	气室处的蛋白膜上有绿色霉斑，以后扩大到全部气室	死前胚胎衰弱，发育迟缓。死亡率增高。死胎腐败、混浊、具臭味	

表 3-4　不良孵化结果及其产生原因

不良孵化结果	产 生 的 原 因
无精蛋	公鸭无受精能力 公鸭年龄过大 种鸭营养不良 公母鸭比例不当 种鸭饲养密度过大
孵化早期死亡的蛋	种蛋经长途运输震动 种鸭缺乏营养 种蛋贮存期的温度过高 种蛋消毒（熏蒸）不当 孵化初期温度不当
胚胎发育中途死亡的蛋	种鸭缺乏营养 孵化温度不当 孵化期换气不良 孵化期翻蛋不当
胚胎发育正常， 但在破壳前死亡	孵化器的温度不当 孵化器的温度不当 换气不良 翻蛋不当 出雏器温度不当
啄壳后死亡	温度过低 短时间高温 换气不足
因胎位不正而造成的死亡	种鸭缺乏营养 孵化温度过高或过低 换气不足 温度不够 翻蛋不足
过早出雏，脐带出血	孵化器和出雏器温度过高
出雏晚	孵化温度低 种蛋过大 种鸭年龄过大 种蛋贮存时间太长
出雏时间不整齐	种蛋贮存不当 孵化器、出雏器温度不当 孵化器内温度不均匀

（续）

不良孵化结果	产 生 的 原 因
雏鸭粘着干燥的蛋壳	种蛋在贮存期内温度过低 孵化器内湿度过低
雏鸭粘附黏液	孵化器内温度低 孵化器内高温、高湿 换气不足
脐带收缩不良	出雏器内高温或温度变化幅度太大 出雏器内湿度过高
雏鸭毛短	出雏器内温度高 出雏器内湿度低
弱雏	种鸭饲料中缺乏维生素 A、D、B_2、B_{12}等 种鸭饲料中缺乏矿物质 孵化室温度低 出雏器内温度高 出雏器换气不足
雏鸭过小	种蛋过小 孵化器内温度过高 孵化器内湿度过低
雏鸭大而软弱	孵化器内温度过低，湿度过高 患脐带炎

（4）啄壳和出雏情况的观察　胚蛋转移到出雏器后直至出雏时，要观察胚胎啄壳和出雏的时间、啄壳状态、大批出雏时间是否正常。如出雏时间正常，啄壳整齐，则从开始出雏至全部出雏完毕，其持续时间大约 24 小时，出壳雏鸭大小强弱比较一致，死胎蛋约占 10%。这说明种蛋的品质优良，孵化的温度、湿度、通风、翻蛋和凉蛋等孵化条件掌握正确。如果出雏时间提早、弱雏中有明显胶毛现象，死胎蛋超过 15%，但 2 照时胚胎发育正常。这可能是 2 照之后温度过高所致。相反，出雏时间推迟，体质差、腹大、脐环凸起的弱雏较多，死胎明显增加，但 2 照时胚胎发育正常，这可能是二照后温度偏低、湿度偏高所致（详见表 3－3 和表 3－4）。

四、初生雏鸭的管理

（一）初生雏鸭的选择分级

1. 出雏雏鸭的观察 雏鸭出壳后，注意观察检查出雏雏鸭的活力和结实程度，体重大小，蛋黄吸收情况以及绒毛色泽、整洁和长短程度等。若种蛋品质优良，孵化条件良好，胚胎发育正常，则雏鸭体格健壮，精神活泼，体重合适，绒毛整洁，色泽鲜艳，长短合适，脐环闭合平整，腹部收缩良好。凡孵出的鸭苗绝大部分符合上述条件时，则说明从种鸭饲养至孵化条件和操作技术等方面一切正常；反之，就要查找原因。

2. 出雏雏鸭的强弱分级 对出雏的雏鸭无论是作为种鸭饲养的苗鸭，还是作为商品鸭饲养的苗鸭，均要进行强弱分级；尤其是进行种鸭饲养的苗鸭，在进行雏鸭的性别鉴别前，必须要对雏鸭强弱进行选择分级，要将弱雏、残雏、体型过小的雏单独剔除。鉴别师只对那些健康正常的雏进行雌雄鉴别，否则一是容易造成鉴别时的病、弱雏感染健康雏；二是这些雏即使培育成活，也将严重影响群体平均生产水平的提高。

3. 健康雏鸭的选择 通过看、摸、听，从羽毛和外貌状态、腹部和脐部收缩状况、雏鸭的活力和鸣叫声、体重大小等可区分健雏和弱雏。健雏羽毛清洁，富有光泽，脚粗壮有力，外貌无畸形或缺陷；腹部宽阔平坦，卵黄吸收良好，脐部没有出血痕迹，愈合良好。活泼好动，眼大有眼，内外突出，站立有力，走动奔跑平稳，反应敏捷，鸣声洪亮。弱雏常见绒毛蓬乱，缺乏光泽，雏鸭脚干瘦。腹部膨大，脐部突出，卵黄吸收不良。弱雏的活力差，精神不良甚至萎靡不振，缩头闭目，站立无力不稳，反应迟钝，怕冷且常挤成一团。此外还要注意雏鸭有无躯肢畸形，瞎眼，弯喙，蜷趾，脐环闭合不全，蛋黄未全部包入腹腔内，骨骼异常弯曲及脚、头麻痹等症状。畸形雏坚决淘汰，弱雏单独饲养，两者均不可留作种用。

（二）初生雏的雌雄鉴别

1. 初生雏雌雄鉴别的意义　雏鸭的雌雄鉴别在养鸭生产上具有重要的意义，特别是父母代种鸭，商品蛋鸭的生产。蛋用型的鸭，初生时就要拣出公雏另行处理，可节约育雏的房舍、设备、饲料及运输等费用，降低生产成本；肉用型的可以公母分群饲养，发育整齐，公鸭可按营养要求给料，促进快速肥育，缩短饲养期；种鸭在出售时，可以按性比配套提供。

2. 初生雏雌雄鉴别的方法　雏鸭的雌雄鉴别外形鉴别法、鸣管鉴别法、肛门鉴别法几种；肛门鉴别法又包括捏肛法、顶肛法和翻肛法三种。使用最普遍、准确率最高的是肛门鉴别法。由于外形鉴别法准确性不高，在此不作叙述。

（1）鸣管鉴别法　在颈的基部两琐骨内，气管分叉处有球状软骨，称为鸣管，是鸭的发声器官。公鸭的鸣管较大，直径有3～4毫米，横圆柱形，稍偏于左侧。母雏鸭的鸣管较小，仅在气管的分叉处。触摸时，左手大拇指和食指抬起鸭头部，右手从腹部握住雏鸭，食指触摸颈的基部，如有直径3～4毫米大的小突起则为公雏鸭。

（2）捏肛鉴别法　初生的公雏鸭，在肛门下方有一长0.2～0.3毫米的小交媾器，状似芝麻，翻开肛门时肉眼可以看到。有经验的鉴别师不用翻肛门，而是采用捏肛法。鉴别时，左手抓鸭，鸭头朝下，腹部朝上，背靠手心，鉴定者右手拇指和食指捏住脏门两侧，轻轻揉搓，如感觉到肛门内有个像芝麻似的小突起，上端可以滑动，下端相对固定，这便是交媾器，即可判断为公鸭，如无此小突起的，即是母鸭（母雏在用手指揉搓时，虽有泄殖腔的肌肉皱襞随着移动，但没有芝麻点的感觉）。采用捏肛鉴别法时，术者必须手皮薄，感觉灵敏，方能学会，准确率可以达到99%以上。

（3）翻肛法　用左手握住雏鸭，将雏鸭颈部夹在中指和无名指之间，两脚夹在无名指和小指之间，轻轻用手握牢，然后用左手拇指压住脐部，稍稍用力排出胎粪后，再用右手拇指和食指拨开肛门，使其外翻，看到半粒米长螺旋状的交媾器露出，则表明是公雏鸭，否则为母。

（4）顶缸法　左手握住雏鸭，以右手食指与无名指夹住雏鸭体两侧，中指在其肛门外轻轻往上一顶，如感觉有小突起，即为公雏鸭。顶肛法比捏肛法难于掌握，但熟练以后速度比捏肛法更快。

第四章 无公害鸭绿色安全生产的鸭场建设

一、科学的选择鸭场场址

（一）适宜的地势、地形、土质

1. 高燥的地势 鸭场的地势应高燥，至少高出当地历史洪水的水平线。不能选择低洼潮湿的场地，建筑用地要远离沼泽地区，因为潮湿的沼泽地是鸭体内外寄生虫和蚊虻生存聚集的场所。地势要向阳避风，以保持场区小气候状况能够相对稳定，减少冬春风雪的侵袭，特别是避开西北方向的山口和长形谷地。鸭场的地面要平坦而稍有坡度，以便排水，防止积水和泥泞。对采用水、陆结合饲养的种鸭场，陆上运动场连与水上运动场的地面应有坡度，但不能呈陡壁，应自然倾斜深入水池。

2. 开阔的地形、地貌 鸭场的地形要开阔整齐，场地不要过于狭长或边角太多，边角太多会增加畜禽场防护设施的投资。鸭舍用地的面积应根据饲养数量而定，占地面积不宜过大，在不影响饲养密度的情况下应尽量缩小。陆上运动场的面积最好留有发展余地。场地内阳光必须充足。鸭舍照射到阳光愈多，病原微生物被杀死得愈多，鸭患疾病的可能性也就愈小。鸭舍四周有树没有害处，但附近大树太多则不利鸭舍的阳光照射。所建鸭舍应朝南或南偏东一些。鸭场最好应充分利用自然的地形地物，如树林、河川等作为场界的天然屏障。既要考虑鸭场免遭其他周围环境的污染，远离污染源（如化工厂、宰屠场等），又要注意鸭场污染周围环境（如对周围居民生活区的污染等）。

3. 良好的土质 鸭场内的土壤，应该是透气性强、毛细管作用弱、吸湿性和导热性小、质地均匀、抗压性强的土壤，以沙质土壤最适合，以便雨水迅速下渗。愈是贫瘠的沙性土地，愈适于建造禽舍。这种土地渗水性强。如果找不到贫瘠的沙土地，至少要找排水良好、暴雨后不积水的土地，以保证在多雨季节不会出现潮湿和泥泞。因为养鸭最主要的就是应保持鸭舍内外充分干燥。

（二）清洁而充足的水源条件

1. 水源选择的要求 一是水量要充足：既要能满足猪场内的人、猪等生产、生活用水，也要满足猪场的其他生产；二是水质要求良好：不经处理即能符合饮用标准的水最为理想。此外，在选择时要调查当地是否因水质而出现过某些地方性疾病等；三是水源要便于保护：以保证水源经常处于清洁状态，不受周围条件的污染；四是要求取用方便：设备投资少，处理技术简便易行。

2. 选择水源的类型 可供鸭场选择的水源类型包括地面水、地下水、降水和自来水。

（1）地面水 包括江、河、湖、塘及水库等。地面水一般来源广、水量足，又因为它本身有较好的自净能力，所以是养猪最广泛使用的水源。但这些水主要是由降水或地下泉水汇集而成，其水质及水量受自然条件的影响机会较多，易受污染，特别是容易受到生活污水及工业废水的污染，常常因此引起疾病流行或慢性中毒。最好选择水源大，且是流动的地面水作为水源。供饮用的地面水一般应进行人工净化和消毒处理。

（2）地下水 是降水和地面水经过地层的渗滤贮积而成，这种水源受污染机会较少，故较洁净，但要注意水中的矿物质含量，防止含有矿物性毒物。这类水源作为饮用水尚可保证，但作为规模较大的猪场生产及其他用水时，就有所困难，在此种情况下，可采用地下水和地面水结合，地下水主要作为生活用水，而地面水用作生产用水。

（3）降水　是天然的蒸馏水，以雨、雪等形成降落在地面而成。当其在大气中凝集和降落时，吸收了空气中各种可溶性杂质，因而受到污染。且这类水贮存困难，水质难以保证，故一般不作猪场用水。

（4）自来水　目前在我国东部沿海地区的大多数农村，在农村居民比较集中的村镇均已开始采用自来水。自来水的水质、水量可靠，使用方便。此类水是鸭的理想饮用水，但相对成本较大，清洗鸭舍或水上运动池掏换水时可用天然水，以降低用水成本。

（三）良好的鸭场外部条件

鸭场外部条件是指鸭场与周围社会的关系，如相互间的环境影响、交通运输、电力供应、信息交流、防疫条件等。

1. 远离居民区和工业区　鸭场场址的选择，必须遵循社会公共卫生准则，使鸭场不致成为周围社会的污染源，同时也要注意不受周围环境的污染。因此，鸭场的位置应选在居民点的下风处，地势低于居民点，但要离开居民点污水排出口，更不要选在化工厂、屠宰场、制革厂等容易造成环境污染企业的下风处或附近，鸭场与居民点之间的距离应保持在 2 000 米以上。

2. 交通要便利、但防疫要好　鸭场要求交通便利，因为饲料要运进，苗或商品鸭要运出。同时便于鸭场对外宣传及工作人员外出。但为了防疫卫生及减少噪音，鸭场离主要公路的距离至少要在 2 000 米以上，同时修建专用道路与主要公路相连。

3. 电力保证　选择场址时，还应重视供电条件，必须具备可靠的电力供应，最好应靠近输电线路，以尽量缩短新线敷设距离，同时要求电力安装方便及电力能保证 24 小时供应，必要时必须自备发电机来保证电力供应。

4. 通讯良好　鸭场还要求通讯方便，场内可装电话、传真机及信息网络。

5. 气候条件适宜 要根据种鸭的原产地的气候条件来选择适宜的鸭品种，尤其是采用开放型或半开放型饲养的鸭品种，从国外引进的鸭品种等，更要考虑饲养条件的适宜性。否则过于炎热或寒冷的气候不仅影响鸭的生产，还有可能影响鸭的生命。

6. 有广泛的种植业基础 为了使无公害鸭绿色安全生产能与种植业紧密结合，在选择鸭场外部条件时，一定要选择种植业面积较广的地区来发展养鸭业。这一方面可以充分利用种植业的产品来作为养鸭的饲料原料，另一方面是可使养鸭产生的大量粪尿可作为种植业的有机肥料，从而实施种养结合，实行农业的可持续性发展。

(四) 良好的场地环境质量条件

1. 鸭场场地水质要求

(1) 生活饮用水质量要求 畜禽及饲养管理人员生活饮用水水质卫生标准见表4-1。GB 5749—1985生活饮用水质标准。

表4-1 畜禽及饲养管理人员生活饮用水卫生标准

编号	项目		标准
	感官性状指标：		
1	色		色度不超过15度，并不得呈其他异色
2	浑浊度		不超过5度
3	臭和味		不得有异臭、异味
4	肉眼可见物		不得含有
	化学指标：		
5	pH		6.5～8.5
6	总硬度（以CaO计）	毫克/升	≤250
7	铁	毫克/升	≤0.3
8	锰	毫克/升	≤0.1
9	铜	毫克/升	≤1.0
10	锌	毫克/升	≤1.0
11	挥发酚类	毫克/升	≤0.002
12	阴离子合成洗涤剂	毫克/升	≤0.3

（续）

编号	项　　目	标　　准
	毒理学指标：	
13	氟化物（以 F 计）　毫克/升	≤1.0
14	氯化物（以 Cl 计）　毫克/升	≤250
15	氰化物　毫克/升	≤0.05
16	砷　毫克/升	≤0.05
17	硒　毫克/升	≤0.05
18	汞　毫克/升	≤0.001
19	镉　毫克/升	≤0.01
20	铬（六价）　毫克/升	≤0.05
21	铅　毫克/升	≤0.05
	细菌学指标：	
22	细菌总数	1 毫升水中不超过 100 个
23	大肠菌群（个/升）	≤3
24	游离性余氯	在接触 30 分钟后应不低于 0.3 毫克/升。集中式给水除出厂应符合上述要求外，管网末梢水不低于 0.05 毫克/升

（2）**鸭场地面水水质卫生要求**　地面水水质卫生要求见表4-2。

表 4-2　地面水水质卫生要求

指　　标	卫　生　要　求
悬浮物质	含有大量悬浮物质的工业废水，不得直接排入地面水以防止无机物淤积河床
色、嗅、味	不得呈现工业废水和生活污水所特有的颜色、异臭或异味
漂浮物质	地面水上不得出现较明显的油膜和浮沫
pH	6.5～8.5
生化需氧量（5 日、20℃）	不超过 3～4 毫克/升
溶解氧	不低于 4 毫克/升
有害物质	不超过各有关规定的最高容许浓度
病原体	含有病原体的工业废水，必须经过处理和严格消毒，彻底消灭病原体后方准排入地面水

2. 鸭场场地空气质量要求　环境空气质量标准按照国家环境保护局 1996 年 10 月 1 日实施的中华人民共和国国家标准

（GB3095—1996）执行。该标准见表 4-3。

表 4-3　环境空气质量标准

序号	项　　目	单位	场区	鸭舍区	
				雏	成
1	氨气	毫克/米^3	5	10	15
2	硫化氢	毫克/米^3	2	2	10
3	二氧化碳	毫克/米^3	750	1 500	
4	可吸入颗粒（标准状态）	毫克/米^3	1	4	
5	总悬浮颗粒物（标准状态）	毫克/米^3	2	8	
6	恶臭	毫克/米^3	50	70	

3. 鸭场场地土壤质量要求　鸭场场地土壤环境质量参照农业部制订的无公害食品标准中蔬菜产地环境条件中土壤环境质量指标执行（表 4-4）。

表 4-4　土壤环境质量指标

项　　目		含 量 限 值		
		pH<6.5	pH6.5～7.5	pH>7.5
镉，毫克/千克	≦	0.30	0.30	0.60
汞，毫克/千克	≦	0.30	0.50	1.0
砷，毫克/千克	≦	40	30	25
铅，毫克/千克	≦	250	300	350
铬，毫克/千克	≦	150	200	250
铜，毫克/千克	≦	50	100	100

4. 土壤中各污染物含量限值表（表 4-5）

表 4-5

耕作条件	旱　田			水　田		
pH	<6.5	6.5～7.5	>7.5	<6.5	6.5～7.5	>7.5
镉,毫克/千克　≦	0.30	0.30	0.40	0.30	0.30	0.40
汞,毫克/千克　≦	0.25	0.30	0.35	0.30	0.40	0.40
砷,毫克/千克　≦	25	20	20	20	20	15

（续）

耕作条件	旱田			水田		
pH	＜6.5	6.5～7.5	＞7.5	＜6.5	6.5～7.5	＞7.5
铅，毫克/千克 ≤	50	50	50	50	50	50
铬，毫克/千克 ≤	120	120	120	120	120	120
铜，毫克/千克 ≤	50	60	60	50	60	60

注：果园土壤中的铜限量为旱田中的铜限量的一倍；水旱轮作用的标准值取严不取宽。

二、合理的规划鸭场场地

（一）鸭场场地的科学合理分区

鸭场的功能分区是否合理、各区建筑物布局是否得当，不仅直接影响基建投资、经营管理、生产的组织、劳动生产效率和经济效益，而且影响场区小气候状况和兽医卫生水平。因此，在所选定的场地上进行分区与确定各区建筑物的合理布局，是建立良好的禽场环境和组织高效率生产的基础工作和可靠保证。

1. 鸭场的分区规划的基本原则 鸭场的分区规划应遵循下列几项基本原则：一是应体现建场方针、任务，在满足生产要求的前提下，做到节约用地，少占或不占可耕地；二是在建设一定规模的鸭场时，应当全面考虑鸭禽粪的处理和利用；三是应因地制宜，合理利用地形地物，以创造最有利的鸭环境、减少投资、提高劳动生产率；四是应充分考虑今后的发展，在规划时应留有余地，尤其是对生产区规划时更应注意。

在进行鸭规划时，同场址选择一样，首先应从人禽健康的角度出发，以建立最佳生产联系和卫生防疫条件，来合理安排各区位置。职工生活区应占全场上风和地势较高的地段，然后依次为管理区、鸭生产区、粪便及病鸭处理区。

2. 鸭场的功能区的划分 鸭场通常分 3 个功能区，即生产区（包括鸭舍、饲料贮存、加工、调制、建筑物等）、管理区（包括与经营管理有关的建筑物，以及职工生活福利建筑物与设施等）和病鸭管理区（包括兽医室、隔离舍等）。

（二）鸭场建筑物的科学合理布局

在已确定的功能分区内，建筑物布局合理与否，对场区环境状况、卫生防疫条件、生产组织、劳动生产率及基建投资等有直接影响。布局原则是：一是应根据生产环节确定建筑物之间的最佳生产联系；二是应遵守兽医卫生和防火安全的规定；三是为减轻劳动强度、提高劳动效率创造条件；四是合理利用地形、地势、主风和光照。

三、科学合理的建造鸭舍和选购用具

（一）科学合理的建造鸭舍

鸭舍建筑应根据饲养鸭种的不同年龄、不同的饲养方式、不同饲养地的气候条件来建造，一般可有下面三种类型。

1. 合理的鸭舍建筑类型

（1）*简易鸭棚*　在南方地区和长江流域，多建简易鸭棚用以饲养各种类型的鸭群。最常见的有南方的拱形鸭棚和长江流域的塑料大棚形鸭舍，这两种鸭舍形状、结构相似。

鸭舍骨架用竹构建，高度以便于人的操作为宜，一般约 2 米，底宽 2～3 米，鸭舍长度根据饲养鸭数而定。棚顶采用芦席铺盖而成，其上再覆以油毛毡或塑料薄膜以防雨雪，长江流域也有再在上面盖上稻草等覆盖物，以便夏季防暑和冬季保温。夏季将四周撑起敞开，形成“凉亭”，四周用竹栅或网围起，这样可增加通风量；冬季棚顶及四周再加防风保暖材料，棚的两端加设门帘。棚内除养禽外，还供饲养人员食宿、堆放饲料及存放蛋。

平时以竹栅将鸭群围在鸭棚外的朝南方向。这种鸭棚也可根据放牧禽群的需要而搬运地方，主要用于仔鸭和后备种鸭及放牧蛋鸭的饲养。

（2）固定式群养种鸭舍　多采用小群饲养的方式，其优点是有运动场，活动地方较大，能使种鸭得到阳光的照射和新鲜空气，可以多活动增强体质，保持健康，精力充沛，增强抗病能力，提高生活性能，培育优良的后代，使留种鸭的体型、体重和生产力等各方面保持或超过亲代的性能，达到种用目的和标准。但这类鸭舍投资较大，成本较高，饲养管理较不方便，不易观察到每只鸭的动态及生产情况，管理不便，易发生传染病。配种时受其他鸭的干扰。建造鸭舍时将整幢鸭舍隔成许多小间，每间饲养一公数母，可减少群养带来的不利影响。

（3）密闭式商品鸭舍　这种鸭舍一般用于饲养肉鸭，生产肉鸭供应市场需要。这种鸭舍采用流程式群养更合适。其优点是：

第一，提高饲养密度，减少基建投资。商品肉鸭流程式群养，可根据各阶段的生长情况来确定饲养密度，这样能增加每平方米的饲养只数，既可提高劳动生产率和饲养效率，又可大大减少基建投资。

第二，易于进行饲养管理，操作方便，大大节省清洁卫生的时间，增加管理数量，每个饲养员可以饲养更多的肉鸭，比散养方式增加更多的饲养数量，提高工作效率。

第三，提高商品肉鸭的生长速度。工厂式商品肉鸭舍，可根据肉鸭各阶段的生理习性来调节饲养环境，这既可减少雏鸭的早期死亡，又可提高仔鸭的生长速度，降低饲料消耗，提高饲养效益。

第四，利于对仔鸭进行精心的观察和记录，及时掌握仔鸭的生产情况，发现问题，立即采取措施，而且便于做好选种工作，将早期生长速度较快的仔鸭选择留种。

第五，减少传染病的发生和传播。工厂式商品鸭舍既可大群饲养，也可分小群饲养，这样可减少互相接触的机会，且饲料、饮水的供给都较规范，可加强防污设施，减少粪便的污染，有效地预防传染病的发生及传播。

2. 科学合理的鸭舍建筑材料 鸭舍建筑用材料的原则应是就地取材，因陋就简。可根据饲养地建材资源条件和当地自然气候情况决定。北方养鸭区，由于冬季寒冷且时间长，因而建筑用材应选砖瓦，这样建筑的鸭舍虽一次性投资大，但较保温；长江流域养鸭区，冬季时间短，温度也不很低，这些地方鸭舍可以北面及两侧用砖墙、南面敞开不用挡风墙；南方温度较高，可以用简陋的草顶竹棚，四周用竹竿围起、无实围墙。北方和中部个别稍冷的地区，冬季可在鸭舍南边半坡用塑料薄膜覆盖，这样即可投资省，又可使鸭舍冬季利用太阳能来保温暖。而鸭舍地面及种鸭舍的运动场地宜用水泥，如果是人工造水浴沟，也应用水泥为好，以便于清洗和卫生消毒。当然如果饲养区垫料资源丰富，鸭舍内地面也可不用水泥而用垫料，这样的地面既便于种鸭的冬季保温和肉鸭的全年育雏保温，又可节省投资。

3. 因地制宜的鸭舍结构 鸭舍建筑结构也应根据当地资源和饲养者的投资能力等具体情况而定，但内部结构必须合理，这样才能使饲养管理方便、节省人力和减轻劳动强度。内部结构包括门窗大小、走道的宽度、屋檐高度、围栏高度及水食槽的安放等。

（1）*房舍高度* 按饲养地区划分：北方寒冷地区，为利于保温和节省材料，鸭舍高度可以低些，一般檐口离地面高 2 米左右；长江流域区屋檐离地面距离 2.2～2.4 米；南方温暖区屋檐高需 2.5～2.8 米，以利夏季通风。如按饲养的鸭群类型来划分：肉用仔鸭舍檐口可适当低些，种鸭舍可适当高些；采用网上饲养的檐口可适当高些，采用地面饲养的檐口可适当低些。

（2）*鸭舍跨度* 由于鸭舍跨度直接影响着内部小气候，太窄舍内虽易通风换气，但不易保温，受外界气候变化的影响大；太宽，造价高，舍内虽易保温，但不易通风换气。太宽太窄都易造成饲养效果欠佳。所以，为了免受或者少受外界影响，达到冬暖夏凉、通风干燥，形成舍内良好的小气候的目的，就必须设计合理的鸭舍跨度。一般来说，考虑保温为主的北方养鸭区和育雏用房，鸭舍跨度可适当宽些；而需要考虑防暑为主的南方养鸭区和种鸭舍，房屋跨度可窄些。对华东地区和长江流域来说，肉用仔鸭舍跨度以 7.0 米、种鸭舍跨度以 5.0～5.5 米为宜，走道宽 1.0 米以上，通常是建成单列式，而且分成小间为佳。

（3）舍内地面　舍内应尽量铺水泥地面，同时应向运动场方向以面积的 1%～1.5%向外倾斜，以利排除室内水分。商品肉鸭舍或农家养鸭如条件限制，也可不铺水泥地，而用垫料，尤其是北方养鸭区，由于气候比较干燥，鸭舍需要保温，更适于在舍内采用垫料饲养。

（4）运动场　运动场应采用水泥地面，其面积是室内面积的 1 倍以上，同样应逐渐向水面方向倾斜，以利排水。

（5）每间宽度和分隔小间　饲养时鸭群不宜过大，可将鸭群分到若干个小间饲养，分隔成的小间大小，应示鸭舍每间的宽度而定。一般肉用仔鸭每群 100 只左右，7 米跨度（1 米走道）的鸭舍用 1 间，每间约 3.5 米宽，分隔成的小间 20 平方米的饲养面积；种鸭群每群 30 只，5 米跨度（1 米走道）的鸭舍用 1 间，每间约 3.5 米宽，分隔成的小间 14 平方米的饲养面积。隔间可用网眼较小的铁丝网分隔，尽量少用尼龙网分隔，以免鸭头经常伸入网眼内被套住受损，严重时造成窒息。

（6）育雏舍和仔鸭舍结构　雏鸭在 20 日龄前要求舍内温暖、干燥，所以育雏舍应保温性能好，空气流通而无贼风。每幢育雏舍以容纳 1 000 只雏鸭为宜，檐高 2 米，窗与地面比例为 1∶10～15，舍内分为 10 个小间，每间的面积为 20 米^2，可容纳 20 日龄以内的雏鸭 200 只，20 日龄后的仔鸭 100 只。舍内地面应比舍外高 25～30 厘米。地面可用黏土铺平打实或用粗沙铺地压实，亦可用方砖铺地，使地面保持干燥。舍前设运动场，场地宜平坦，缓缓向水面倾斜，便于排水，如凹凸不平，易于积水，尤其雨天，一经鸭群践踏则遍地泥泞，鸭群行动不便，易于引起跌伤，也影响清洁卫生和饲喂。运动场与水面的距离应在7～8米，其中平地4～5米，连接水面的斜坡长3～4米，不宜过于倾斜，运动场的平坡区也可设置喂料区，用于外界气温较高、气候良好时雏鸭在外喂料饮水。在雏鸭早期应在舍内靠走道一侧设置水食槽，这样既便于饲喂，又可防止早期在室外饲喂不利于雏鸭的保温。当将雏鸭饲养至20多日龄可脱温时，将雏鸭的饲养密度可减少一半，将生长较快的一半转到另一幢仔鸭舍，留下另一半在原育雏舍饲养。

（7）种鸭舍结构　种鸭舍每幢容量以不超过400只为宜，鸭舍檐高2.5米左右，窗与地面比例为1∶10左右，气温温和地区鸭舍朝南边可以无墙，也不设窗户全敞开。舍内地面比舍外高10～15厘米，每平方米可养3只肉种鸭或6只蛋鸭。一般鸭场，在鸭舍一角设产蛋间，用高60厘米竹围成，设有2～3个小门，产蛋窝内地面铺以黄沙，其上垫以柔软的稻草。鸭舍外有陆上运动场，场上应搭建遮阴棚，以供种鸭雨天活动和采食饮水之用，也可作夏天乘凉之用；同时需设置水上运动场，以供种鸭沐浴和交配之用。陆上运动场及水上运动场的宽度应略大于鸭舍宽度。

（8）人工孵化室结构　人工孵化室的大小，应根据孵化用机具大小、数量而定。孵化室一般采食砖墙结构，四周用水泥墙、楼板平顶；采用人字顶结构的要增设天花板。前、后墙有窗，室檐高3米左右。室内既要能通风，又要保温，冬暖夏凉，地面铺有水泥，且有排水出口通室外，以利冲洗消毒。室内水、电必须24小时保证供应。

（二）科学选择清洁化的养鸭用具

1. 育雏设备

（1）**自温育雏箩筐或自温育雏栏**　自温育雏是依靠雏鸭自身散发的生物热，利用箩筐保温维持雏鸭所需的温度。南方养鸭多采用此法，农家养鸭数量较少时一般也可采用此法。自温育雏可节省燃料，但管理费工，适用于小规模育雏；尤其对自繁自养的鸭场，苗鸭出雏时间的不一，带来育雏时间不一样时，此法更适合。自温育雏箩筐大致分为两种：一种是用竹片编织的两层套筐，由筐盖、小筐和大筐拼合为套筐。筐盖直径 60 厘米，高 20 厘米，作保温和喂料用；大筐直径 50～55 厘米，高 40～43 厘米，小筐的直径比大筐略小，高 18～20 厘米，套在大筐之内作为上层。大小筐底铺垫草，筐壁四周用草纸或棉布保温。每层可盛初生雏鸭 10 只左右，以后随日龄增大而酌情减少。这种箩筐还可供出雏和嘌蛋用。另一种是单层竹筐，筐底和周围用垫草保温，上覆筐盖或其他保温物。筐内育雏，喂料前后提取雏鸭出入和清洁工作等比较烦琐。

自温育雏栏是在育雏舍用 50 厘米高的竹编成的篾围，围成可以挡风的若干小栏，每个小栏可容纳 100 只左右雏鸭，以后随日龄增长而扩大围栏面积。栏内铺上柔软且保温性好的垫草，篾上架以竹条盖上覆盖物保温，此法比在筐内育雏管理方便。

（2）**给温育雏设备**　多采用火炉与电力发热给温，此类设备种类很多，如煤炉、炕道、暖气管和红外灯或油灯等。此法适用于寒冷季节大规模育雏，操作管理方便，舍内容易达到雏鸭所需的温度，雏鸭活泼，易于早开食、饮水，其生长发育优于自温育雏下的雏鸭。煤炉育雏多采用铁煤炉和烟管，烟囱通向舍外；炕道育雏或暖气管育雏时炉灶一般建于舍外；也可直接用电热器（红外灯或油灯）育雏，用红外灯时一般用保温伞。上述方法一般育雏效果较好，但费用较高，采用煤炉等育雏时要严防煤气中毒。农家现有采用将油桶改造成大煤炉形，用干燥的锯木屑填实后燃烧供温，此法成本较低，但改造后的油桶上下必须密封，防止漏烟造成煤气中毒。上述方法，除电热器外，最好将煤炉、油桶等置于鸭舍内非育雏间，育雏间和非育雏间有隔离设施（如薄膜等），只有密封的烟管通过育雏间，这样在更换煤球或油桶时，不会给育雏舍内带来煤气的危害。

炕道育雏分地上炕道式与地下炕道式，由炉灶与火道两部分组成。均用砖砌，炉灶建于育雏舍外，烟口与建于舍内的火道相连，大小长短数量视育雏舍大小形式而定。地下炕道较地上炕道在饲养管理上方便，故多采用。炕道育雏靠近炉灶一端温度较高，远端温度较低，育雏时视日龄大小适当分栏安排。炕道育雏设备造价较高，热源要专人管理，燃料消耗较多。

2. 喂料器和饮水器 应根据鸭的品种类型和不同日龄的雏鸭，而配以大小和高度适当的喂料器和饮水器，要求所用水、料器适于鸭的平喙型采食、饮水特点，能使鸭头颈舒适地伸入料、水器内采食和饮水，但最好不要使鸭任意进入料、水器内。其形式和规格可因地而异。既可购置专用水、料器，或自行制作料槽和水槽，也可用木盘或瓦盆代用，用自制设备时，周围要用竹条编织围起，以免鸭进入槽内。

3. 软竹围和围栏 软竹围可圈围 20 日龄以下的雏鸭，竹围高 40～60 厘米，圈围时可用竹夹子夹紧固定。1 个月龄以上的中鸭改用围栏，围栏高 60 厘米，竹条间距离 2.5 厘米，长度依需要而定。

4. 产蛋巢或产蛋箱 一般生产鸭场多采用开放式产蛋巢，即在鸭舍一角用围栏隔开，地上铺以垫草，让鸭自由进入产蛋和离开。

第五章

无公害鸭绿色安全饲料生产体系建设

一、无公害鸭绿色安全生产的饲料原料质量

（一）无公害养鸭饲料原料产地环境要求

1. 产地选择 无公害鸭绿色安全生产的饲料原料产地应选择在生态条件良好，远离污染源，并具有可持续生产能力的农业生产区域，尤其是选择具有绿色农产品质量标志的原料产地。

2. 环境空气质量 环境空气质量标准可参照第四章表 4-3 执行。

3. 灌溉水质量 农田灌溉水质量应按中华人民共和国国家标准（GB5084—92）执行（表 5-1）。

表 5-1 农田灌溉水质标准 单位：毫克/升

序号	作物分类标准值项目		水作	旱作	蔬菜
1	生化需氧量（BOD_5）	≤	80	150	80
2	化学需氧量（COD_{cr}）	≤	200	300	150
3	悬浮物	≤	150	200	100
4	阴离子表面活性剂（LAS）	≤	5.0	8.0	5.0
5	凯氏氮	≤	12	30	30
6	总磷（以 P 计）	≤	5.0	10	10
7	水温，℃	≤		35	
8	pH	≤		5.5～8.5	
9	全盐量	≤	1 000（非盐碱土地区）2 000（盐碱土地区）有条件的地区可以适当放宽		

（续）

<table>
<tr><th>序号</th><th colspan="2">作物分类标准值项目</th><th>水作</th><th>旱作</th><th>蔬菜</th></tr>
<tr><td>10</td><td>氯化物</td><td>≤</td><td colspan="3">250</td></tr>
<tr><td>11</td><td>硫化物</td><td>≤</td><td colspan="3">1.0</td></tr>
<tr><td>12</td><td>总汞</td><td>≤</td><td>0.001</td><td></td><td></td></tr>
<tr><td>13</td><td>总镉</td><td>≤</td><td>0.005</td><td></td><td></td></tr>
<tr><td>14</td><td>总砷</td><td>≤</td><td>0.05</td><td>0.1</td><td>0.05</td></tr>
<tr><td>15</td><td>铬（六价）</td><td>≤</td><td colspan="3">0.1</td></tr>
<tr><td>16</td><td>总铅</td><td>≤</td><td colspan="3">0.1</td></tr>
<tr><td>17</td><td>总铜</td><td>≤</td><td colspan="3">1.0</td></tr>
<tr><td>18</td><td>总锌</td><td>≤</td><td colspan="3">2.0</td></tr>
<tr><td>19</td><td>总硒</td><td>≤</td><td colspan="3">0.02</td></tr>
<tr><td>20</td><td>氟化物</td><td>≤</td><td colspan="3">2.0（高氟区）3.0（一般地区）</td></tr>
<tr><td>21</td><td>氰化物</td><td>≤</td><td colspan="3">0.5</td></tr>
<tr><td>22</td><td>石油类</td><td>≤</td><td>5.0</td><td>10</td><td>1.0</td></tr>
<tr><td>23</td><td>挥发酚</td><td>≤</td><td colspan="3">1.0</td></tr>
<tr><td>24</td><td>苯</td><td>≤</td><td colspan="3">2.5</td></tr>
<tr><td>25</td><td>三氯乙醛</td><td>≤</td><td>1.0</td><td>0.5</td><td>0.5</td></tr>
<tr><td>26</td><td>丙烯醛</td><td>≤</td><td colspan="3">0.5</td></tr>
<tr><td>27</td><td>硼</td><td>≤</td><td colspan="3">1.0（对硼敏感作物，如：马铃薯、笋瓜、韭菜、洋葱、柑橘等）
2.0（对硼耐受性较强的作物，如小麦、玉米、青椒、小白菜、葱等）
3.0（对硼耐受性强的作物，如水稻、萝卜、油菜、甘蓝等）</td></tr>
<tr><td>28</td><td>粪大肠菌群数，个/升</td><td>≤</td><td>10 000</td><td></td><td></td></tr>
<tr><td>29</td><td>蛔虫卵数，个/升</td><td>≤</td><td>2</td><td></td><td></td></tr>
</table>

4. 土壤环境质量　土壤环境质量可参照第四章表 4-4 执行。

（二）无公害鸭绿色安全生产的饲料添加剂质量要求

1. 饲料添加剂的种类　从使用添加剂的主要目的和作用的角度，可将现在常用的饲料添加剂概括为六大类。一类是补充和平衡营养类添加剂：包括氨基酸、维生素、微量矿物元素和非蛋白氮化物等；二类是保健和促生长剂类添加剂：包括抗生素、合成抗菌药物、驱虫剂；三为是生理代谢调节剂类添加剂：包括激素类、抗应激剂类、中草药类；四类是增食欲助消化类添加剂：包括酸化剂、甜味剂、鲜味剂、香料、生菌剂（益生素）、酶制剂和缓冲剂等；五是饲料加工及保存剂类添加剂：包括防霉剂、抗氧化剂、黏结剂、抗结块剂、乳化剂、青储保存剂等；六类是其他类添加剂：包括着色剂、饲料色素、活性炭、沸石、麦饭石、膨润土、硝酸稀土等。在无公害鸭绿色安全生产中，应按高标准、严要求来选择饲料添加剂的种类。在无公害鸭绿色安全生产中，不能使用激素类添加剂，不能使用被农业部列入违禁的药物，更不能使用有毒、有害物质。

2. 维生素添加剂　维生素因其在畜禽代谢过程中起着重要的营养和保健作用，从而成为现代饲料工业和集约化饲养条件下必须补充的饲料添加剂。一般来说，影响单一维生素制剂稳定性和效价的因素相对较少。但目前生产中大量应用的是由多种维生素制剂加上载体或稀释剂制成的匀质混合物，即多种维生素预混料产品（简称维生素预混料）。具有不同理化特性和生物效价的各种维生素相混合后情况就比较复杂。由于受配方的影响，其质量控制有较大的难度。为此，必须在下述几个关键环节中进行严格把关，方能取得理想的效果。

（1）配方设计　总体上讲，维生素预混料的配方设计要比微量元素预混料或日粮中能量、蛋白、氨基酸的平衡设计等复杂得多。对此，首先必须正确掌握各类畜禽维生素的需要量，并据此制定出适宜的添加水平。应当注意，我国畜禽饲养标准及美国NRC饲养标准中列出的维生素需要均为最低需要量，是在试验条件下，以不发生缺乏症为前提制定的标准。考虑到加工、贮藏过程中的损失以及其他各种影响维生素效价的因素，推荐添加量时应当在畜禽最低需要量的基础上，加上一定的安全系数。但目前维生素的添加值往往有些偏高，较高的添加固然对畜禽健康和体内储存有一定好处，但在经济上不一定合算。为此，必须根据畜禽健康状况、生产水平、饲料组成、环境温度、饲养方式及加工工艺等具体情况，灵活调整，从而制定出适宜的维生素添加水平。其次，要注意维生素的理化特性，防止配伍禁忌。如各种维生素对光、热、空气、水分、pH 等因素的反应不一，配料时必须予以综合考虑。氯化胆碱因有极强的碱性和吸湿性，对维生素生理效价的影响较大，尤其是液态氯化胆碱对维生素 A、维生素 K_3、维生素 B_6 等有较强的破坏作用，必须单独添加。维生素 C 有强还原性，水溶液呈酸性，维生素 B_1、维生素 B_2、维生素 B_{12} 及叶酸等极易与之相互作用而分解失效。另外，泛酸钙与烟酸、泛酸钙与维生素 C、有机酸防霉剂及抗球虫药物与维生素 B_2 等之间也都存在一定的相互拮抗作用。至于微量元素添加剂因其中的多种金属离子、硫酸盐类等与维生素制剂混合在一起生产预混料时，也会因起某些化学反应而降低维生素的效价；再次，为增加多种维生素和其他易氧化物质的稳定性，即使某些原料中已经添加，在维生素预混料中也最好再加入抗氧化剂，如乙氧喹、丁羟基甲苯等。

（2）原料选择　维生素制剂产品很多，不同产品在质量、效价、剂型、价格等方面有很大差异，应结合使用目的、生产工艺进行综合考虑。要求选用效价高、稳定性好、剂型符合配合饲料生产要求，饲料级、价格低廉、且是在近期内出厂的产品。目前市场单项维生素制剂可分为国产和进口产品两大类。国产产品一般较新鲜，质量相对保证，B 族维生素产品性质比较稳定，不足之处是维生素 A、维生素 D_3、维生素 E 等用载体吸附包被的产品，其颗粒度大小不匀，稳定性较差，尤其在夏季更易变质。在国际上，德国的巴斯夫（BASF）公司和瑞士的罗氏（ROCHE）药品化学有限公司都是著名的维生素生产厂家，我国每年从这些公司的进口的量也较大。但应注意，进口产品要严防假冒，注意是否已超过或接近保值期，切忌盲目迷信进口产品。不管是国产或进口产品，对维生素原料都应进行抽样检测。这主要是由于维生素是易失效产品，必须按产品实际有效含量投。因此，要格外注意产品的有效含量，防止因添加量不足而引起维生素的缺乏。此外，还需注意，维生素原料产品拆开包装后，要避光，应立即装桶密闭保存，防止受潮并及时用完。夏天应在维生素存放和加工地装上空调，梅雨季节要使用除湿机。

另外，维生素预混料的原料还包括载体或稀释剂。为使维生素的损失减少到最低限度，应选用粒度合适、水分含量低且不易参与化学反应的物质作为体或稀释剂。根据实际应用情况，脱脂米糠承载性能最好，麸皮、次粉次之，玉米粉较差。特别是玉米粉颗粒较粗时，承载性能尤其不佳。碳酸钙因其中的钙对维生素 D_3 有破坏作用而不宜作为维生素预混料的载体物质。一般来说，载体吸附力强时，多维经多次搬运振动后仍可保持较好的混合均匀度。载体的水分当然越低越好，最好控制在 5%以下，不宜超过 8%～10%。若含水量过高，则应进行干燥处理。

(3) 加工工艺　在进行维生素预混料的加工过程中，首先应保证严格按配方要求正确投料。同时对称重设备应定期校准，严格操作程序，确保投料的准确性和稳定性；其次，要根据不同维生素添加剂产品的特性，采取不同的添加方法。某些维生素添加剂产品浓度高，添加量少或原料流动性差时，则应先进行稀释或预处理，再加入混合机内混合；再次，要保证预混料混合均匀(CV<10%)，减少分级。为此，可选用适当的混合机，如无重力粒子机和锥形混合机。采用双螺带卧式无理力混合机，一般 3～5 分钟即可达到上述混合要求，但为使微量成分更好地粘附或镶嵌在载体上，必须适当延长混合时间，一般需 15 分钟左右。此外，在具体混合过程中，添加少量油脂对降低粉尘、减少分级和降低多维损失等有一定好处。一般油脂添加量 1%～2%，使用植物油脂应先将其喷于载体上，并要求酸价低、过氧化值小，另外，还需要添加抗氧化剂以防止维生素 A、维生素 E 等的损失。

(4) 包装及贮存　维生素预混料产品包装袋最好设计成为小包装，包装量由几十克到几千克不等。一般根据使用时的一次用量或几次用量来设计，不宜过大，这样不仅可使使用者配料方便，而且可以避免开包后活性成分的损失。包装要求密封、隔水，真空包装更佳。最好采用铝箔袋真空包装，其外形美观、强度大、密封好、贮藏产品稳定。在具体贮藏过程中，考虑到载体含水量、pH、贮藏温度、时间等因素可能导致某些活性物质损失，除对稳定性较差的组分超量添加外，应严格控制贮藏条件，要求环境干燥、避光、低温、通风。仓内最高温度不得超过30℃，仓库的墙、顶需有隔热防潮层，高温季节应有通风装置，光线不宜过强，阳光不应直接照射到产品上。此外，严格限制贮藏时间，一般要求在1～2个月内用完，最长不得超过6个月。产品一经开封后，需尽快用完。

3. 微量元素添加剂　微量元素常指占动物体重0.01%以下的矿物元素，包括铜、铁、锰、锌、钼、钴、硒等。

(1) 原料选择　微量元素原料的质量直接影响产品的质量。原料选择既要考虑它们的生物学效价和稳定性，又要考虑经济效益。选择时应根据不同的情况进行综合考虑，选择最适宜的微量元素原料。但无论选择哪一种添加剂，其质量都必须符合饲料级矿物微量元素原料的国家标准。

(2) 稀释剂和载体的选择　稀释剂和载体虽然不直接对动物的生产性能产生影响，但其水分、粒度等影响预混料的品质。载体的粒度一般要求30～80目，即在0.59～0.18毫米。稀释剂的粒度比载体小，一般为0.05～0.6毫米。常作微量元素预混料的稀释剂和载体有：石粉、碳酸钙、贝壳粉等，这些稀释剂和载体要求在无水状态下使用。

(3) 干燥处理　对于含水分高的微量元素原料，易吸湿反潮和结块，粉碎性能及流动性较差，如不处理而直接使用，不仅对本身离子易氧化变质、降低生物学效价，而且对饲料中的维生素有破坏作用，并影响饲料贮存期。因此，必须在作饲料添加剂使用之前进行干燥处理。干燥处理可用烘干机械，也可利用阳光进行处理，一般水分控制在2%以下。

（4）预粉碎　预粉碎的目的在于提高混合均匀度，有利于均匀混合，保证动物采食的概率相等，同时也有利于微量元素在肠胃中的溶解和吸收。添加量越少的组分，要求粉碎粒度也越小。但粉碎过细也将带来许多不利的影响，如粉尘增加，流动性降低，制成的预混料质量差。因此，并非粉碎得越细越好。一般要求通过80～400目标准筛孔，即粒径在0.177～0.05毫米。例如铁、锌、锰等微量元素的粉碎粒度应全部通过60目（0.3毫米）；钴、碘、硒等极微量成分应粉碎至200目（0.076毫米）以下。

（5）配料　饲料企业生产的产品，其成分与预先配方设计中的成分出现较大偏差的原因，除30%归咎于所使用的原料，其余的70%应归咎于加工工艺的缺陷所致，特别是计量误差的倍增效应更不可忽视。因此配料时，需两个人同时进行，一个取样、称料；一人验称、核对品种及称量等，大料用大秤，小料用小秤，保证称量的准确性。

（6）稀释处理　若微量组分参加配料，一定将其组分稀释后方可参与配料。任何一种原料，在配方中比例少于0.05%，则加进搅拌器之前要先加一部分稀释剂进行预混合。

（7）过筛处理　对于需要过筛的原料，必须要过筛处理，以保证产品质量。

（8）投料与混合　各种微量元素预混料的原料投入到混合机的顺序取决于所用混合机的类型和该原料的批添加量。一般采用结构性能较好的卧式带状混合机时，投料顺序为：先投入一半载体，然后按数量由小到大的顺序投入，最后投入另一半截体，混合时间为15～20分钟。

（9）质量检测　质量检测是微量元素预混料生产过程中保证

产品质量的一个重要环节，必须做好如下工作：①把好原料的进货质量关，根据配方所用的原料标准进行进货，严禁进入伪劣品；②在生产过程中技术人员一定要监测，如发现原料达不到质量标准，不准投入到生产中，应停止生产；③对成品要经常检测，对达标的就入库、出售，不达标的，不准入库、销售。

（10）包装与贮存　包装材料选择无毒、无害、结实、防湿、避光的材料，要求包装严密美观。贮存在阴凉、干燥、通风的地方，一般湿度不宜超过50%，温度不得超过31℃。

4. 允许使用的饲料添加剂品种目录　允许使用的饲料添加剂品种目录由农业部发布，并监督实施。该目录中规定的饲料添加剂名称 总计达173种（类）。包括饲料级氨基酸（7种），饲料级维生素（26种），饲料级矿物质、微量元素（43种），饲料级酶制剂（12类），饲料级微生物添加剂（12种），饲料级非蛋白氮（9种），抗氧剂（4种），防腐剂、电解质平衡剂（25种），着色剂（6种），调味剂、香料（6种），粘结剂、抗结块剂和稳定剂13种（类），其他（10种）。

（1）氨基酸　包括L-赖氨酸盐酸盐、DL-蛋氨酸、DL-羟基蛋氨酸、DL-羟基蛋氨酸钙、N-羟甲基蛋氨酸、L-色氨酸、L-苏氨酸 。

（2）饲料级维生素　包括β-胡萝卜素、维生素A、维生素A乙酸酯、维生素A棕榈酸酯、维生素D_3、维生素E、维生素E乙酸酯、维生素K_3（亚硫酸氢钠甲萘醌）、二甲基嘧啶醇亚硫酸甲萘醌、维生素B_1（盐酸硫胺）、维生素B_1（硝酸硫胺）、维生素B_2（核黄素）、维生素B_6、烟酸、烟酰胺、D-泛酸钙、DL-泛酸钙、叶酸、维生素B_{12}（氰钴胺）、维生素C（L-抗坏血酸）、L-抗坏血酸钙、L-抗坏血酸-2-膦酸酯、D-生物素、氯化胆碱、L-肉碱盐酸盐、肌醇。

（3）饲料级矿物质、微量元素　硫酸钠、氯化钠、磷酸二氢钠、磷酸氢二钠、磷酸二氢钾、磷酸氢二钾、碳酸钙、氯化钙、磷酸氢钙、磷酸二氢钙、磷酸三钙、乳酸钙、七水硫酸镁、一水硫酸镁、氧化镁、氯化镁、七水硫酸亚铁、一水硫酸亚铁、三水乳酸亚铁、六水柠檬酸亚铁、富马酸亚铁、甘氨酸铁、蛋氨酸铁、五水硫酸铜、一水硫酸铜、蛋氨酸铜、七水硫酸锌、一水硫酸锌、无水硫酸锌、氧化锌、蛋氨酸锌、一水硫酸锰、氯化锰、碘化钾、碘酸钾、碘酸钙、六水氯化钴、一水氯化钴、亚硒酸钠、酵母铜、酵母铁、酵母锰、酵母硒。

（4）饲料级酶制剂　蛋白酶（黑曲霉、枯草芽孢杆菌）、淀粉酶（地衣芽孢杆菌、黑曲霉）、支链淀粉酶（嗜酸乳杆菌）、果胶酶（黑曲霉）、脂肪酶、纤维素酶（reese 木霉）、麦芽糖酶（枯草芽孢杆菌）、木聚糖酶（insoles 腐质霉）、β-聚葡糖酶（枯草芽孢杆菌、黑曲霉）、甘露聚糖酶（缓慢芽孢杆菌）、植酸酶（黑曲霉，米曲霉）、葡萄糖氧化酶（青霉）。

（5）饲料级微生物添加剂　干酪乳杆菌、植物乳杆菌、粪链球菌、屎链球菌、乳酸片球菌、枯草芽孢杆菌、纳豆芽孢杆菌、嗜酸乳杆菌、乳链球菌、啤酒酵母菌、产朊假丝酵母、沼泽红假单胞菌。

（6）饲料级非蛋白氮　尿素、硫酸铵、液氨、磷酸氢二铵、磷酸二氢铵、缩二脲、异丁叉二脲、磷酸脲、羟甲基脲 。

（7）抗氧剂　乙氧基喹啉、二丁基羟基甲苯（BHT）、丁基羟基茴香醚（BHA）、没食子酸丙酯 。

（8）防腐剂、电解质平衡剂　甲酸、甲酸钙、甲酸铵、乙酸、双乙酸钠、丙酸、丙酸钙、丙酸钠、丙酸铵、丁酸、乳酸、苯甲酸、苯甲酸钠、山梨酸、山梨酸钠、山梨酸钾、富马酸、柠檬酸、酒石酸、苹果酸、磷酸、氢氧化钠、碳酸氢钠、氯化钾、氢氧化铵 。

（9）着色剂　β-阿朴-8'-胡萝卜素醛、辣椒红、β-阿朴-8'-胡萝卜素酸乙酯、虾青素、β，β-胡萝卜素-4，4-二酮（斑蝥黄）、叶黄素（万寿菊花提取物）。

（10）调味剂、香料　糖精钠、谷氨酸钠、5'-肌苷酸二钠、5'-鸟苷酸二钠、血根碱、食品用香料均可作饲料添加剂。

（11）粘结剂、抗结块剂和稳定剂　α-淀粉、海藻酸钠、羧甲基纤维素钠、丙二醇、二氧化硅、硅酸钙、三氧化二铝、蔗糖脂肪酸酯、山梨醇酐脂肪酸酯、甘油脂肪酸酯、硬脂酸钙、聚氧乙烯20山梨醇酐单油酸酯、聚丙烯酸树脂Ⅱ。

（12）其他　糖萜素、甘露低聚糖、肠膜蛋白素、果寡糖、乙酰氧肟酸、天然类固醇萨洒皂角苷（YUCCA）、大蒜素、甜菜碱、聚乙烯聚吡咯烷酮（PVPP）、葡萄糖山梨醇。

5. 使用饲料添加剂应注意的事项

（1）合理使用　饲料添加剂种类繁多，各有其不同的作用特点，必须结合畜禽饲养的需要、饲养条件和健康状况，有针对性地选择使用，任何一种饲料添加剂都不是万能的灵药，其使用效果取决于使用方法和饲养条件。饲料添加剂的作用与畜禽的生理状态、发育情况、年龄及环境条件等有关。比如，幼畜比成畜的生长速度快，所以，给幼畜添加促生长添加剂效果明显好于成畜。又如，抗生素等药物添加剂，对环境卫生差或患病的畜禽效果特别显著。同一种饲料添加剂在不同的地区、不同的气候和土壤条件及不同的饲养条件下，所添加的不同数量是理论计算的结合，而并非是通过饲养实践总结出的最佳使用量。

（2）合理选择载体　饲料添加剂一般混于干粉饲料载体中，短期储存待用，不得混于加水储存的饲料或发酵过程中的饲料内，更不能与饲料一起煮沸使用。常用的饲料载体有粗玉米粉、细玉米粉、小麦麸、脱脂米糠、大豆饼粉、石粉等等。载体的含水量一般应低于10%，越低越好。稀释剂是指与高浓度组分混合以降低其浓度的可饲物质。常用的有熟大豆粉、胚玉米粉、磷酸氢钙、膨润土、贝壳粉、石灰石粉等。一般要求稀释剂的粒度在200～30目，形状和大小比较整齐一致。通常当预混料中添加剂原料的容量差别很大时，则应考虑选用稀释剂。必须注意，当添加剂原料在预混料中占的比例很高时，容易产生明显的分离作用，需要同时采取其他适当措施。

（3）搅拌均匀　由于饲料添加剂添加到日粮中的量很微小，使用时一定要注意搅拌均匀。当把微量的添加剂直接混合于大量的饲料中往往不能达到均匀的程度，会影响动物的有效利用。应先将添加剂混于少量的饲料中，逐级扩大，搅拌均匀。即先进行预混合，然后再把预混料充分拌于一定量的饲料中。

（4）防止引起中毒　目前给畜禽规定的各种饲料添加剂的添加量都是大致的需要量，若超过需要量过多，就可能引起中毒，产生生理障碍。所以在添加时一定要看准、称准。

（5）配伍、禁忌　使用饲料添加剂应注意它们之间的协同与对抗关系。比如说矿物质添加剂最好不与维生素添加剂配在一起，因为它会使一些维生素氧化。因此，了解它们之间的配伍与禁忌十分重要。

（6）保存　饲料添加剂应保存在干燥、低温和避光处，以免氧化、受潮而失效，尤其是维生素。

总之，各类饲料添加剂的选用不仅要符合安全、经济和使用方便的要求，在使用前还应考虑添加剂的效价（质量）和有效期，而且，还必须注意其限用、禁用、用量、用法与配伍、禁忌等具体规定，做到心中有数。

6. 饲料和饲料添加剂的管理　饲料和饲料添加剂管理应严格按中华人民共和国国务院于 1999 年 5 月 18 日发布并实施的《饲料和饲料添加剂管理条例》执行。药物饲料添加剂的管理，依照《兽药管理条例》的规定执行。凡计划从事饲料和饲料添加剂经营和生产的企业必须按此条例所规定的要求操作，凡违背者将给予必要的处罚。

条例同时解释了营养性饲料添加剂、一般饲料添加剂和药物饲料添加剂的含义。营养性饲料添加剂，是指用于补充饲料营养成分的少量或者微量物质，包括饲料级氨基酸、维生素、矿物质微量元素、酶制剂、非蛋白氮等。一般饲料添加剂，是指为保证或者改善饲料品质、提高饲料利用率而掺入饲料中的少量或者微量物质。药物饲料添加剂，是指为预防、治疗动物疾病而掺入载体或者稀释剂的兽药的预混物，包括抗球虫药类、驱虫剂类、抑菌促生长类等。

（三）无公害鸭绿色安全生产的饲料原料质量要求

1. 饲料原料的质量管理

（1）严格按规定挑选原料产地、稳定原料购买地　饲料企业原料采购人员，除应对国内外饲料原料的价格充分了解外，还应对企业所用的各种原料的产地环境质量情况了如指掌，一旦将原料产地确定后，除非遇到价格的过大波动，否则应长期稳定原料购买地。这样能充分保证原料的清洁卫生。

（2）实行原料质检一票否决制　为了及时检测原料质量，饲料厂家应建立化验室，除常规分析仪器外，更重要的是要配置显微检测仪器和有毒成分检测仪器。在初步确定原料产地后，购前应首先抽取产地的原料进行质检，尤其是对有毒有害物质的检查，然后按照质检情况来确定是否在该地购买此批原料。在确定原料购买后，应以质定价，签订质量指标明确的合同。在原料进库前，应对原料进行认真的质量指标检验，对不合格的原料，坚决实行质检一票否决制。

2. 原料检测方法及质量控制

（1）样本采集　对于自检或送检的样本，应严格按照采样的要求，抽取平均样本。

（2）水分的控制　对自检或送检的样本，应严格按照入库前水分含量不高于12％～12.5％（南方）。如果原料水量达14.5％以上，不但存放中容易发热霉变，而且会使粉碎效率降低。要求谷物类饲料原料的水分含量14％，每增加1％水分，其粉碎率可降低6％。

（3）杂质程度的控制　饲料原料中杂质最多不超过2%，其中矿物质不能超过1%。

（4）霉变程度的控制　饲料原料中可以滋长的霉菌有80种以上，其中黄曲霉素对于家禽和幼龄家畜的危害更为严重。干饲料中黄曲霉素的允许量，多数国家规定为5.0×10^{-10}。一般认为，在饲料中含量达400毫克/千克以上时，畜禽会发生中毒。因此，对贮存时间长久，已有轻微异味或结块的原料，应按要求采样，有关部门检测后，酌情处理。

（5）注意其他有害成分　例如，棉籽饼中的游离棉酚含量，菜籽饼中的硫葡萄糖甙及其分解产物——异硫氰酸盐和恶唑烷硫酮的含量，大豆饼中的脲酶活性。此三饼在采购过程中千万要注意有毒成分的含量。对于矿物质饲料或工业下脚料要测定其中汞（<0.1毫克/千克）、铅（<10毫克/千克）、砷（<2毫克/千克）、氟（<150毫克/千克）的含量。另外，注意鱼粉掺假掺杂，要进行显微检测。

3. 几种主要饲料原料的质量指标

（1）饲料用玉米　饲料用玉米质量应按国家标准（GB/T 17890—1999）执行。该标准规定了饲料用玉米的定义、要求、抽样、检验方法、检验规则及包装、运输、贮存要求。标准适用于收购、贮存、运输、加工、销售的商品饲料用玉米。

饲料用玉米按容重、粗蛋白质、不完善粒、杂质分等级。容重是指粮食籽粒在单位容积内的质量，以克/升表示；粗蛋白质以原料中化验的氮量乘以6.25；不完善粒是指受到损伤但尚有使用价值的颗粒，包括下列几种。虫蚀粒：被虫蛀蚀，伤及胚或胚乳的颗粒；病斑粒：粒面带有病斑，伤及胚或胚乳的颗粒；破损粒：籽粒破损达本颗粒体积1/5（含）以上的颗粒；生芽粒：芽或幼根突破表皮的颗粒；生霉粒：粒面生霉的颗粒；热损伤粒：受热后外表或胚显著变色和损伤的颗粒。杂质是指能通过直径3.0毫米圆孔筛的物质，无饲用价值的物质，玉米以外的其他物质。其质量指标见表 5 - 2。卫生检验和植物检疫按照国家有关标准和规定执行；抽样方式、色泽、气味、容重、不完善粒、杂质测定、检验规则、包装、运输和贮存等均按 GB - 1353 执行。

表 5 - 2　饲料用玉米质量指标

等级	容重（克/升）	粗蛋白质（干基）（%）	不完善粒（%）		水分（%）	杂质（%）	色泽气味
			总量	其中生霉粒			
1	≥710	≥10.0	≤5.0	≤2.0	≤14.0	≤1.0	正常
2	≥685	≥9.0	≤6.5				
3	≥660	≥8.0	≤8.0				

（2）**鱼粉**　鱼粉按（SC/T 3501—1996）执行。该标准规定了鱼粉的要求、抽样、试验方法、标志、包装等内容。标准适用于以鱼、虾、蟹类等水产动物及其加工的废弃物为原料，经干法（蒸干、脱脂、粉碎）或湿法（蒸煮、压榨、烘干、粉碎）制成的饲料用鱼粉。鱼粉生产所使用的原料只能是鱼、虾、蟹类等水产动物及其加工的废弃物，不得使用受到石油、农药、有害金属或其他化合物污染的原料加工鱼粉。必要时，原料应进行分拣，并去除沙石、草木、金属等杂物。原料应保持新鲜并及时加工处理，避免腐败变质。已经腐败变质的原料不应再加工成鱼粉。

①感官指标　将样品放置在白瓷盘内，在非直射日光充足处，检查鱼粉色泽、组织和气味。其感官指标见表 5 - 3。

表 5 - 3　鱼粉感官指标

项目	特级品	一级品	二级品	三级品
色　泽	黄棕色、黄褐色等鱼粉正常颜色			
组　织	膨松、纤维状组织明显，无结块、无霉变	较膨松、纤维状组织较明显、无结块、无霉变	松软粉状物，无结块、无霉变	
气　味	有鱼香味，无焦灼味和油脂酸败味		具有鱼粉正常气味，无异臭，无焦灼味	

②理化指标　鱼粉的理化指标见表 5 - 4。

表 5-4　鱼粉理化指标

项　目	特级品	一级品	二级品	三级品
粉碎粒度	至少 98%能通过筛孔为 2.80 毫米的标准筛			
粗蛋白质,%	≥60	≥55	≥50	≥45
粗脂肪,%	≤10	≤10	≤12	≤12
水分,%	≤10	≤10	≤10	≤12
盐分,%	≤2	≤3	≤3	≤4
灰分,%	≤15	≤20	≤25	≤25
砂分,%	≤2	≤3	≤3	≤4

鱼粉中不允许添加非鱼粉原料的含氮物质，诸如植物油饼粕、皮革粉、羽毛粉、尿素、血粉等。亦不允许添加加工鱼露后的废渣。鱼粉的卫生指标应符合 GB13078 的规定，鱼粉中不得有寄生虫，寄生虫的检验在解剖显微镜下观察平摊在白瓷板上的鱼粉中是否虫寄生（螨虫）。鱼粉中金属铬（以 6 价铬计）允许量小于 10 毫克/千克。鱼粉酸价作为非强制性指标，在用户或检验机构提出要求时才进行检验，沙门氏菌的检验按 GB13091 的规定执行。

③抽样要求　以最后一道工序均匀混合一起后装袋的鱼粉成品为一检验批。批量在 1 吨以下时，按其袋数的 1/2 抽取样品。批量在 1 吨以上时，抽样袋数不少于 20 袋，沿堆积立面以 X 形或 W 形对各袋抽取。产品未堆垛时应在各部位随机抽取。样品抽取时一般应用钢管或铜管制成的槽形取样品，每批鱼粉取出的样品不少于 500 克。

由各袋取出的样品应充分混匀立即装入棕色磨口瓶或复合薄膜塑料袋中密封待用。样品袋或瓶上应标明产品名称、批号、取样日期、取样人等有关内容，必要时应做取样时的天气、气温及仓储情况的记录。

④产品等级的判定规则　评定为某一等级的鱼粉时，其各项指标检验结果均须符合该标准该等级的要求，理化指标中的各极限数值采用修约值比较法。有一项不符合三级品的要求（对酸价

有要求时应包括酸价）或添加非鱼粉原料物质的鱼粉均判为不合格品。

⑤产品包装、运输、贮存　鱼粉应以塑料编织袋或麻袋包装，缝口牢固无鱼粉漏出。不得使用装过煤炭、石灰、化学物品等易污染物后未经清理的运输工具装运鱼粉。运输时应堆放整齐，有通风，防日晒、雨淋等措施。鱼粉应在干燥、洁净、通风的仓库内存放，堆放时应离开墙壁 20 厘米，底面应有垫板与地面隔开。

⑥鱼粉内掺加尿素含量的测定方法　利用在乙醇和酸性条件下，尿素与对二甲氨基苯醛（DMAB）反应，生成黄色的物质，在 420 纳米波长下有最大吸收，且吸光度与尿素的浓度成线性关系。通过查标准曲线，计算试样中的尿素含量。

（3）饲料用大豆粕　饲料用大豆粕是指以大豆为原料以预压—浸提或浸提法取油后所得饲料用大豆粕。它的感官性状应呈浅黄褐色或淡黄色不规则的碎片状，色泽一致，无发酵、霉变、结块、虫蛀及异味异嗅。水分含量不得超过 13.0%；不得掺入饲料用大豆粕以外的物质。饲料用大豆粕的脲酶活性不得超过 0.4（脲酶活性定义为在 30±5℃和 pH7 的条件下，每分钟每克大豆粕分解尿素所释放的氨态氮的毫克数）。

饲料用大豆粕的包装、运输和储存，必须符合保质、保量、运输安全和分类，分级储存的要求，严防污染。

二、无公害鸭绿色安全生产的饲料生产

在无公害鸭绿色安全生产中，从雏鸭、仔鸭到产蛋鸭（种鸭）都必须饲喂适宜于它们生长发育或产蛋所需的饲料，即这些饲料必须具有与鸭的生长或产蛋有关的各种营养素，使鸭在各生产阶段都不会发生营养素的缺乏，保证鸭在健康、正常下生活，在充足的营养条件下最大限度的发挥鸭的生产性能。要做到这一

点必须首先了解鸭在各生长阶段与产蛋阶段需要哪些营养素，这些营养素在鸭体内的生理作用和不足时会产生的哪些缺乏症；各类饲料原料中含有哪些营养物质、含量如何，是否含有有毒有害物质，使用各类原料时应注意哪些问题；这些饲料原料在鸭的日粮中使用范围、如何搭配，生产鸭配合日粮时需要注意哪些问题。饲养者如能充分掌握这些因素，那么无论采购饲料或自身配制饲料时就能把握住饲料质量关，为无公害鸭绿色安全生产创造必要的条件。

（一）无公害鸭绿色安全生产的营养需要

无公害鸭绿色安全生产的目的是通过给鸭提供营养平衡、清洁卫生、量足质优的饲料，在无公害生产条件下，生产出无公害的鸭产品。因而给鸭提供的饲料不仅要清洁安全，还要营养平衡，即饲料中含有充足的保证鸭生产和生活所需的各种营养物质。鸭饲料的营养物质主要有：水分、蛋白质、碳水化合物、脂肪、矿物质和维生素。这些营养物质对鸭维持生命活力、生长发育、产蛋和长肉各有不同的重要作用。

1. 能量　鸭的一切生理活动过程都需要消耗能量。鸭所需的能量主要来自于饲料中的碳水化合物和脂肪，少量来自脱氨后的蛋白质。

碳水化合物分为两大部分：一是可以消化的淀粉和糖类，也称无氮浸出物；二是粗纤维。鸭消化纤维的能力低于家畜，因此，日粮中粗纤维的含量以4%～5%为宜，粗纤维过高则影响消化，降低鸭的生产性能。

脂肪可供给大量的能量，其产热量是等量碳水化合物的2.25倍。此外，脂肪是鸭体组织器官的重要成分，如神经、血液、肌肉、肝、脑、卵子和精子等都含有脂肪。而且，脂肪又是脂溶性维生素的溶剂，它能促进维生素A、D、E、K及胡萝卜素的吸收和利用。在各种脂肪中，特别是在植物性油脂中，含有一种不饱和脂肪酸，叫亚油酸，它是鸭生长发育不可缺少的营养成分。亚油酸不足时，雏鸭生长缓慢，易患脂肪肝和呼吸道病，种鸭产蛋量低，孵化率下降。

2. 蛋白质 蛋白质是鸭机体的重要组成部分，是其他营养物质所不能代替的。如果饲料中缺少蛋白质，会造成雏鸭生长缓慢，产蛋鸭体重逐渐下降、消瘦，产蛋率下降，蛋重降低甚至停止产蛋。同时，鸭的抗病力降低，影响鸭的健康，会继发各种传染病，甚至引起死亡。

蛋白质是一种复杂的有机化合物，鸭对饲料中蛋白质的需要实际上是对蛋白质中的氨基酸需要。氨基酸是蛋白质的基本成分，蛋白质的品质由氨基酸的种类和数量决定，目前已知的饲料中氨基酸种类有 22 种。有些氨基酸，鸭体内可合成，或需要量较少，不需由饲料供给，亦能保证鸭体所需，这类氨基酸称为非必需氨基酸。而有些氨基酸鸭体内不能合成，或虽能合成，但合成的速度缓慢，不能满足鸭体所需，需由饲料来供给，这类氨基酸称为必需氨基酸。必需氨基酸有 13 种，即赖氨酸、蛋氨酸、色氨酸、组氨酸、苏氨酸、精氨酸、异亮氨酸、亮氨酸、苯丙氨酸、缬氨酸、胱氨酸、酪氨酸和甘氨酸。质量好的蛋白质不仅含有各种必需氨基酸，而且配合比例也较恰当。动物性蛋白质的氨基酸组成比较完善，尤其是赖氨酸、蛋氨酸的含量高；植物性蛋白质所含的必需氨基酸种类少，尤其是蛋氨酸、赖氨酸常常达不到鸭所需的数量，而使蛋白质的营养受到限制。为了有效地利用蛋白质饲料，在配合鸭的日粮时，可采用多种饲料搭配方法，将动物性饲料与植物性饲料配合使用，使饲料中氨基酸达到平衡，以提高饲料的利用率。

3. 水分 水是鸭体及鸭蛋的主要成分，是血液、细胞间和细胞内液的基本物质，水分参与鸭生理活动的全过程。鸭体内营养物质的分解、输送和吸收、废物的排除、体温的调节等都依赖水分的作用。鸭如果饮水量不足，会导致食欲下降，饲料的消化率和吸收率降低，肉鸭生长缓慢，蛋鸭产蛋量减少，严重时可引起死亡。各种饲料虽然都含有不同程度的水分，但远不能满足鸭体的需要，所以必须经常给鸭提供充足的饮用水。

4. 维生素　维生素的功能是调节新陈代谢过程，它与酶的活性有密切关系，鸭对维生素的需要量虽少，但维生素对维持鸭的各项机能均有重大影响。鸭所需的维生素有13种，根据其特性，可分为脂溶性和水溶性两类。脂溶性维生素有A、D、E、K。水溶性维生素有B_1、B_2、泛酸、烟酸、B_6、胆碱、生物素、叶酸、B_{12}。鸭日粮中可不必提供维生素C，因为鸭体内能自行合成。目前所用的各种饲料原料，除青饲料外，所含维生素不能满足鸭的需要，所以在饲料中要使用维生素添加剂来补充维生素的不足。

（1）维生素A　维生素A能保持黏膜的正常功能，促进鸭的生长发育，保持眼黏膜和视力健康，增加对疾病的抵抗力，提高产蛋率、孵化率。缺乏时，鸭的生长发育将停滞，抗病力下降，并导致眼病；种鸭体质弱，成活率低。维生素A存在于动物性饲料中，鱼肝油中维生素A含量很高，常用做维生素A的补充剂。青绿饲料中含有丰富的胡萝卜素，在体内胡萝卜酸的作用下，也能转化成维生素A。

（2）维生素D　维生素D与鸭体内的钙、磷代谢有关，能帮助钙、磷的吸收，促进骨骼的形成与生长。缺乏时，骨组织形成受阻，雏鸭出现生长发育不良，两腿无力，嘴、脚及骨质变软，导致佝偻病；种鸭产薄壳蛋、软壳蛋及畸形蛋，产蛋减少，孵化率降低。维生素D有维生素D_2和维生素D_3两种，维生素D_3的效能比维生素D_2高40倍。维生素D在鱼肝油中含量最多，青饲料中的麦角固醇，鸭的皮肤和羽毛中的7-脱氢胆固醇在阳光中紫外线作用下，分别转化为维生素D_2和维生素D_3。

（3）维生素E　维生素E有助于维持生殖器官的正常机能和肌肉的正常代谢作用。维生素E又是一种有效的体内抗氧化剂，对鸭的消化道及机体组织中的维生素 A 具有保护作用。缺乏时，雏鸭生长缓慢，肌肉萎缩，种鸭产蛋率和受精率下降。维生素 E 在籽实饲料的胚芽中含量丰富，青饲料含量也比较多。

（4）维生素 K　维生素 K 是鸭维持正常凝血所必须的一种成分。缺乏时，鸭子凝血时间延长，导致贫血症。维生素 K 有 4 种：K_1 在青饲料、大豆和动物肝脏中含量丰富；K_2 可在鸭肠道内合成；K_3 和 K_4 是人工合成，作为补充维生素 K 的添加剂使用。

（5）维生素 B_1（硫胺素）　维生素 B_1 是鸭体内碳水化合物代谢所必须的物质。缺乏时，正常神经机能受到影响，食欲减退，羽毛松乱、无光泽，体重减轻；严重时腿、翅、颈发生痉挛，头向后极度弯曲呈“望星状”、瘫痪、倒地不起。维生素 B_1 在糠麸、青饲料、胚芽、草粉、豆类、发酵饲料和酵母粉中含量丰富。

（6）维生素 B_2（核黄素）　维生素 B_2 对鸭体内氧化还原，调节细胞呼吸起重要作用。鸭没有合成核黄素能力，如果饲料中缺乏，雏鸭生长缓慢，腿部瘫痪，行走困难，皮肤干而粗糙，种鸭产蛋量减少，种蛋孵化率降低。植物性饲料中以豆科饲料及其草粉、大麦、麸皮、米糠、豆饼和酵母粉中含维生素 B_2 较多。动物性饲料中以鱼粉和血粉中含量较多。

（7）泛酸　泛酸是辅酶 A 的组成部分与碳水化合物、脂肪和蛋白质代谢有关。缺乏时，雏鸭生长缓慢，羽毛粗糙，发生皮炎，嘴角及眼睑周围结痂，种鸭产蛋率和孵化率降低。但玉米中含量很低。

（8）烟酸　烟酸对鸭机体内碳水化合物、脂肪和蛋白质代谢起重要作用，并有助于产生色氨酸。缺乏时，鸭子食欲减退，羽毛松乱缺乏光泽，并有下痢现象。烟酸在谷物饲料中含量较多，在动物性副产品中含量也较丰富。

（9）维生素 B_6　维生素 B_6 与体内蛋白质代谢有关。缺乏时，雏鸭生长停滞、皮肤发炎，羽毛粗糙，种蛋孵化率下降。糠麸、苜蓿、干草粉和酵母内含量丰富。

(10) 胆碱　胆碱为蛋氨酸等合成甲基的来源，有调节脂肪代谢作用。缺乏时，雏鸭生长缓慢，易形成脂肪肝，种鸭产蛋量下降。鱼粉、饲料酵母和豆饼等胆碱含量丰富，米糠、麸皮、小麦等胆碱的含量也较多。

(11) 叶酸　叶酸对羽毛生长有促进作用，与维生素 B_{12} 共同参与核酸代谢和核蛋白的形成。缺乏时，雏鸭生长缓慢。羽毛生长不良、贫血、骨粗短。叶酸在动植物饲料中含量都较为丰富。

(12) 生物素　生物素参与脂肪和蛋白质的代谢。缺乏时，鸭易患皮肤炎、骨骼畸形。一般饲料中生物素的含量都比较丰富。

(13) 维生素 C　维生素 C 与细胞间质、骨胶原的形成和保持有关。鸭体内具有合成维生素 C 的能力，一般情况不会缺乏。当鸭处于应激状态时增加维生素 C 的用量，有助于增强鸭子的抵抗力。

5. 矿物质　矿物质在饲料中以有机盐或无机盐类的形式存在。根据各种矿物质在体内含量多少不同，可分为常量元素和微量元素两大类。如钙、磷、钠、氯、硫、镁、钾等占鸭体重0.01%以上的称常量元素；而铁、铜、锌、锰、碘、硒、钴等占鸭体重0.01%以下的称为微量元素。

(1) 钙　钙是骨骼和蛋壳的主要成分。它对于凝血及与钠、钾一起保持酸碱平衡和维持正常的心脏机能很重要，钙还有调节神经和肌肉功能。缺乏时，雏鸭易患软骨病，种鸭或蛋鸭的产蛋量减少，蛋壳变薄、产软壳蛋。但钙过多也会影响雏鸭生长和锰、锌的吸收。钙在一般谷物、糠麸中含量很少，要注意补充。

(2) 磷　磷能促进骨骼形成，在碳水化合物和脂肪代谢中起重要作用，并参与细胞重要成分的组成和维持机体酸碱平衡。缺乏时，鸭食欲减退，生长缓慢，地面饲养的鸭易出现啄泥，严重时关节硬化。谷物籽实、饼类，特别是糠麸中含磷较多，而豆科植物、青饲料和粗饲料等含钙多于磷。

钙和磷有密切关系，两者必须按适当比例才能被吸收、利用。所以在补充和满足钙、磷需要的同时，要注意钙、磷比例。一般情况下，雏鸭饲料中的钙、磷比为1.5∶1～1.8∶1，产蛋鸭饲料中的钙、磷比为4.5∶1～5.5∶1为宜。

(3) 氯和钠　氯和钠通常以食盐的方式供给，具有维持鸭机体内的水分代谢和渗透压平衡，刺激食欲，提高饲料适口性等作用。缺乏时，鸭消化不良、食欲减退，生长缓慢，容易出现啄肛、啄只；产蛋鸭体重、蛋重减轻，产蛋率下降。日粮中补充食盐时，要考虑鱼粉的含盐量，在沿海地区饲养的鸭子还要考虑饮用水中的含盐量，鸭食盐量过多时，易引起食盐中毒。

(4) 锰　锰是鸭生长、繁殖和防止脱腱症所必需的微量元素。缺乏时，鸭腿骨粗薄，孵化率降低。米糠、豆类、胚芽中含有锰。但鸭日粮中必须添加锰。

(5) 铁　铁参与血红蛋白形成，是各种氧化酶的组成物质，与血液中氧的运输和细胞生物氧化过程有关。缺乏时，发生营养性贫血。过量时，采食减少、体重下降，影响磷的吸收。铁主要来源于谷物类、豆类、鱼粉、含铁化合物。

(6) 铜　铜是酶的组成成分，参与多种酶的活动，能促进铁的吸收和血红蛋白的形成。缺乏时，引起贫血、肌质疏松和生长不良。过量时，发育不良，出现溶血症。铜主要来源于含铜化合物，一般饲料中含量不多。

(7) 锌　锌有助于锰、铜的吸收，参与酶系统的作用，与骨骼、羽毛的生长发育有关。缺乏时，雏鸭采食量减少，生长迟缓，羽毛生长不良，蛋壳变薄，甚至产软壳蛋。过量时会引起产蛋的停止。锌主要来源是含锌化合物、动物性饲料、饼粕及糠麸。

(8) 碘　碘是酶的活性元素，能维持甲状腺的正常功能。缺碘时，甲状腺肿大，体重下降，胚胎后期死亡。碘主要来源于海产物和碘化合物。

(9) 硒　硒与维生素 E 互相协调，是谷胱甘肽氧化酶的组成成分，是蛋氨酸转化为半胱氨酸所必需的元素，有防止肌肉萎缩与渗出性素质病及提高种蛋的受精率和孵化率等作用。

(10) 钴　钴是维生素 B_{12} 的重要原料。缺乏时，不仅会影响鸭体内肠道微生物对维生素 B_{12} 的合成，而且会引起鸭子生长迟缓和恶性贫血，易发生骨短粗症。

(二) 无公害鸭绿色安全生产的饲料原料种类

1. 能量饲料　凡干物质中含粗蛋白低于 20%，粗纤维不足 18%的饲料属于能量饲料，主要包括谷物类籽实及其加工副产品，块根、块茎类及其加工副产品。能量饲料是鸭日粮中用量最多的饲料，是能量的主要来源。

(1) 玉米　玉米含有大量优质淀粉，代谢能高达 13.59～14.21 兆焦/千克，适口性好、易于消化，是主要的饲用谷物。白色玉米和黄色玉米的粗蛋白质及能量价值无大差异，但黄色玉米含胡萝卜素较多，可作为维生素 A 的部分来源，还含有叶黄素，可使鸭的皮肤、蹠部和卵黄呈现黄色。普通玉米含赖氨酸、色氨酸和蛋氨酸不足，而且矿物质含量也较少。目前已有高赖氨酸玉米供应。在配合饲料中玉米的需要量根据日粮能量水平而定，在一般情况下，玉米的用量占日粮的 30%～65%。

(2) 小麦　小麦富含淀粉，且易消化，能量仅次于玉米，含粗蛋白 13%左右，其氨基酸组成比玉米、大米的蛋白质好。缺点是缺乏维生素 A、维生素 D，无机盐少，黏性大。在鸭的配合饲料中小麦的用量，以配合饲料的类型而定，一般用量为10%～30%，超过 15%的用量时，一般均使用有针对性的酶制剂。

(3) 大麦　大麦的能量价值比玉米和小麦低，代谢能只有约 11.29 兆焦/千克，重要原因是有一层粗纤维含量达 8%的种子外壳。带有种子外壳的大麦，适口性差，在鸭的配合饲料中用量不宜多用。

(4) 高粱　高粱籽实的营养成分含量与玉米相近。但高粱所含能量及氨基酸的可利用率与其单宁酸的含量呈负相关。高粱带涩味，适口性较差。

(5) 稻谷、糙米、碎米　稻谷有粗硬的种子外壳，粗纤维含量高达9%，代谢能约为10.87兆焦/千克，粗蛋白为7.3%～8.3%。稻谷去壳后为糙米，糙米碾磨成白米及筛出的碎米，粗纤维含量减少到1%左右，代谢能提高到约13.96兆焦/千克。糙米、碎米对鸭的营养价值和玉米相近，在盛产稻谷的地区，可用糙米、碎米代替部分玉米。

(6) 米糠　米糠是稻谷加工副产品的总称。统糠是稻谷直接碾成白米时分离出来的谷壳、种壳、糊粉层和胚的混合物。因混有谷壳，粗纤维含量达21.7%，粗蛋白5%～6%，粗灰分14.3%。

精米糠也叫细糠，是糙米加工成白米时碾磨出来的。其营养价值依糙米碾磨程度而异，加工白米越白，则糠中胚乳物质越多，能量越高。每100千克糙米可产精米糠量约为6～8千克。精米糠含粗蛋白11.5%～12%，粗脂肪12%～15%，粗纤维8%～9%，代谢能11.7兆焦/千克左右，因其所含脂肪多且多属不饱和脂肪酸，故易氧化酸败，不能长久贮存。脱脂米糠叫糠饼，糠饼脂肪含量降低，能量价值随之减少，蛋白质含量提高，糠饼能长期贮存。

(7) 小麦麸　小麦麸是面粉生产过程中的副产品，营养价值由加工要求而定。其粗纤维含量较高，因而能量较低，代谢能一般为7.11～7.94兆焦/千克，粗蛋白含量约13.5%～15.5%，且富含B族维生素。小麦麸质轻，单位重量容积大，又有轻泻性，故在饲料中配合量以在10%以下为好。

(8) 甘薯粉　甘薯粉是由甘薯块根经切片、晒干、粉碎而成，富含淀粉，粗纤维和粗蛋白质含量均较低。一般风干样含水11%，粗蛋白质3.8%，代谢能11.70兆焦/千克。广大农村习惯用鲜甘薯切碎或煮熟喂饲鸭子，但在现代配合饲料中以甘薯粉为原料的饲养效果报道尚属少见。从甘薯粉所含能量和蛋白质考虑，它可作为能量来源的一部分，但需搭配较多的蛋白质补充料。

(9) 木薯粉　木薯粉的营养价值和甘薯粉相近，也是一种高淀粉饲料，代谢能约11.70兆焦/千克，粗蛋白和粗脂肪含量低，分别为3.8%和0.2%。

2. 植物性蛋白质饲料

(1) 大豆饼粕　大豆饼粕一般含粗蛋白质40%～45%，压榨法生产的最低，浸法最高，预压浸出粕法居中，去皮大豆粕的粗蛋白质含量达47%～48%；大豆饼粕含赖氨酸较多，缺点是蛋白质组成中含蛋氨酸少。粗脂肪含量为1.5%～6%，压榨法生产的含脂肪较多，能量较高，贮藏中脂肪易氧化变质；可溶性无氮物28%～37%，粗纤维7%；粗灰分5%～6%，但钙、磷含量少；在配合饲养中的添加量可在10%～30%。

(2) 菜籽饼　菜饼一般粗蛋白质34%～40%，其蛋白质的氨基酸组成中含硫氨基酸较多，赖氨酸略低。粗脂肪含量，浸出粕仅为1%～2%，机榨饼高达8%～10%。粗纤维8%～14%，主要来自荚壳成分。菜籽饼含有毒物质黑芥素与白芥素，须加热至100℃，才能破坏这类毒素。其纤维较多，适口性差，用量不宜超过日粮的3%～8%，在蛋鸭饲料中喂量不要超过3%；在种鸭饲料中最好不用菜籽饼，要用也必须去毒后用，因为菜籽饼使用过多，会引起鸭的肝脏萎缩和甲状腺肿大。在使用菜籽饼进行配合饲料时，如能和豆饼粕结合或与鱼粉结合，则可弥补菜籽饼中赖氨酸不足的缺陷；如能在饲料中同时加入去毒剂，则更能发挥菜籽饼的营养价值。

(3) 棉仁饼（棉籽饼）　棉仁饼（棉籽饼）中含粗蛋白质

33%～42%、蛋白质中必需氨基酸含量仅次于大豆饼，与豆饼相比蛋氨酸、酸赖氨酸少，粗脂肪4%～9%，粗纤维10%～14%，灰分6%；矿物质中磷多、钙少。因棉仁饼（棉籽饼）中含有有毒物质棉酚，因而人们过去常常在配合鸭日粮时不愿使用，实际上在鸭的配合饲料中，只要在添加量上适当控制，或在棉籽饼中加入0.5%硫酸亚铁，可减少棉酚对鸭的毒害作用，采用一些去毒措施，则完全可使用量加到8%内，但在种鸭上使用时必须适当控制用量。

（4）花生饼　花生饼因带壳与否而使其粗纤维大不一样，部分带壳含粗纤维15%～17%，而去壳花生饼仅4%～7%。一般脱壳花生饼含粗蛋白质45%。无机物中钙、磷含量很少。在保管中由于花生饼含水分高，而易染上黄曲霉并产生毒素，使畜禽发生中毒，其毒素经蒸煮也不能去掉，如果贮藏中不变质则几乎不存在毒害问题。去壳花生饼与豆饼一样可作为鸭的优良蛋白质饲料。所以，高温季节不宜长期贮存，最好尽快用掉。鸭很爱吃花生饼，但不可多喂，以免体脂肪变软，喂量应限在10%～15%。花生饼中缺赖氨酸、蛋氨酸和色氨酸，喂鸭时最好与含赖氨酸和蛋氨酸较多的饲料搭配，将大大提高饲料转化率。

（5）亚麻仁饼　压榨法生产的饼呈黑褐色，在鸭饲料中可添加少量。因籽实中存在少量的亚麻苦苷，在体内生成氰酸而有毒害作用，还有抗维生素B_6因子等，这些往往在加工中用高温处理时可去毒。亚麻籽饼含粗蛋白质（机榨）35.9%、含蛋氨酸和色氨酸较多，其他氨基酸均少；无氮浸出物35.6%、粗脂肪5.1%、粗纤维8%～10%，粗灰分5.6%。用其喂鸭时，最好和动物性蛋白饲料合用，因补足了缺乏的必须氨基酸而大大提高饲喂效果，降低饲料成本。

（6）胡麻饼　胡麻饼的蛋白质含量达30%～40%，其蛋氨酸含量较多、赖氨酸较少；无氮物33%～42%，粗脂肪5%～8%、粗纤维12%左右。矿物质中钙、磷都较多。但胡麻饼粕在加工过程中不宜过分加热，因为不耐热硫胺素等维生素和胱、赖、精氨酸等易受损失而降低营养价值。胡麻饼喂畜禽时，要与含赖氨酸多的饲料搭配，配量不能太多，以免体脂软化。

（7）向日葵饼 脱壳榨油的葵饼含粗纤维少，蛋白质含量与豆饼相似，鸭可以充分利用；带壳饼粗纤维极多。

3. 动物性蛋白质饲料 在进行无公害鸭绿色安全生产中，对养鸭中所用的动物性蛋白质饲料要特别加以注意，不可选购价格低、品质差的动物性蛋白质饲料。尤其要防止动物性蛋白质饲料原料中的大肠杆菌及沙门氏菌含量超标。

（1）鱼粉 鱼粉是一种很好的蛋白质饲料。优质的鱼粉，蛋白质含量在50%以上，氨基酸的种类和比例与鸭子生长所需要的相似，尤其是赖氨酸和蛋氨酸比植物性蛋白质饲料高得多。此外鱼粉中钙、磷含量较多，比例良好，且富含维生素 B_{12} 及其他B族维生素。鱼粉有淡鱼粉和咸鱼粉，淡鱼粉质量好、含盐少；咸鱼粉质量相对较差、含盐多。鱼粉用量除应考虑蛋白质含量外，还应考虑盐含量，否则用含盐量过多的鱼粉就会造成食盐中毒。

（2）肉骨粉、血粉 经高温、高压处理的肉骨粉含有50%以上的优质蛋白质。血粉含蛋白质达79%以上，其中赖氨酸含量较多，也含有少量的矿物质，但适口性较差，一般用量不超过5%，否则影响食欲，还可能引起腹泻。

（3）羽毛粉 含有大量角质蛋白，一般含量80%～85%，但较难消化吸收，消化率只有30%～50%。羽毛粉中赖氨酸和蛋氨酸的含量少，适口性又差，用量一般不超过5%。

（4）河蚌、螺蛳、蚕蛹、蚯蚓、小鱼 这些均可作蛋白质饲料利用。但喂前应蒸煮消毒，防止腐败。蚕蛹喂多会影响肉质。有些软体动物如蚬肉中含有硫胺酶，能破坏维生素 B_1。鸭吃大量的蚬，所产蛋中维生素 B_1 缺少，死胎多，孵化率低，雏鸭易患多发性神经炎，俗称“蚬瘟”。

4. 矿物质饲料

(1) 贝壳粉、石灰粉、蛋壳粉　贝壳粉是最好的矿物质饲料，含钙多，并容易为鸭吸收。石灰石含钙量虽高、价格也便宜，但鸭对石灰石中钙的吸收率低，使用时还要注意石灰石中镁的含量不能过高。蛋壳经过煮和粉碎之后，也是很好的钙质饲料。用量应根据它们的钙含量来定。

(2) 骨粉、磷酸钙　它们是优质的磷、钙饲料。骨粉因调制方法不同，其品质差异很大，要注意选择，防止腐败，一般以蒸制的骨粉质量较好。磷酸钙或其他磷酸盐类也可供给磷的饲料。用量应根据它们的钙、磷含量而定。

(3) 食盐　食盐是供给钠和氯的饲料。植物性饲料缺钠和氯，必须经常以食盐补充，用量一般占日粮的0.3%～0.37%。饲料中若有鱼粉，应把鱼粉中的含盐量计算在内。

(4) 沙砾　沙砾并没有营养作用，但有助于鸭的肌胃碾磨能力，放牧的鸭随时可以吃到沙砾，而舍饲的鸭应加以补充。

5. 青绿多汁饲料　这类饲料有较多的维生素，对鸭的生长、产蛋、繁殖有良好的促进作用。喂时要注意质量。青菜，适口性好，来源丰富，用量可达10%～30%。胡萝卜，富含胡萝卜素，是维生素A的丰富来源。水草，是鸭的理想青饲料，对增强体质，提高产蛋率和孵化率有一定作用。某些干草粉、松针粉、槐叶粉等也可用作鸭的饲料。在进行无公害鸭绿色安全生产中，应注意使用的青绿饲料的质量，尤其是放牧时更要注意水草中寄生虫及有害微生物的含量。

（三）无公害鸭绿色安全生产饲料企业卫生规范

无公害鸭绿色安全生产饲料企业卫生规范应按照中华人民共和国行业标准（GB/T 16764—1997）执行。该标准适用于从事配合饲料及浓缩饲料的生产、加工、贮存、运输和营销的单位或个人。

1. 饲料原料采购、运输、贮存的卫生　采购的饲料原料应符合 GB—13078 中的有关规定；采购的饲料添加剂应符合饲料添加剂的有关质量标准，不应采购国家明令禁止不允许使用或不符合有关规定的饲料添加剂；采购的药物应按《中国兽药典》、《兽药管理条例》中的规定执行。

用于包装、盛放原料的包装袋和包装容器，必须无毒、干燥、洁净；运输工具应干燥、洁净，并有防雨、防污染措施。不得将原料与有毒、有害物品混装、混运；饲料原料及饲料添加剂应贮存在阴凉、通风、干燥、洁净，并有防虫、防鼠、防鸟设施的仓库内。同一仓库内的不同饲料原料应分别存放，并挂标识牌，避免混杂；饲料添加剂、药物应单独存放，并应挂明显的标识牌。饲料原料存放在室外场地时，场地必须高于地面，干燥，并且必须有防雨设施和防止霉烂变质措施。各类饲料原料及饲料添加剂应严格按照国家标准的要求贮存，不应与农药、化肥等非饲料和饲料产品贮存于同一场所。

2. 工厂设计与设施的卫生　工厂必须设置在无有害气体、烟雾、灰尘和其他污染源的地区。厂区应绿化。厂区主要道路及进入厂区的主干道应铺设适于车辆通行的硬质路面（沥青或混凝土路面）。路面平坦，无积水。厂区应有良好的排水系统。厂房与设施的设计要便于卫生管理，便于清洗、整理。要按配合饲料、浓缩饲料生产工艺合理布局。厂房内应有足够的加工场地和充足的光照，以保证生产正常运转。并应留有对设备进行日常维修、清理的进出口。厂房与设施应有防鼠、防鸟、防虫害的有效措施。原料仓库或存放地、生产车间、包装车间、成品仓库的地面应具有良好的防潮性能，应进行日常保洁。地面不应堆有垃圾、废弃物、废水及杂乱堆放的设备等物品。生产加工车间内工人操作区的粉尘浓度应不大于 10 毫克/米^3，排放大气的粉尘浓度不大于 150 毫克/米^3。生产加工车间和作业场所的工作地点的噪音标准为 85 分贝，每个工作日接触噪音时间不同，允许噪音标准见表 5-5。

表 5-5 每个工作日接触噪音时间（小时）与允许噪音量（分贝）

每个工作日接触噪音时间（小时）	8	4	2	1
允许噪音量（分贝）	85	88	91	94

注：最高不得超过 115 分贝

车间内必须具有通风、照明设施。工厂的建筑物及其他生产设施、生活设施的选址、设计与建造应满足饲料原料及成品有条理的接收和贮存，并在其加工过程中得以进行有控制的流通。

生产区应与生活区隔开。应设有与生产人数相适应的浴室、厕所。废弃物临时存放点应远离生产区。厂内的消防设施应完整良好。

3. 配合饲料包装卫生要求 贮存、运输包装（车、仓、罐、桶等）：必须符合坚固耐久的要求及重复使用的价值。销售包装：具有保障产品的安全和保护产品的作用。贮存、运输包装材料：大批量直接供应用户的散装料运输和贮存应选用金属罐等大容器为包装材料。小批量的观赏动物等的配合饲料，已有销售包装时，可选用硬质箱等为外包装材料。销售包装材料：选用的销售包装材料应符合保障产品的安全和保护产品的要求。若选用塑料编织依应符合 GB 8946 的要求。若选用复合编织依应符合 GB 8947 的要求。包装材料的卫生要求：一切包装材料都必须符合有关卫生标准和规定，不应带有任何污染源，并保证包装材料不应与产品发生任何物理和化学作用而损坏产品。包装标志必须符合 GB 10648 饲料标签的规定。

4. 贮存卫生要求 仓库：仓库应牢固安全，不漏雨、不潮湿，门窗齐全，能通风、能密闭。有防潮、防火、防爆、防虫、防鼠、防鸟设施。有一定空间，便于机械作业。库内不准堆放化肥、农药、易燃、易爆、易腐蚀、有毒有害等与配合饲料无关的物资。器具、仪器设备：配备清扫、运输、整理等仓用工具和材料。配备测温设备、测湿设备、通风设备及准确的衡器。配备抽样工具。散装立筒仓应配备除尘、清理设备。仓库内保持清洁卫生，所有物品放置有序。仓外 3 米内无垃圾、无杂草、无积水、器材、工具、检测用具、机械设备等应保持清洁无虫害。新建仓库在使用前应彻底清扫和密闭消毒，旧仓库要轮流清扫和消毒。入库配合饲料必须持有产品合格证。产品各项指标必须与本产品标签相符合。入库配合饲料不得带有活的害虫，或有毒有害物质。入库配合饲料须根据生产报表，核实其品种、规格、数量后验收，并做好入库记录，填写卡片，做到账目、卡片、实物三相符。配合饲料的贮存堆放应考虑安全，防止霉变。配合饲料仓库要有标牌。配合饲料堆垛要有标牌卡片，标明产品品种、规模、等级、生产日期、入库日期、入库数量、出库数量等。在配合饲料的贮存期间，应注意温、湿度的变化，定期进行抽样检测，并将检测结果登记入卡片。

5. 运输卫生要求　运输工具应干燥、清洁，无异味，无传染性病虫害，并有防雨、防潮、防污染设施。配合饲料不得与有毒、有害、易燃、易爆、有辐射等物品混装、混运。配合饲料的运输要随带装运清单。装运清单必须填清所运产品名称、规格型号、数量、目的地及接收单位（人）。标签必须随附包装上。

6. 卫生与质量检验管理　工厂必须设置与生产能力相适应的卫生质量检验机构，配备经专业培训、考核合格的检验人员。检验机构应设置检验室或化验室，并应具备检、化验工作所需要的仪器、设备。检化验室应按标准检验方法进行原料和产品检验，凡不符合标准的原料不准投产，不符合标准的产品一律不得出厂。计量仪器和设备必须定期校准，确保精度。各项原始记录保存 3 年，备查。

7. 厂区卫生管理　厂房通道及周围场地应保持清洁，不得堆放杂物。厕所、浴室等公共场所，应经常清扫，保持清洁。生产场地和其他工作场地的废弃物必须随时清除，并及时清理出厂，废弃物容器及其存放地应及时清洗。厂区周围应定期或在必要时进行除虫灭害，防止害虫孳生。工厂必须设置专用的危险品库，存放杀虫剂和一切有毒、有害物品，这些物品必须贴有醒目的有毒标记，并应制定各种危险品的使用规则。使用危险品须经专门部门批准，并有专门人员严格监督使用，严禁污染饲料。厂内禁止饲养家禽、家畜。禁止动物进入生产区。

（四）无公害鸭饲料生产时的注意事项

1. 正确选择饲养标准 在当前的养鸭生产中，要求在使用科学的饲料配方时，必须要考虑鸭的生产阶段和生产水平，并正确选择与之相适应的饲养标准。

2. 充分掌握各种原料的营养含量 最好在配制饲料前要对各种原料的营养含量进行实测，不能进行实测的，也要在充分了解原料的来源地后，正确的查出原料的各种营养素的含量。

3. 选用的饲料要求品质良好 存放过久的饲料，维生素严重失效，这种饲料养鸭时易发生营养缺乏症，因而不宜选用。同时也不要用已出现酸败、霉烂、变质的饲料。

4. 采用合理的加工设备和方法 在加工饲料时，由于受加工设备、环境条件及人员的影响，会出现加工出的饲料与要求不符合的现象。如果不考虑这个问题，长期使用在这种条件下生产出的饲料，将会使鸭产生营养缺乏症，给整个生产带来重大损失。

5. 慎重选择原料和和饲料 少用或慎用对鸭有不良影响的饲料原料和配合饲料。

6. 选用价廉易得的饲料 日粮的主要原料要因地制宜，来源丰富，尽可能发挥当地优势。也可用一部分甘薯、南瓜、马铃薯等代替一部分谷物类饲料，以求降低饲料成本。应尽量采用价廉和来源可靠、易得的饲料原料，以降低成本和保持配合饲料质量稳定。

7. 注意饲料的适口性 注意日粮的品质和适口性，忌用霉变或含有其他有害物质的原料配制日粮。影响饲料的适口性有两方面：一方面是饲料本身的原因，如高粱含有单宁，喂量过多会影响采食量。另一方面是加工造成的，如压制成颗粒料可提高适口性，而喂的粉料磨得过细，鸭吃起来发黏，会降低适口性。因此，粉料不可磨得太细，各种饲料的粒度应基本一致，以免鸭挑剔。

8. 尽量增加饲料的种类　在可能的条件下，日粮配合的饲料种类要尽可能多一些，以利营养物质的完善和平衡，提高饲料的营养价值和利用率。

9. 注意各种原料的配合比例　由于各种饲料原料的营养成分含量不一，所以在进行饲料配制时选择的原料种类一般越多越好。但每一种饲料原料在配合饲料中的配比均有一定的限量，因而在配制饲料时应注意各种原料的大致比例，各种原料的推荐配比见表 5－6 和表 5－7。

10. 注意饲料的水分　饲料如水分含量高，干物质即相对减少，为了使日粮的质量不受含水分高低的影响，应使饲料中的含水分在规定范围内。也可根据饲料样品含水量，按比例增加该饲料的数量。

11. 严格按照规定的比例配合　配制日粮时，必须严格进行计量或过秤，各种饲料务必准确地按照规定比例进行配合。

12. 应根据鸭的生理特点来选料　配合鸭日粮时，粗纤维含量不宜太高，对鸭来说，一般不应超过 5%，否则会降低饲料的消化率和营养价值。但也必须使配合的日粮中有一定的粗纤维量，一般在 4%左右。

13. 饲料必须搅拌均匀　鸭的配合饲料由多种单一饲料混合而成，有的种类数量非常微小，所以必须混合均匀，特别是微量元素与维生素，以及抗菌素等，必须先加辅料后再与其他饲料充分拌匀。

14. 保持饲料质量的稳定　要保持饲料质量的稳定，必须做到，饲料原料质量的稳定，饲料加工方法的合理，饲喂中所喂饲料的数量及质量的稳定。

15. 要正确认识饲料监测的重要性 饲料监测是要取得科学合理的饲料配方的第一手材料，也是鉴定产品是否合格的理论依据。因此，要正确运用饲料监测这一手段，解决饲料生产过程中存在的一些问题。首先对购进的原料要全部化验，得出所需要的实际数据，并与理论数据相比较，供设计配方时参考。因为同一种原料购自不同地区，所含营养是不同的。大多数饲料生产者采用的配方是依据营养价值分析表来计算各种原料的营养成分，这就造成很大差异；其次，原料存放时间过长也会影响其营养价值。所以对库存原料也要保持经常性监测。再有，对加工出的混合饲料要按期进行抽样化验，以便监察配方是否合理，设备是否运转正常，加工人员是否按要求操作等等。

（五）无公害鸭绿色安全生产的日粮配合

1. 日粮的配合与调整

（1）无公害鸭绿色安全生产的日粮配合原则 配合无公害鸭日粮有两方面的依据，一个是“理论”依据，即鸭的饲养标准、常用饲料营养成分表、各种饲料原料的品质特性；另一个是“实际”依据，即处在什么生产阶段的鸭群的现实状况、配合饲料企业或饲养者现有的饲料种类、经检测过的各种饲料原料的真实品质。

（2）根据鸭群生长和生产对营养的需要来配制和调整日粮 肉仔鸭可以根据不同的生长阶段配制以下三种日粮。幼雏鸭，0～2周龄；中雏鸭，3～4周龄；肉仔鸭，4周龄至出售。肉种鸭和蛋鸭可根据其早期生长特点及产蛋阶段的产蛋率不同配制以下六种日粮：种鸭或蛋鸭幼雏期，0～4周龄；种鸭或蛋鸭生长期，5～8周龄；肉种鸭后备期，9～23周龄；蛋种鸭后备期，9～17周龄；种鸭或蛋鸭产蛋初期，开产至50%的产蛋率；种鸭或蛋鸭产蛋前期，50%～75%的产蛋率；种鸭或蛋鸭产蛋高峰期，75%产蛋率以上。

鸭群的产蛋高峰期产蛋率愈高，整个产蛋期的产蛋率差（从开产至产蛋结束淘汰间的产蛋率差数）愈大，配制日粮的配方种类以多为好。这样既可比较恰当地满足产蛋鸭产蛋的营养需要，又能节约蛋白质饲料和降低饲料费用；同时能防止产蛋鸭因营养摄取过量而造成脂肪积累，防止因脂肪积累而加速产蛋率的下降。

（3）根据原料种类的变化来配制和调整日粮　由于某些原料的供应有时会发生变化，因而日粮必须作一些调整，这种调整可能有两种情况：一种是被动的调整，即某种原料喂完了，再配料时已没有这种原料，必须立即修改配方。这种被动的调整，如调整的原料不是主要品种，则被动的调整对鸭的生产性能影响不大，如调整的是主要品种，则将影响鸭的生长和产蛋。另一种是主动的调整，配料时根据饲料供应状况，如各种原料数量的多少、质量的高低，及早作出估计和安排，主动进行适当的调整，以免因某种原料的缺乏造成饲料配方的突然变更而影响鸭群生产。

（4）根据季节的变化来配制和调整日粮　气温随着季节而变化，鸭的采食量也随着温度的变化而波动。为了保证鸭群在不同的气温下仍能摄取到足够的各种营养素，应当根据气温的变化调整日粮的浓度，以保证鸭群的正常生产。

饲料的突然变化对生产性能总有影响，因而生产中应尽量减少这种突变，最好将上述几种变化有机的结合起来，即将季节变化和原料种类的变化带来的日粮的调整与鸭的生长和产蛋率的高低时配方的调整结合起来，力求做到在各阶段日粮中的各种原料种类基本稳定，调整时仅改变量的多少，即稳中有变，变中求稳，减少变化，保证稳定。

2. 无公害鸭绿色安全生产的日粮配合方法

（1）了解各类原料及各种原料在鸭饲粮中的使用范围　鸭的

营养素甚多，在配制时应先了解清楚各类饲料在鸭日粮中的配合比例（表 5-6），同时要了解清楚各种原料在鸭配合饲料中的一般使用范围。然后结合原料来源，初步考虑好各种原料在日粮中的份额。计算时，首先应抓住各种原料的代谢能、粗蛋白质、钙、磷 4 项，食盐、微量元素、赖氨酸、蛋氨酸、胱氨酸及维生素可放在最后定量添加。

表 5-6　配合日粮时各类饲料的大致比例

饲 料 种 类	占日粮比例%
谷物饲料（2～3 种以上）	50%～70%
糠麸类	10%～15%
植物性蛋白料	15%～25%
动物性蛋白料	3%～10%
矿物质饲料	5%～7%
青饲料（喂添加剂时可不喂）	30%～50%
干草类	2%～5%
维生素＋微量元素添加剂	1%
食盐	0.35%

表 5-7　一般原料使用于鸭配合饲料中的建议范围

原料种类/粗蛋白%		添加范围	原料种类/粗蛋白%		添加范围
（一）谷类：			麦糠	7%～17%	5～20
玉米	8%～9.7%	10～75	粉头	17%	5～30
高粱	8%～12%	10～60	玉米筋粉	22%～60%	2～15
小麦	7%～30%	7～30	可溶性玉米蒸馏粕	25%	2.5～10
大麦	9%～13%	5～35	大豆酵乳粉	27%	3～5
小米	5.5%	10～20	酒糟粕	20%	2～4
燕麦	12%	2.5～9	豆油粕	18%～23%	1～3
稻米	7.3%	5～20	（三）动物性类：		
糙米	9.6%	0～28	水解羽毛粉	85%	2～10
白米	11%	5～20	血粉	80%	1～3
碎米	8.4%	5～28	虾粉	35%	4～20
（二）糟糠类：			肉粉	45%～55%	2～10
米糠	12%	5～20			
脱脂米糠	15%	3～15			
麸皮	15%	2.5～25			

（续）

原料种类/粗蛋白%		添加范围	原料种类/粗蛋白%		添加范围
肉骨粉	50%	2.5～9	椰籽粉	21%～22%	2.5～30
肝粉	65%～66.5%	3～5	树薯粉	1.7%～2.5%	8～15
乳清粉	12%～13%	1～5	甘薯干或马铃薯干		20～30
鱼清粉	31%～38%	1～5			
鱼粉	45%～75%	2～5	糖蜜	3%～7%	3～7
内脏粉	60%	2.5～7.5			
酪乳粉	32%	1～3	银合欢	7%～12%	2～10
蚕蛹粉	60%	3	青草粉	1.6%～2.6%	3～5
脱脂奶粉	33%	1～3	（五）其他：		
（四）植物性类：			贝壳粉		2～3
酵母粉	40%	2～5	盐		0.2～0.5
菜籽粉	34%	2.5～10	油脂类：（最大用量）		
豆饼		10～20			
豆粉	44%～50%	5～35	鱼油		1
亚麻籽粉	32%～35%	3～5	牛脂		5
棉籽粉	41%	3～15	大豆油		5
向日葵粉	27%～46%	5～10	猪油		5
苜蓿粉	17%	2～5	棉籽油		10
红花籽粉	44%	5～20	白色油脂		25
芝麻粉	40%～46%	2.5～10	肉牛之牛脂		10
花生粉	30%	2.5～40			

（2）饲料配方的计算方法

手工配制鸭日粮常用的方法为试差配制法：现以配制樱桃谷鸭雏鸭日粮为例来谈谈日粮的配制。主要原料有：玉米、豆饼、菜籽饼、进口鱼粉、麸皮、骨粉、石粉与食盐。配制程序如下：

第一步，列出樱桃谷肉鸭的各种营养物质需要量。

表 5-8　樱桃谷鸭的饲养标准

项　　目	雏鸭育雏期 1～2 周龄	肉仔鸭生长期 3 周龄～屠宰	青年鸭育成期 6～24 周龄	种鸭产蛋期 25 周龄～淘汰
代谢能（兆焦/千克）	13.00	12.80	12.60	12.50
粗蛋白质　　（%）	22.00	17.00	15.00	18.50

（续）

项　　目	雏鸭育雏期 1～2周龄	肉仔鸭生长期 3周龄～屠宰	青年鸭育成期 6～24周龄	种鸭产蛋期 25周龄～淘汰
钙 （%）	0.9～1.1	0.80～1.0	0.7～1.0	2.75～3.0
可利用磷 （%）	0.50	0.50	0.35	0.46
蛋氨酸 （%）	0.50	0.36	0.34	0.39
蛋氨酸＋胱氨酸（%）	0.82	0.63	0.57	0.66
赖氨酸 （%）	1.23	0.89	0.73	0.96
食　盐 （%）	0.35	0.35	0.35	0.35

第二步，根据饲料来源情况，确定所用的原料为玉米、麸皮、豆饼、菜籽饼、鱼粉。根据表6-1，设日粮中各原料分别占如下比例：玉米58%、麸皮5%、豆饼25%、菜籽饼3%、鱼粉5%、食盐与矿物质3%、复合添加剂1%。查出上述所用的各种原料的营养成分（表5-9）。

表5-9　各种饲料原料的营养成分（肉雏鸭）

项　目	代谢能 (兆焦/千克)	粗蛋白 (%)	钙 (%)	磷 (%)	蛋氨酸 (%)	蛋＋胱氨 酸（%）	赖氨酸 (%)
营养需要	13.0	22.0	1.0	0.50	0.50	0.82	1.23
玉米	14.06	8.6	0.04	0.21	0.13	0.31	0.27
豆饼	11.05	43.0	0.32	0.50	0.48	1.08	2.45
菜籽饼	8.45	36.4	0.73	0.95	0.61	1.22	1.23
进口鱼粉	12.13	62.0	3.91	2.90	1.65	2.21	4.35
麸皮	6.56	14.4	0.18	0.78	0.15	0.48	0.47
骨粉			36.4	16.4			
石粉			35.0				

第三步，将58%玉米、5%麸皮、25%豆饼、3%菜籽饼、5%鱼粉，分别用各自的百分比乘各自原料中的营养含量。如鱼粉的用量为5%，每千克鱼粉中含代谢能12.13兆焦，则5%鱼粉中含代谢能12.13×5%＝0.606 5兆焦，其余依此类推。计算结果见表5-10。

表 5-10 计算所得的日粮营养成分

项 目	比例（%）	代谢能（兆焦/千克）	粗蛋白（%）	钙（%）	磷（%）	蛋氨酸（%）	蛋+胱氨酸（%）	赖氨酸（%）
玉米	58	8.155	4.99	0.023	0.122	0.075	0.180	0.157
麸皮	7	0.459	1.01	0.013	0.055	0.011	0.034	0.033
豆饼	25	2.763	10.8	0.08	0.125	0.12	0.27	0.613
菜籽饼	3	0.254	1.09	0.022	0.029	0.018	0.037	0.037
进口鱼粉	5	0.607	3.10	0.196	0.196	0.083	0.11	0.218
合计	98	12.238	21.0	0.334	0.362	0.307	0.631	1.06
比标准少	2	0.762	1.0	0.666	0.138	0.193	0.189	0.17

第四步，与营养标准对照后发现代谢能低 0.762 兆焦，蛋白质低 1.0%，其他营养成分同样比标准少，所以各种营养成分必须均要增加。首先要考虑增加能量饲料和蛋白质饲料的比例，也就是说必须将麸皮减少，玉米增加；同样必须减少菜籽饼的量，增加豆饼或鱼粉的量。调整后发现，当用玉米代替麸皮，用鱼粉代替菜籽饼时，即日粮调整为玉米 65%、豆饼 25%、鱼粉 8% 时，日粮中的能量将达到 12.87 兆焦/千克；日粮中的蛋白质达到 21.35%。这时饲料中钙为 0.420%，有效磷为 0.363%，蛋氨酸为 0.337%，蛋氨酸＋胱氨酸为 0.648%，赖氨酸为 1.136%。

第五步，加入矿物质饲料和食盐，补充氨基酸的不足。加入 0.8% 的骨粉、0.8% 的石粉，这时日粮中含有的钙为 0.99%，有效磷为 0.494%。盐的加入量应根据鱼粉中盐的含量来定，如果进口鱼粉中已经含有 3% 的盐，则饲料中只要加入 0.15% 的食盐。同时在饲料补充 0.16% 的蛋氨酸，补充 0.09% 的赖氨酸。

3. 推荐饲料配方举例

作者根据多年来从事养鸭生产和配制饲料配方后的体会，设计了下列配方，以供饲养者参考。饲养者可根据当地的原料情况，结合推荐配方自行进行合理的调整，以达到最佳使用效果。

表 5-11　肉用型种鸭的饲养标准

项　　目	育雏期 1～2周龄	中雏期 3～6周龄	育成鸭 6～24周龄	产蛋期	
				≤80%	≥80%
代谢能（兆焦/千克）	12.1	11.8	11.4	11.5	11.6
粗蛋白质　（%）	21.0	16.0	15.0	17.0	18.5
钙　（%）	1.0	0.9	0.9	2.5	3.2
可利用磷　（%）	0.6	0.5	0.45	0.6	0.65
食　盐　（%）	0.35	0.35	0.35	0.35	0.35
蛋氨酸　（%）	0.4	0.35	0.35	0.32	0.36
蛋氨酸+胱氨酸　（%）	0.8	0.55	0.50	0.55	0.60
赖氨酸　（%）	1.1	0.85	0.60	0.90	0.98

表 5-12　肉用型种鸭的各阶段 5%预混料推荐配方

单位：%

原料种类	规　格	育雏期 1～3周龄	中雏期 4～8周龄	育成鸭 9～24周龄	产蛋 开产～产蛋结束
鱼粉	蛋白≥60%	21	—	—	21
蛋氨酸	纯度≥99%	2	—	—	2
豆粕（豆饼）	蛋白≥43（40%）	—	23	—	—
菜粕	蛋白≥38%	—	—	23	—
磷酸氢钙	磷≥16%	30	30	30	30
石粉	钙≥36%	20	20	20	20
食盐	纯度为精盐	5	5	5	5
预混料	肉种鸭系列	20	20	20	20
酶制剂	复合型	2	2	2	2

备注：上述配方中抗菌素的添加量另定，预混合料应根据需要选用肉种鸭生长期或产蛋期各阶段的预混合料。

表 5-13　肉用型种鸭的各阶段配合饲料的推荐配方

单位：%

原料种类	规　格	育雏期 1～3周龄	中雏期 4～8周龄	育成鸭 9～24周龄	产蛋期	
					≤80%	≥80%
玉米	水分≤14%	60（57）	60（60）	62（62）	56（56）	57（56）
豆粕（饼）	蛋白≥43（40%）	31（34）	20（23）	15（17）	24（27）	27（29.5）

（续）

原料种类	规　格	育雏期 1～3周龄	中雏期 4～8周龄	育成鸭 9～24周龄	产蛋期 ≤80%	产蛋期 ≥80%
麸皮	蛋白≥15%	—	11（8）	14（12）	7（4）	—
菜粕	蛋白≥38%	—	2（2）	4（4）	3（3）	2（0）
鱼粉	蛋白≥60%	4（4）	2（2）	—	—	2.5（3）
石粉	钙≥60%	—	—	—	5（5）	6.5（6.5）
预混料	肉种鸭系列	5（5）	5（5）	5（5）	5（5）	5（5）

备注：上述配方的括号中数据为当豆粕为豆饼时的各种原料的添加量。

（六）无公害养鸭的饲料卫生质量标准

饲料卫生标准应按中华人民共和国国家标准（GB13078—91）执行。该标准规定了饲料中的有害物质及微生物允许量，该标准适用于加工、经销、贮运和进出口的鸡配合饲料、猪配合饲料、混合饲料和饲料原料，鸭的饲料卫生标准可参照鸡的执行。见表5-14。

表5-14　饲料中有害物质及微生物允许量

项　目	适用范围	允许量	备　注
砷（毫克/千克，以As计）	鱼粉	≤10	
	石粉	≤2	
	磷酸盐	≤10	
	鸡配、猪配、混合饲料	≤2	
铅（毫克/千克，以Pb）	鱼粉	≤10	
	石粉	≤10	
	磷酸盐	≤30	
	鸡配、猪配、混合饲料	≤5	
汞（毫克/千克，以Hg计）	鱼粉	≤0.5	
	石粉	≤0.1	
	鸡配、猪配、混合饲料	≤0.1	
镉（毫克/千克，以Cd计）	米糠	≤1	
	鱼粉	≤2	
	石粉	≤0.75	
	鸡配、猪配、混合饲料	≤0.5	

（续）

项　目	适用范围	允许量	备　注
氟（毫克/千克，以F计）	鱼粉	≤500	
	石粉	≤2 000	
	磷酸盐	≤2 000	
	肉仔鸡、生长鸡配合饲料	≤250	
	产蛋鸡配合饲料	≤350	
	猪配、混合饲料	≤100	
氰化物（毫克/千克，以HCN计）	木薯干	≤100	
	胡麻饼、粕	≤350	
	鸡配、猪配、混合饲料	≤50	
亚硝酸盐（毫克/千克，以 $NaNO_2$ 计）	鱼粉	≤60	
	鸡配、猪配、混合饲料	≤15	
黄曲霉毒素 B_1（毫克/千克）	玉米	≤0.05	
	花生饼、粕	≤0.05	
	肉仔鸡、生长鸡配合饲料	≤0.01	
	产蛋鸡配合饲料	≤0.02	
	生长肥育猪配、混合饲料	≤0.02	
游离棉（毫克/千克）	棉籽饼、粕	≤1 200	
	肉仔鸡、生长鸡配合饲料	≤100	
	产蛋鸡配合饲料	≤20	
	生长肥育猪配、混合饲料	≤60	
异硫氰酸酯（毫克/千克，以丙烯基异硫氰酸酯计）	菜籽饼、粕	≤4 000	
	鸡配合饲料	≤500	
	生长肥育猪配、混合饲料	≤500	
恶唑烷硫酮（毫克/千克）	肉仔鸡、生长鸡配合饲料	≤1 000	
	产蛋鸡配合饲料	≤500	
六六六（毫克/千克）	禁用		
滴滴涕（毫克/千克）	禁用		

（续）

项　目	适用范围	允许量	备　　注
沙门氏杆菌	饲料	不得检出	
霉菌总数（1 000 个/克）	玉米	<40	限量饲用：40～100；禁用：>100
	米糠	<40	限量饲用：40～80；禁用：>80
	小麦麸	<40	限量饲用：40～80；禁用：>80
	棉籽饼、粕	<50	限量饲用：50～100；禁用：>100
细菌总数	鱼粉	<2	限量饲用：2～5；禁用：>5

（七）无公害鸭绿色安全生产的配合饲料质量监督

1. 鸭配合饲料的质量标准　生长鸭、产蛋鸭、肉用仔鸭配合饲料为中华人民共和国行业标准，代号为 SB/T 10262－96。本标准规定了生长鸭、产蛋鸭、肉用仔鸭配合饲料的技术要求、试验方法、检验规则、判定规则及标签、包装、运输、贮存要求。本标准适用于饲料行业加工、销售、调拨、出口的生长鸭、产蛋鸭、肉用仔鸭配合饲料。

（1）*鸭配合饲料的感官要求*　色泽一致，无发酵霉变、结块及异味、异臭。

（2）*水分要求*　北方应不高于 14.0%；南方应不高于 12.5%。符合下列情况之一时可允许增加 0.5%的含水量。①平均气温在 10℃以下的季节；②从出厂到饲喂期不超过 10 天者；③配合饲料中添加有规定量的防霉剂者（标签中注明）。

（3）*加工质量*　①肉用仔鸭前期配合饲料、生长鸭（前期）配合饲料 99%通过 2.80 毫米编织筛，但不得有整粒谷物，1.40 毫米编织筛筛上物不得大于 15%；②肉用仔鸭中后期配合饲料、生长鸭（中期、后期）配合饲料 99%通过 3.35 毫米编织筛，但不得有整粒谷物，1.70 毫米编织筛筛上物不得大于 15%；③产蛋鸭配合饲料全部通过 4.00 毫米编织筛，但不得有整粒谷物，2.00 毫米编织筛筛上物不得大于 15%；④混合均匀度，配合饲料要求混合均匀，其变异系数（CV）应不大于 10%。

（4）营养成分　配合饲料的营养成分指标见表 5-15。

表 5-15　配合饲料的营养成分指标

产品名称	适用饲喂期	指标项目							
		粗脂肪%≥	粗蛋白%≥	粗纤维%≤	粗灰分%≤	钙%	磷%≥	食盐%	代谢能≥兆焦/千克
生长鸭配合饲料	前期	2.5	18.0	6.0	8.0	0.80～1.50	0.60	0.30～0.80	11.51
	中期	2.5	16.0	6.0	9.0	0.80～1.50	0.60	0.30～0.80	11.51
	后期	2.5	13.0	7.0	10.0	0.80～1.50	0.60	0.30～0.80	10.88
产蛋鸭配合饲料	高峰期	2.5	17.0	6.0	13.0	2.60～3.60	0.50	0.30～0.80	11.51
	产蛋期	2.5	15.5	6.0	13.0	2.60～3.60	0.50	0.30～0.80	11.09
肉用仔鸭配合饲料	前期	2.5	19.0	6.0	8.0	0.80～1.50	0.60	0.30～0.80	11.72
	中期	2.5	16.5	6.0	9.0	0.80～1.50	0.60	0.30～0.80	11.72
	后期	2.5	14.0	7.0	10.0	0.80～1.50	0.60	0.30～0.80	11.09

注：各项营养成分含量均以 87.5%干物质为基础计算。

（5）化验分析试验方法　具体可参照 SB/T 10262-96 中的要求进行。

（6）判定规则　感官指标、水分、混合均匀度、粗蛋白、粗灰分、粗纤维、钙、磷、食盐等为判定合格指标，如检验中有一项指标不符合标准，应重新取样进行复验，复验结果中有一项不合格者即判定为不合格。代谢能、粗脂肪、成品粒度为参考指标，必要时可按本标准检测或验收。

（7）标签、包装、运输、贮存 标签　标签等要求应按照中华人民共和国行业标准，饲料标签（GB 10648—1999）执行。

（8）各项营养成分的分析允许误差　各项营养成分的分析允许误差可见表 5-16。

表 5-16 各项营养成分的分析允许误差（%）

测定项目	标准规定值	分析允许误差（绝对误差）	判定合格或 验收的界限
水分	≤12.5（≤13.0）	0.4	≤12.9（≤13.4）
	≤14.0（≤14.5）	0.4	≤14.4（≤14.9）
粗脂肪	≥2.5	0.3	≥2.2
	≥3.5	0.4	≥3.1
	≥4.0	0.4	≥3.6
粗蛋白	≥13.0	0.5	≥12.5
	≥14.0	0.6	≥13.4
	≥15.5	0.6	≥14.9
	≥16.0	0.6	≥15.4
	≥16.5	0.7	≥15.8
	≥17.0	0.7	≥16.3
	≥18.0	0.7	≥17.3
	≥19.0	0.8	≥18.2
	≥21.0	0.8	≥20.2
粗纤维	≤4.5	0.6	≤5.1
	≤5.0	0.7	≤5.7
	≤5.5	0.8	≤6.3
	≤6.0	0.8	≤6.8
	≤7.0	0.9	≤7.9
粗灰分	≤6.5	0.1	≤6.6
	≤8.0	0.2	≤8.2
	≤9.0	0.2	≤9.2
	≤10.0	0.2	≤10.2
	≤13.0	0.3	≤13.3
钙	0.50～1.00	0.12	0.38～1.12
	0.60～1.10	0.13	0.47～1.23
	0.70～1.20	0.14	0.56～1.34
	0.80～1.50	0.16	0.64～1.66
	2.60～3.60	0.33	2.27～3.93
	3.00～4.40	0.35	2.65～4.75
	3.20～4.40	0.37	2.83～4.77
磷	≥0.40	0.08	≥0.32
	≥0.50	0.10	≥0.40
	≥0.55	0.11	≥0.44
	≥0.60	0.12	≥0.48
食盐	0.30～0.80	0.10	0.20～0.90

2. 鸭饲料卫生质量鉴定 所谓饲料卫生质量鉴定就是经常或在需要的时候检查饲料中是否存在有害物质，并阐明其性质、含量、来源、作用和危害，同时，在此基础上作出饲料处理等结论。通过鉴定，可保证无公害鸭绿色安全生产所需的清洁饲料的供应，提高鸭的健康和生产力，减少饲料资源的浪费，同时还能明确饲料卫生质量事故的原因和责任。

饲料卫生质量的鉴定包括经常性的鉴定，对新产品、新工艺的鉴定，对可疑饲料的鉴定等。

（1）经常性的鉴定 为了保证无公害鸭绿色安全生产中鸭体健康和生产力正常发挥，无公害畜产品质量监督部门经常有计划地、定期地或以抽查的方式对饲料进行卫生质量鉴定，对容易发生饲料质量问题的季节（如夏季，饲料易发霉变质），应多安排鉴定工作。

（2）对新产品、新工艺的鉴定 对未曾生产的新品种或新开发的饲料资源，必须系统地进行鉴定。对已有的饲料品种，如配方及生产工艺的改变，也需进行鉴定，以确定是否符合卫生要求。

（3）对可疑饲料进行鉴定 由于鸭群发生中毒性疾病时，或怀疑一些发生的疾病可能是由饲料引起时，应对饲料进行全方位的卫生质量鉴定。这种鉴定涉及对患病鸭的治疗是否准确，甚至涉及法律责任，因而要求较高。当怀疑饲料受到环境或其他因素污染时也需要进行鉴定，这种鉴定涉及批量饲料的处理，因而较为复杂。

3. 引起鸭饲料品质变劣的原因分析 随着无公害畜禽业的发展，畜禽饲料质量问题将日益突出，只有提供营养全价、适口性好、品质优良的饲料才是保证无公害畜禽业顺利发展的关键。但在实际生产、加工或贮存等过程中，由于自然因素的影响，造成饲料品质变坏，营养价值降低，风味改变，使饲料失去原有的作用，甚至引起因饲料变质而使畜禽中毒，不仅造成不必要的经济损失，而且严重影响无公害畜禽饲养的顺利进行。因而必须注意饲料的保存，防止饲料品质变劣。造成鸭饲料品质变劣的原因大致有以下几种：

（1）光的破坏　阳光（尤其是其中的紫外线）能加速饲料的氧化，特别是能加速饲料中多种氨基酸、维生素及脂肪的氧化分解。

（2）高温、高湿　饲料在高温情况下，可使蛋白质变性，维生素被破坏；湿度过大时，饲料微生物中霉菌和腐败菌迅速生长繁殖，产生有害毒素，降低饲料营养性和适口性，甚至危及动物生命。

（3）氧的破坏　大气中的氧与饲料接触后，饲料中的维生素A、维生素D、维生素B族及胡萝卜素和部分氨基酸会被氧破坏。

（4）酶的破坏　饲料中含有多种消化酶，在温度、湿度适宜的情况下，这种酶即开始活化并作用于饲料中相应的物质，消耗饲料的营养成分，甚至使饲料变质，如硫胺酶可分解饲料中的维生素 B_1 等。

（5）昆虫和鼠类的破坏　饲料一旦被昆虫或鼠类破坏即被污染，造成浪费。

4. 防止饲料品质变化的管理措施　为了防止饲料营养价值降低，避免饲料变质变味，使饲料起到应有的作用，对饲料的贮存保管必须要做到：

①饲料应置于闭光、阴凉、通风干燥处。②饲料不散放，用密闭的塑料袋封装保存。③一次配料不宜过多，一般冬季不宜超过15天，夏季不超过8天，维生素、微量元素及定期预防投服的药品等，宜现配现用。④在饲料中应添加些抗氧化剂和防霉剂，如维生素E、丙酸钙等。⑤定期进行灭鼠，以防虫害。

5. 防止饲料品质变化的日常检验　防止饲料品质变化的日

常检验方法主要包括感官检验法和物理检验法。

（1）*感官检验*　饲料常因品质不同而有不同的特征，对人体的感官（耳、目、口、鼻、手等）会引起不同的反应，留下一定的印象。感官鉴定就是利用人体的感觉器官直接判断饲料品质好坏的一种方法。感官鉴定结果虽然不很精确，但是方法简便迅速，无需仪器设备，所以对饲料品质的鉴定具有一定作用，尤其是商品外观价值和色、气、味等项目的鉴定，仍然起着决定性的作用。感官检验方法包括视觉检验、嗅觉检验、味觉检验、触觉检验、齿碎检验、听觉检验等法。①视觉检验法　就是利用眼来观察饲料的形状、色泽、杂质含量以及有无结块、霉变、虫害等。②嗅觉检验法　就是利用不同的饲料具有不同的形状，变质的饲料有某些特殊气味，嗅觉检验就是根据饲料的不同气味，利用鼻闻的方法来鉴定、判断饲料品质的好坏。③味觉检验法　就是利用舌头舔尝辨别饲料有无刺舌的恶味、苦味及其他坏味，从而判断品质的好坏。④触觉检验法　就是利用手触摸饲料时的感觉，如软硬、光滑、轻重、温度高低等，来判断饲料水分的大小，品质的好坏。⑤齿碎检验法　主要用于谷类饲料水分的检验，检验时用牙齿咬哰谷粒，根据其抗压力的大小，判断其水分的高低。⑥听觉检验法　就是利用耳听饲料在不同情况下所发出的响声，如饲料流落时发出的声音，齿碎时的声音等等，来判断饲料水分大小，品质的优劣。

以上各类检验方法，在应用时并不是孤立的，而是互相协同的。根据各种方法鉴定的结果加以综合分析才能得到正确的结果。

（2）*物理方法*　物理检验方法所需用仪器简单、操作方便，易为广大群众所接受，在饲料检验中也具有一定的作用。常用的方法包括筛选法、容重法、比重法。①筛选法。用一组筛孔大小不同的筛（0.5、1.0、2.0 毫米孔径），将饲料进行筛选，仔细观察各筛层饲料粒度的大小、种类和混入的异物。用筛选的方法能够分辨单用肉眼不易看出来的异物，而且还可了解饲料粒度的分布情况，鉴定饲料的粒度。②容重法。某一种饲料通常在一定容积内的重量是一定的。因此，通过测定饲料的容重，与该饲料的标准容重相比，就可以辨别饲料中有无异物混入，以及该饲料品质好坏的程度等。③比重法。选用比重不同的液体（四氯化碳比重1.59、三氯甲烷比重1.50、蒸馏水比重1.00、甲苯比重0.88、轻汽油比重0.64），将饲料放入液体内，搅拌、静置，然后观察饲料在液体中沉浮的情况，并根据各种饲料的比重（表5-17）鉴别饲料中有无砂土、稻壳、花生皮、锯木屑等杂物。

表5-17　各种饲料比重表

样品名称	比重
谷类、麸皮、糠类、饼粕及其他植物	1.5以下
咸海产品、虾类、蟹类	1.4～2.0
牡蛎渣、贝类	1.9～2.6
骨壳、大理石	2.6～2.9
鱼骨	1.3～2.0
兽骨	1.9～2.2
硅藻土	1.8～2.5

三、无公害鸭绿色安全生产的饲养方式和饲喂方法

（一）无公害鸭绿色安全生产的饲养方式选择

科学的选择无公害鸭绿色安全生产的饲养方法，是保证无公害鸭绿色安全生产成功的关键，只有正确的选择无公害鸭绿色安全生产的饲养方式，才能从根本上保证鸭饲养处于清洁化生产环境下，才能保证鸭产品达到无公害化。无公害鸭绿色安

全生产的饲养方式包括全舍饲和半舍饲。全舍饲包括舍内地面饲养、网上饲养；半舍包括舍内外结合全陆上饲养、水陆结合饲养。

1. 全舍饲

（1）舍内地面饲养　舍内地面饲养包括厚垫料饲养和更换垫料饲养。这是我国民间使用最久、最普遍的饲养方式。鸭在整个饲养期直接放在鸭舍的地面上，地面铺垫清洁干净的垫草，鸭龄越小，垫草越厚（初生雏第一次垫料厚6～8厘米），使雏鸭熟睡时不受凉，但在饮水和采食区可少垫料。鸭舍最好是水泥地面，如为土地地面，地势应当高，否则地下水位高，又无隔湿措施，则垫草易受潮腐烂，会造成不良后果。采用土地面饲养时，一般应先在地面铺上一层生石灰，然后再在地面上铺上一层5～10厘米厚的垫料，垫料切忌霉烂，要求干燥、清洁、柔软、吸水性强、灰尘少，常用的有稻草、谷壳、锯木屑、碎玉米轴、刨花、秸秆等。当舍内垫料潮湿时，在上面继续局部或全部增加垫料的方式称为舍内厚垫料饲养，这种方式一般用于雏鸭的育雏期或北方冬季养鸭，这种垫料可到育雏结束或肉鸭饲养结束后清除。当舍内垫料潮湿时，如果将潮湿的垫料更换上干燥的垫料，称为更换垫料式饲养，这种方式一般用于气候较高的南方育雏或饲养的鸭子脱温饲养时用。也可将这两种饲养方式结合起来应用，如在饲养种鸭时，可采用全程舍内厚垫料饲养，当局部区域出现潮湿时，可将此处的潮垫料清除一部分，然后再在该处垫上干燥的垫料。

舍内地面饲养方式的优点是：投资少，费用低，适合于鸭的习性，可促进鸭群在垫草上活动，减少啄癖的发生；由于厚垫料发酵产热，寒冷季节有利于舍内增温，节省燃料，降低饲养成本。

缺点是：易于通过粪便传播疾病，舍内空气中的灰尘与细菌均较多，肉鸭的饲料报酬较低；由于要经常增加或撤换垫料，故用工较多，饲养定额较低。使用这种方式的鸭舍必须要隔热性能与通风良好，否则垫草易潮湿，空气污浊，氨的浓度上升，易于诱发眼病和呼吸道器官疾病。

采用垫料养肉鸭时，饮水器最好放于铅丝网上，下设地漏，以防沾湿垫料。料槽与水槽要均匀分布于舍内，使任何一只鸭距离饮水、采食点不超过 3 米。

（2）舍内网上饲养　舍内网上饲养主要用于商品肉鸭的饲养，包括木条或网状平面饲养。网上养鸭即利用网面代替地面，网的材料可以就地取材，用竹片或木条，也可以用塑料网，但一般不要直接使用铁丝网，因为铁丝网易造成鸭体表和关节受伤。一般网面距地面为 60～70 厘米。木条地面用的板条宽 1.25～5.0 厘米，空隙宽 1.5～3.0 厘米，板条走向要与鸭舍的长轴平行。竹子产区也有竹竿或竹片做竹条地面，竹材的直径与空隙一般均为 1.5～2.5 厘米，竹、板条宽及空隙宽应根据鸭的大小来决定，否则会造成因空隙过宽而使鸭脚受损伤，或因空隙过小而使鸭粪不易漏下，造成鸭体过脏。

网上饲养的最大特点是：环境卫生条件好，鸭不与粪便接触，感染疾病的机会少；其次是，不用垫料，平常不必清扫，饲养密度大，也便于喂食、添水时的操作，节约劳力；第三是温度比地面稍高，容易满足雏鸭育雏时对温度的要求，可节约燃料，而且成活率较高。

缺点是：鸭表现出高度的神经质，对舍内环境条件的变化非常敏感；由于鸭的活动减少，容易造成鸭关节肿胀；由于缺乏水浴，鸭的羽毛较为蓬乱。同时网上平育的一次性投资较大。

在实际生产中证明，网上饲养优于地面饲养。尤其是在无公害鸭绿色安全生产中提倡采用网上饲养。其原因是网上饲养时，网面离地面距离一般为 80 厘米，在同等热源的情况下，网上温度可比地面温度提高 4～5℃，而且温度比较均匀，适宜鸭的生长，尤其适合于育雏鸭，可避免雏鸭扎堆、踩伤、压死等现象；网上育雏不用垫草，杜绝了由垫草引起的曲霉菌病的发生；此外，粪便可从网眼落到地面，使鸭减少了与粪便接触的机会，改善了卫生条件，从而提高成活率。同时如鸭舍设计合理、且通风良好，可保证舍内鸭粪及时干燥，减少鸭粪发酵的机会，降低舍内有害气体的含量，降低鸭病的发生，减少兽药的使用，提高了鸭的产品质量。网上饲养的饲养密度还可稍高于地面平养，可提高劳动生产率和饲养经济效益。

（3）舍内混合饲养　除上述两种方式外，还有将地面饲养与网上饲养结合起来，称为混合式。其做法是将鸭舍地面分为两部分，一部分是高出地面（或将地面挖深）的高床，另一部分是铺垫料的地面。高出地面的高床上可放置水槽和食槽，铺垫料的地面可供鸭休息、活动用。这样既可使鸭舍保持干燥，又可防止鸭体长期伏于网面而造成体表和腿部受伤。这种鸭舍在设计时，最好将地面挖下40～50厘米，同时将床面在原地面上20～30厘米处搭建，这样既可降低网面与地面间的高度差，减少鸭上下时的不便；又可在设计鸭舍时，为设置网的区域内安装一些通风设施，使网下粪便能及时干燥，以减少舍内有害气体的含量。此种饲养方式既可适用于商品肉鸭的饲养，也可适用于种鸭的饲养。

（4）笼养　把鸭饲养于铁丝笼或木、竹制的笼里，能充分利用鸭舍空间，增加饲养数量；同时笼养可减少鸭的运动，有利于肉鸭的快速生长。

优点是：笼养不仅具有网上平养的优点，而且还具有增加饲养密度、提高饲养利用率等作用；尤其在雏鸭育雏期，采用特制的重叠式笼育，在合理的饲养操作方法下，使鸭的生物热转化为笼内小环境的热量，这有利于雏鸭的保温育雏，因而不仅可保持雏鸭的成活率高，而且可使雏鸭的生长速度快，饲料转化率高。

缺点是：笼养的造价高，对饲养管理技术上的要求也较高。

2. 半舍饲　半舍饲一般是指在平养鸭舍的外侧，设有为鸭舍跨度两倍左右的运动场，鸭群可以自由出入舍内外。半舍饲受外界条件的影响较大，为了冬暖夏凉，鸭舍一般要求坐北朝南，常在舍内靠北墙留出1米左右通道，在通道南侧的下方安装料槽、水槽，饲养种鸭时一般在舍内安置产蛋窝。鸭舍内一般铺些垫料，饲养种鸭时舍内垫料要求厚些。为了防止潮湿，也可在垫料下先铺一层干沙。半舍饲包括陆上饲养和水陆结合饲养两种方式。

（1）陆上饲养　指在鸭舍外仅设立舍外陆上运动场，鸭可在舍外陆上活动，这样鸭的活动量增大，鸭体还可以接触到阳光与土壤（有的舍外运动场地面铺砖或抹水泥），故体质较为强健。这种饲养方式一般用于肉鸭生长期。

（2）水陆结合饲养　指在鸭舍外不仅设立舍外陆上运动场，还设立舍外水上运动场，这样鸭不仅可在舍外陆上运动，还可在舍外水上运动，可使鸭能得到更多的运动机会，使鸭喜水浴的行为能得到充分的发挥。由于设立水陆运动场后，鸭的活动量增大，这样鸭的耗料量增大，这对肉鸭饲养是不利的，因而此种饲养方式目前主要用于种鸭的饲养，因为我国的地方鸭种一般均喜欢在水上交配。所以此种饲养方式一般用于种鸭的饲养。

3. 放养　这是一种粗放的饲养方式。一般在比较开阔，而又不宜耕种的场地上放置活动简易型鸭舍，或搭建一防雨棚，在防雨棚下放置饲料；淮河以南的南方地区，在临近开阔处还有比较开阔的河道或塘，既可供鸭自由游泳，也可供鸭捕食些小鱼虾。这种饲养方式下养的鸭活动多，且受外界环境的影响大，如选择的饲养季节不恰当，有可能会引起鸭生病。同时这种方式最大的缺点是安全性差，鸭易受到外界人兽的影响，易通过水、外界媒介感染疾病，内外寄生虫的发病率也较高。此法虽然饲养成本简单，目前在南方肉鸭饲养后期或蛋鸭产蛋期有采用此类方式饲养。但在无公害鸭绿色安全生产中不提倡采用这种饲养方式。

（二）无公害鸭绿色安全生产的饲喂方法选择

合理的选择无公害鸭绿色安全生产的饲喂方法，直接关系到提高鸭群的体质和抗病力，提高鸭的食欲和采食量，提高鸭的生产力和饲料的利用率。因而饲喂方法与提高鸭产品的品质和饲养经济效益直接相关，正确选择饲喂方法有助于提高无公害鸭绿色安全生产。无公害鸭绿色安全生产的饲喂方法包括控制饲喂、充分饲喂、限制饲喂。

1. 控制饲喂 控制饲喂是将每天按鸭应喂的日粮分成几份，按时分几次投喂。由于定时喂，可以使鸭形成条件反射，保持食欲旺盛，减少饲料浪费，便于经常了解鸭的采食及健康情况。

2. 充分饲喂 充分饲喂又称自由采食，是指在食槽中昼夜都盛有饲料，任鸭群自由采食。此法可减少饲喂工序，使鸭在想吃食时即可采食，可保持鸭群安静。这对饲养雏鸭或饲养商品鸭有效，可使雏鸭或商品肉鸭生长快且均匀；但对青年鸭或产蛋鸭，易造成过肥，不仅降低了饲料的利用率，也会造成种鸭产蛋率下降。

3. 限制饲喂 限制饲喂就是有意识地控制鸭的喂料量。限制饲喂采用的方法主要有：限制日粮中的能量、限制日粮中的粗蛋白质、或限制饲喂的时间。研究与实践证明，限制饲喂是饲养蛋用或种用青年鸭的一种较为先进的、经济的饲养制度，已列为种鸭或蛋鸭育成期的一种重要的饲养技术措施。

（1）限制饲喂的好处

①提高鸭的饲料转化率　通过在青年鸭期实施鸭的限制饲喂，可降低鸭的脂肪积累、降低体重，不仅可减少青年鸭时期的鸭的耗料量，而且可通过降低产蛋期鸭的体重，达到减少产蛋期

鸭的饲料消耗，提高青年鸭和产蛋鸭的饲料转化率。

②提高鸭的繁殖性能　限制饲喂主要可防止青年期的鸭长肥，在鸭的体格发育正常情况下，防止青年鸭长肥，可使位于腹部的繁殖器官得到充分的发育，可提高鸭的产蛋性能。适当延迟性种鸭的性成熟，使鸭的性成熟与体成熟基本一致，可使开产种鸭产蛋整齐，蛋重大，也可防止公鸭过肥，从而提高了种蛋的合格率、受精率和孵化率。

③提高鸭的体质和对疾病的抵抗力　通过青年鸭时期的限制饲喂，可防止青年鸭体内的脂肪过度积累，增加鸭的运动量，提高鸭的体质。限制饲喂还可适当延长鸭的性成熟期，使鸭的体格发育更加充分，从而提高鸭的产蛋期鸭体质，也可由此提高鸭对疾病的抵抗力，降低产蛋期鸭的死亡率。

（2）限制饲喂的方法　限制饲喂主要应用于蛋鸭和种鸭的培育期。肉种鸭一般在 9～10 周龄时开始，到 21～22 周龄为止；蛋鸭一般在 50 日龄时开始，至 90 日龄时结束。在此期间后备种鸭可节约 20%左右的饲料。限制饲喂主要有限量、限时、限质三种方法。

①限量　就是按青年鸭的营养需要标准配制日粮，给青年鸭喂平衡日粮，而在饲料的量上加以限制。一般喂正常采食量的 80%～85%。

②限时　就是限制饲喂时间，喂时一般仍采用平衡日粮饲喂，饲喂量不减少。限时的常用方法有，隔日饲喂法、每周饲喂五天或六天法。

③限质　就是破坏日粮营养的平衡，不限制喂量，用高纤维、低能量或低蛋白、高能量和低赖氨酸的饲料饲喂。

目前生产实践上多应用限量饲喂法，结合周龄的增长适当降低日粮能量和粗蛋白质水平。关于限量多少应根据鸭群体重及体质情况来确定喂料量。一般来说，种鸭后备期的喂料量应控制在自由采食量的 80%～85%。采用限制饲喂的肉种鸭群到 25 周左右开产时比自由采食的鸭群的体重一般轻10%左右。

（3）限制饲喂应注意的事项

①限饲前应将体重过小和体弱的鸭挑出单独喂或淘汰。

②限饲的鸭群容易发生啄癖，因而在开始时应注意观察。

③从6周龄起，每周要随机抽样称测体重一次，作为限饲的根据，在限饲开始后，每两周抽测一次，观察体重变化，以酌情增减饲料喂量。

④要备有足够的食槽和饮水器，每只鸭的采食宽度应保持在鸭体宽度的1.4倍左右。

⑤限制饲喂时，必须控制光照的时间，这样才能推迟种鸭的性成熟期。

⑥经常观察鸭群动态，同时防止各种应激因素，如发生疾病应立即停止限制饲喂。限制饲喂期如出现死亡率突然升高时，也应停止限饲。

⑦应给种鸭喂饲沙砾，每100只种鸭喂1千克沙砾，撒在垫草上或运动场上。

4. 分阶段饲喂 即根据产蛋鸭的生长水平、产蛋高低、体重、蛋重和气温等划分为若干阶段，各阶段供应适宜的营养，既保持产蛋鸭生产水平的稳产高产，又避免营养过剩造成的浪费和鸭过肥后对生产性能的影响，此法主要适用于产蛋期。分阶段饲养可使饲养更加合理，并节省营养消耗，对降低成本有一定的意义。

一般产蛋期可分为三个阶段，从产第一个蛋开始至产蛋高峰期为第一阶段，产蛋高峰期为第二阶段，高峰后到产蛋结束为第三阶段。从营养观点出发，产蛋的第一阶段最为重要，该期既是产蛋的上升期，同时在此阶段种鸭仍在生长，因而两者都需要营养，所以营养供应不足时不仅使产蛋高峰上升慢，而且生长发育会受到影响，造成整个产蛋期的产蛋率均受影响。但是如营养过剩，由于种鸭在此时期存积脂肪能力较强，因而造成种鸭在产蛋前期就大量存积脂肪，从而严重影响整个产蛋期的产蛋率和受精率（公鸭过肥时）。一般在产蛋高峰以后，种鸭已近成年，这时生长已基本停止，且此时产蛋率已经减少，因此营养也应逐步下降。

第六章

无公害肉鸭绿色安全生产技术

一、雏鸭的科学饲养管理

1～21 日龄时称为雏鸭阶段，是肉鸭一生中生长发育最快、饲料转化率最高的时期，其体重可增加到初生重的 20 倍左右，也是实施无公害肉鸭绿色安全生产的最关键时期。雏鸭阶段，由于小鸭对外界环境适应差，抗病力较弱，饲养管理略有疏忽，即影响生长发育和导致疾病的发生，甚至死亡。所以，要想养好雏鸭，必须做好以下工作。

（一）搞好育雏的准备工作

1. 育雏舍的检修及设备配置 育雏前应检修育雏舍被损坏的门、窗、墙、顶棚等保温设施，以及安装好取暖设备。调整舍内的通风换气和光照（按每平方米 5 瓦），备好料盘、水盆。

2. 育雏舍内外及饲养用具的消毒 接雏前，对育雏舍内外及饲养用具要进行消毒，可先用 5%火碱水消毒，再用清水冲洗。如地面或火炕育雏，首先将旧垫草或粪土清除干净，铺上新砂土，再洒上 5%的火碱水消毒即可。

3. 育雏舍预温 育雏舍的温度应为 30～32℃，才能进雏鸭。地面或炕上育雏的，应铺上一层 6～8 厘米厚的清洁干燥的垫草。然后开始供暖，温度计应悬挂在离地面 20 厘米处，并观测昼夜温度变化。

4. 饲料和药品的准备　应保证雏鸭一进入育雏舍就能吃到营养全面的饲料，而且要保证整个育雏期的饲料供应稳定及饲料质量稳定。一般每只肉鸭养至21日龄时需饲料2千克以上。要为雏鸭准备一些常用药品如土霉素、高锰酸钾、复方新诺明等。

（二）科学的选择育雏方式

绿色安全生产的肉用雏鸭培育主要采用平面育雏（分地面平育及网上平育），也可采用笼内培育方式。

1. 地面平育　在育雏前，在雏鸭舍地面上铺上清洁干净的垫料，接雏后将雏鸭直接放在育雏舍的垫料上。雏龄越小垫草越厚（初生雏第一次垫料厚6～8厘米），使雏鸭熟睡时不受凉，但在饮水和采食区不垫料。鸭舍最好是水泥地面，如为土地地面，地势应当高，否则地下水位高，又无隔湿措施，则垫草易受潮腐烂，会造成不良后果。采用土地面饲养时，一般应先在地面铺上一层生石灰，然后再在地面上铺上一层5～10厘米厚的垫料，垫料切忌霉烂，要求干燥、清洁、柔软、吸水性强、灰尘少，常用的有稻草、谷壳、锯木屑、碎玉米轴、刨花、稿秆等。以后在垫料即将潮湿时，在上面继续局部或全部增加垫料，直至垫料厚度达到20厘米左右；也可局部或全部更换垫料，冬季养鸭更换垫料时，要防止雏鸭感冒。为了防止雏鸭进入水槽，弄湿羽毛，造成鸭体受凉及引起育雏舍地面潮湿，在无公害鸭生产中的育雏时，建议采用乳头式饮水器。

2. 网上平育　网上平雏即利用网面代替地面，网的材料可以是铁丝网，也可以是塑料网，还可用木条、竹条制作。一般网面距地面为60～70厘米。木条地面用的板条宽1.25～2.0厘米，空隙宽1.5～2.0厘米，板条走向要与鸭舍的长轴平行。竹子产区也有竹竿或竹片做竹条地面，竹材的直径与空隙一般均为1.5～2.5厘米。

网上育雏的饲养密度可稍高于地面散养，通常1～2周龄内，每平方米可达20～25只，2～3周龄时为10～15只。

3. 混合育雏 除上述两种方式外，还有将地面育雏与网上育雏结合起来，称为混合育雏。其做法是将育雏舍地面分为两部分，一部分是高出地面（或将地面挖深）的高床，另一部分是铺垫料的地面。这两部分之间有水泥坡地面连接。饮水器放在网上，可使舍内垫草保持干燥。

4. 笼内育雏 笼育一般采用类似于育雏鸡一样的育雏方式，即将雏鸭饲养于铁丝笼或木、竹制的笼里，笼可为重叠式，也可为类似于青年鸡培育的阶梯式笼。笼育可充分利用鸭舍空间，增加饲养数量；同时笼养可减少鸭的运动，有利于肉鸭的快速生长。

（三）选择优良的初生雏鸭

雏鸭品质的好坏，直接关系到雏鸭本身的育雏率和生长速度，也关系到生长成熟后的生产性能，因此，在购取雏鸭时必须加以选择，选择优良雏鸭时必须考虑种鸭的饲养条件，种蛋的孵化条件，雏苗本身的质量等因素。

1. 根据种鸭饲养质量来选择 选择苗鸭前，最好要实地了解种鸭的饲养情况。一般来说，种鸭饲养条件良好，如采用水陆结合饲养方式饲养的种鸭场，必须陆上运动场清洁、干净，水地运动场的水质清洁，这样的种鸭场基本具备了生产合格种蛋的条件，其种蛋在科学孵化条件下孵化的鸭苗，质量必定良好。

2. 根据孵化厂孵化条件来选择 优质的种蛋，必须在良好的孵化厂条件下，才有可能孵化出优质的苗鸭。有些孵化厂建筑及孵化器具十分简陋，甚至连基本的消毒设施都没有，日常也不进行严格的科学消毒，这类孵化厂不仅苗鸭的出雏率低，而且孵出的苗鸭也容易感染上疾病。所以选择苗鸭时必须注意选择孵化厂正规，孵化设施达到要求的孵化厂孵出的苗鸭。

3. 根据苗鸭出雏时间选择　先进的孵化设施，只有在科学的孵化操作技术下，才能孵出优质的苗鸭。优质苗鸭的基本条件之一，必须是出雏准时。一般来说，种鸭蛋的孵化时间应为28天，实际上应为27.5天，即当天下午入孵的种蛋，应在第28天的上午拿到苗。如果到时拿不到苗，只说明种蛋的孵化时间推迟，胚胎的生长发育在每一时间仍受到影响，因而苗的质量就有可能受影响。这种情况一般出现在孵化设施没有达到要求，放于孵化机内不同位置的种蛋在孵化期间的受热不均，导致不同部位的种蛋胚胎发育不一致，其特征是整个孵化机内的鸭苗从开始至出雏结束的时间延长，一部分苗出雏时间远大于28天。凡推迟出雏的苗一般脐部血管收缩不良，容易在出雏时受到有害细菌的影响。因而选择苗时应掌握苗的出雏时间，出雏过迟的苗不能选购。

4. 根据苗鸭外形及行为来选择　合格的雏鸭应该是：健壮活泼，眼睛灵活而有神，个体大、重，体躯长而阔，臀部柔软，脐无出血或干硬突出痕迹；全身绒毛松、洁净；脚高、粗壮，趾爪无弯曲损伤。

（四）提供合理的育雏条件

1. 温度　舒适且恒稳的育雏温度是搞好育雏的关键。雏鸭育雏开始时的温度可设定在33℃左右，育雏温度随着雏鸭日龄的增加而逐渐下降（表6-1）。温度下降的快慢应视雏鸭的体质强弱和育雏季节而定，体壮的下降快一些，反之则慢些。在育雏时温度掌握的原则为：在白天雏鸭活动、食用、饮水时的舍温可比适宜温度低2～3℃，夜间雏鸭休息时的舍内温度可比适宜温度高1～2℃，这对白天增加雏鸭活动量，在夜间保持雏鸭的正常休息均有利。严禁白天雏鸭活动时的舍内温度高于夜间休息时的舍内温度。

育雏分为高温、低温和适温三种方法。高温育雏，雏鸭生长迅速，饲料报酬高，但体质较弱，而且房舍保温条件高，成本较大。低温育雏，雏鸭生长较慢，饲料报酬低，但体质强壮，对饲养管理条件要求不高，相对成本较少。适温育雏，是介于高温和低温之间，从目前饲养效果看，以适温育雏最好，其优点是：温度适宜，雏鸭感到舒服，发育良好且均匀，生长速度也较快，体质健壮。

表 6-1　育雏期雏鸭所需温度

育雏天数	高温育雏	适温育雏	低温育雏
1～3	31～33℃	27～30℃	23～25℃
4～6	29～31℃	24～27℃	20～22℃
7～10	26～29℃	21～24℃	18～20℃
11～15	23～26℃	18～21℃	17～18℃
16～20	20～23℃	16～18℃	16～17℃
21 日龄以后	18℃左右	16℃左右	14℃以下

注：表中温度是指地面上 20 厘米处的温度。

在无公害鸭绿色安全生产中，雏鸭育雏期温度应以雏鸭感到舒适为最佳，由于育雏温度受到地区差异及季节差异的影响，饲养者设定的育雏温度是否最佳，应根据雏鸭的表现来调整（表 6-2）。

表 6-2　雏鸭对不同温度的表现

温度	过　高	合　适	过　低
表现症状	张嘴喘气，行走不稳，眼睛周围有眼屎，体质弱，抗病力差，易患感冒	雏鸭三五成群，静卧无声，毛色干净漂亮	雏鸭拥挤，严重时挤压成堆，轰开后，又重新扎堆，极易引起感冒，造成压伤和死亡

2. 湿度　育雏前期，室内温度较高，水分蒸发快，此时相对湿度要高一些。如空气中湿度过低，雏鸭易出现脚趾干瘪、精神不振等轻度脱水症状，影响健康和生长。所以，1 周龄以内，育雏室的相对湿度应保持 60%～70%，2 周龄起维持在 50%～55%即可。

高温高湿的环境，不仅使雏鸭的体热散失受阻，致使食欲减退，精神不佳，而且有利于霉菌等致病微生物的繁殖，雏鸭容易得病；如遇低温高湿，对育雏更不利，危害严重，雏鸭的体热散失快，很容易着凉得病，而且饲料消耗增加。所以，育雏期内以温度为主要因素，把温度和湿度结合起来考虑，严格掌握，才能取得良好的效果。

3. 饲养密度　饲养密度对于雏鸭的生长发育有较大影响，密度过大，不仅影响生长发育，也易造成疾病的传播。密度过小，温度不易掌握，圈舍利用率低，经济上不合算。雏鸭的饲养密度应随日龄的增长而逐渐减少，同时也要依季节而定，冬季密度可大些，夏季要小些，因此可根据育雏舍的大小和季节来确定饲养密度（表 6-3）。

表 6-3　肉用型鸭不同周龄时的饲养密度（只/米^2）

饲养方式	1 周龄	2 周龄	3 周龄	育成期	种鸭
地面平养	30～20	15～10	10～7	6～5	3～2
网上饲养	50～30	25～15	15～10	8～6	5～4

4. 光照制度　肉用雏鸭的光照要制订照明制度，严格执行。光照时间长，虽可延长雏鸭的采食时间，但过长会影响雏鸭的休息及饲料的消化与吸收；过短不利于雏鸭正常采食及早期管理。因而最好是头三天采用 24 小时光照，使鸭群顺利开食，保证每只鸭能采食足够的日粮，也便于饲养人员的观察、调教；第 4 天后每天减少半小时，使鸭逐渐适应熄灯制度。最后保持在每天深夜 23～24 时熄灯，早晨 4～5 时开灯，使鸭有正常的休息时间，保持鸭的食欲旺盛。光照照度以鸭能看清采食饲料为宜。

（五）实施良好的日常管理

1. 接雏和分群　雏鸭从出雏机中捡出，在孵化室内绒毛干燥后转入育雏室，此过程称为接雏。接雏可以分批进行，尽量缩短在孵化室内的逗留时间，千万不要等到全部雏鸭出齐后再接雏，以免早出壳的雏鸭不能及时饮水和开食，导致体质逐渐衰弱，影响生长发育，降低成活率。

雏鸭转入育雏室后，应根据出壳时间的早迟、体质的强弱和体重的大小，把强雏和弱雏分别挑出，组成小群饲养，特别是弱雏，要把它放在靠近热源即室温较高的区域饲养。弱雏最好采用厚垫料饲养，这样可使脐部闭合不良的弱雏，在垫料作用下使脐部尽早愈合，这有利于提高成活率。每群雏鸭以400～500只为宜。

第一次分群后，雏鸭在生长发育过程中又会出现大小强弱的差别，所以分群工作要经常进行，可以在8日龄和15日龄时，结合密度调整，再进行第二次、第三次分群。

2. 饮水和开食　培育雏鸭要掌握“早饮水、早开食，先饮水、后开食”的原则。在雏鸭开食前最好先饮0.1%的高锰酸钾水或5%的葡萄糖水。经验丰富的饲养员善于观察雏鸭的动态，当雏鸭东奔西走并有啄食行为时，说明此时可以饮水、开食。在无公害鸭绿色安全生产中不提倡采用“潮水”方式来进行初饮。

饮水后1小时左右就可以喂食。传统饲养中第一次喂食一般都用碎玉米、碎黑豆、碎糙米，将它煮成半熟后放到清水中浸一下再捞起。初次喂食的饲料要求做到“不生、不硬、不烫、不烂、不粘”。开食时将煮过的饲料撒在油布或塑料布上，要撒得均匀，边撒边吆喝，调教采食。饮水器要放置在食盆的旁边，便于随时饮水或洗口腔。随着雏鸭长大，把水盆和料槽的距离拉开，可节约饲料。无公害鸭绿色安全生产中，要求在开食时就喂全价配合饲料，喂的料多是经过制颗饲料的破碎料，而不再是米饭、粉料或其他单一料。

3. 少喂多餐和定时定餐　初生的雏鸭，食道尚未形成明显的膨大部，贮存饲料的容积很小，消化器官还没有经过饲料的刺激和锻炼，消化机能不健全，肌胃的肌肉尚不坚实，磨碎饲料的功能很差，所以要多餐少吃外，晚上也要喂两次，开头3天的饲养是很关键的；对不会自动走向饲槽的弱雏，要耐心引诱它去采食，使每只都能吃到饲料，吃饱而不吃过头。3天以后，可改用食槽饲喂，槽的边高3～4厘米，长50～70厘米，这样可以防止混入鸭粪污染饲料。6日龄起就可以采用定时喂食，每隔两小时喂1次；8～12日龄每隔3小时喂1次，每昼夜喂8次；13～15日龄每隔4小时喂1次，每昼夜喂6次；16～20日龄每昼夜喂5次，白天每隔4小时喂1次，夜间每隔6小时喂1次；21日龄以后，每隔6小时喂1次，每昼夜喂4次。采用定时定量饲喂雏鸭，不仅可保持雏鸭旺盛的食欲，也可及时发现采食不正常的雏鸭。

4. 分群管理和观察　不同日龄不同批次的小鸭不能同群饲养，必须按雏鸭的体质和发育情况进行分群管理，可按1周（400～500）只、2周（250～300只）、3周（150～200只）三次分群。合理分群可减少因挤压相撞造成伤亡的损失，避免采食不均和啄食癖的现象，保证雏鸭正常生长发育和提高育雏期的成活率。每次应注意鸭群吃料情况及料量，如果吃料略增则为正常，相反则鸭群为不正常。此时应检查鸭粪便是否正常，正常粪应为灰褐色并带有一层白霜。如出现黄绿稀粪、带血，说明鸭有毛病，应及时采取治疗措施。观察呼吸是否正常，如有打呼噜、流鼻涕、黑眼圈等现象，都必须立即采取防治措施。

为了保证雏鸭健康成长，育雏舍一定要有一个良好卫生环境。要求每天清扫地面垫料一遍，所有喂料用具要保证清洁干净。发现病雏、死雏要及时隔离或深埋、烧毁，防止扩散传染源。

5. 洗浴和运动　传统的雏鸭育雏期内常进行洗浴和运动，目的是促进鸭体的新陈代谢，增强体质，促进发育，对防止雏鸭阶段的伤残有很大作用。但雏鸭的尾脂腺尚不发达，初期洗浴时间要短，水的深度要浅。夏季可在地上铺塑料薄膜，把四边垫高

3～5 厘米，薄膜中间倒入温水，从出壳后的第三天起，每天把雏鸭分批赶入浅水嬉 5～8 分钟，然后赶回到无风的太阳下或垫有干草的舍内，使羽毛迅速干燥，以免受凉。天冷时洗浴在中午进行，每天 1 次；夏季可每天洗浴 2～3 次，时间稍长一些。夏天洗浴，不但可增加运动，还可起防暑降温的作用。1 周龄以后的雏鸭可在 5～10 厘米深的水池内洗浴，每次洗 10 分钟左右。2 周龄以后，可放到 15～20 厘米深的水池中洗 15～20 分钟，以后逐渐延长洗浴时间，直至放牧游水。

除水浴外，雏鸭的运动还有两种形式。一种是室内运动，即每隔 20 分钟左右，将躺睡着的鸭子徐徐哄赶，沿鸭舍四周缓慢而行。避免雏鸭久卧在潮湿的垫草上，导致胸部及腿部疾患。如果此时垫草已经潮湿，可一边驱赶一边撒上一层干净的新鲜垫草，并将雏鸭徐徐赶到运动场上，使它接触阳光和呼吸新鲜空气。1 周龄左右的雏鸭，在室内外温差不超过 3～5℃时，即可把它放到运动场上。初放时，以中午为好，每次活动 15～20 分钟，随日龄增加，逐步延长室外活动时间。雨雪天气，切不可外放。夏季气温高，阳光强烈，室外运动场要搭凉棚遮荫，以免中暑。运动场的前方，最好有水面（池塘或河流），或人工挖一水池，天热时，稍大的雏鸭能自由到池中洗澡，可以防暑降温。人工挖的水池要有一定的深度和坡度，最浅处水深 5～10 厘米，最深处可达 30～40 厘米。池水必须清洁，最好是活水，否则必须每天更换，以免腐臭。

无公害肉鸭饲养时，也可采用整个育雏期均在舍内网上或笼内饲养，而不进行洗浴和运动，这样既可防止洗浴和运动消耗能量，又可杜绝雏鸭饮用洗浴后的脏水，减少消化道病的发生，提高鸭的成活率和生长速度；无公害蛋鸭或种鸭育雏时，如果在青年鸭期和产蛋期采用的是水陆结合式的饲养方式，育雏期在外界气温合适的情况下，适当给予雏鸭洗浴时间，但不应像传统养鸭那样给予过长的洗浴时间。

二、肉用仔鸭的科学饲养

（一）选择科学的饲养方式

根据肉用仔鸭育雏期的饲养要求，结合肉用仔鸭期的饲养房舍条件和饲养设施状况，选择科学合理的饲养方式。在无公害肉鸭绿色安全生产中，肉用仔鸭期的饲养方式以舍内网上饲养或地面垫料饲养较为适宜。在地面垫料式饲养时，如有舍外水上运动场，且水质清洁的条件下，可采用定时放水方式让鸭洗浴，以保持鸭体清洁。没有条件的地方，或水质不清洁的地方，严禁让鸭下水洗浴。此时，必须保持鸭舍的垫料清洁、干燥，使鸭能健康正常地生活、生长。对长江流域及长江以南地区，由于河、塘众多，传统饲养者均将肉鸭与养鱼相结合，利用鸭粪来肥水养鱼，所以常将育雏结束后的肉用仔鸭日夜放于河、塘中。实际上，这种饲养方式与无公害养鸭的要求相矛盾，严格来讲不符合无公害鸭绿色安全生产的要求。这种饲养方式下养的鸭不仅常期饮用河、塘中受过粪便污染的河、塘水，而且日夜在河、塘内翻泥捕虾，使得河、塘整日污蚀，鸭极易发生疾病，也严重影响鱼的生长和鱼病的发生。因而，无公害肉鸭饲养应强调以全舍饲为主，对有清洁水源的地方，也应采取定时下水的方式，只要保证鸭羽毛清洁、干净就达到了放水的要求。

（二）提供良好的饲养条件

4 周龄至 7 周龄的肉用仔鸭称为中雏（或称仔鸭）。中雏期是鸭子生长发育迅速的时期，对营养需求高，食欲旺盛，采食量大。中雏期的特点，是对外界环境的适应性较强，比较容易管理。肉用仔鸭的饲养管理要点如下：

1. 过渡期的饲养

（1）饲料　从雏鸭舍转入中雏舍的前3～5天，将雏鸭料逐渐调换成中雏料，使鸭子慢慢适应新的饲料。

（2）温度　鸭舍一般不加温，但在寒冷季节，如自然温度与育雏末期的室温相差太大（超过3～5℃）会引起鸭感冒或其他疾病，应在开始几天适当增温。

（3）空腹转舍　转群前必须空腹方可运出。

（4）逐步扩大饲养面积　从网上育雏转到地面饲养时，雏鸭一下地，活动量增大，一时不适应，会造成喘气、拐腿，重者瘫痪。因此，刚下地时，地上面积不宜过大，应当圈小些，待2～3天再逐渐扩大。继续在网上饲养的仔鸭，应转到网眼较大、面积较大的鸭舍。

2. 中雏期的饲养　这个时期要逐步加大饲料用量，适当加入动物性饲料，并且满足其对无机盐饲料和维生素的要求。

中雏的营养水平，一般饲料厂在配制肉鸭饲料时多按营养水平配制，所以只要选购讲信誉的饲料厂的料，就能保证肉鸭正常生长所需的营养。

在饲喂上可根据中雏消化情况，一昼夜饲喂4次，定时定量。有条件的地区可喂直径4～6毫米，长8～10毫米的颗粒料。如喂粉料，则需用水拌湿，将饲料分撒在料盘内或塑料布上，分批将鸭赶入进食。鸭在吃食时有饮水洗嘴的习惯，圈内可设长形的水槽或在适当位置放几只水盆，及时添换清洁饮水。

（三）实施有效的日常管理

1. 肉鸭的日常管理

（1）保证圈内清洁干燥　中雏易管理，要求圈舍条件比较简易，只要有防风、防雨设备即可。圈舍要保持清洁、干燥，夏天运动场要搭棚遮荫。

（2）提供适当密度　中雏的饲养密度，肉用型每平方米为8～10只，兼用型10～15只，随雏龄增大，不断调整密度，使圈内经常保持空气新鲜。

(3) 保持适度群体　按大小强弱分为几个小群，尤其对体重较小、生长缓慢的弱中雏应集中喂养，加强管理，使其生长发育能迅速赶上同龄强鸭，不至于延长饲养日龄，影响出售日期。

(4) 提供适当洗浴　为促进新陈代谢与鸭体肌肉和羽毛的生长，有条件的地方可为中雏鸭提供洗浴条件，每天定时洗浴。但时间不可过长，尤其在后期，以免能量消耗过多，影响经济效益。

(5) 提供沙砾帮助消化　为满足鸭生理机能的需要，在中雏鸭的运动场上，放了几个沙砾小盘，或在精料中加入一定比例的砂粒，这样不仅能提高饲料转化率，节约粮食，而且能增强消化机能，有助于增强鸭的体质和抗病能力。

2. 夏季肉用仔鸭饲喂技术　夏季高温环境对肉鸭的生长甚为不利，主要是由于鸭无汗腺，通过表皮的蒸发只能散发有限的水分，再加上鸭体羽毛的覆盖使这种散热作用受到更大限制。随着外界气温及鸭舍温度的升高，虽通过呼气蒸发水分散发的潜热逐渐增多，但通过辐射、对流与传导散发的湿热却逐渐减少，致使鸭体总的散发热量逐渐减少。这就是盛夏酷暑饲养肉鸭时，在未搞好防暑降温工作情况下，鸭发生急性热应激甚至热昏厥的原因。在高温情况下，如鸭舍内过潮湿，则会造成鸭体的呼气蒸发散热的困难，这将加快、加重鸭的热应激的发生。高温、高湿的环境还易使鸭舍粪便腐烂发酵，造成鸭舍内有害气体含量过高，危害鸭体健康，同时高温的环境还有利于病原微生物的孳生繁殖、诱发疾病。所以夏季饲养肉用仔鸭时的饲养管理技术的中心是防止鸭舍内气温过高，尤其是防止高温期舍内高湿带来的严重后果。为了要防止上述现象的出现，使夏季饲养的肉鸭健康、正常地生长，从饲养管理技术角度必须抓好下列几方面的工作。

(1) 抓好饲料营养供应，保证鸭吸收到正常生长所需的营养。

①对饲料配方做必要的调整　因为鸭采食量随环境温度的升高而下降（温度每升1度，采食量下降1.5%），高温期间由于鸭的采食量下降，所以用其他季节配方就难以保证鸭每日的营养摄取量，因而夏季养仔鸭应修改饲料配方，应配置夏季高温用的不同生长阶段的肉鸭饲料配方。在修改配方时可考虑用脂肪能代替部分碳水化合物能，因为消化脂肪时散发热较少些。在满足所有必需氨基酸的前提下，使蛋白质水平尽可能处于最低限，因为消化蛋白质的散热较消化碳水化合物和脂肪时要多。

②供给高质量的新鲜饲料　在高温、高湿期间，自配或购回的饲料放置过久或饲喂时在料槽中的料放置过长均会引起饲料发酵变质，甚至出现严重霉变。因而夏季养仔鸭时，应减少每次从饲料厂购回的饲料量，保证每次购回的饲料新鲜，最好是刚配好的饲料在1周左右用完。在饲喂时应采用少量多次，尤其是采用湿拌粉料喂肉鸭时更应少喂勤添，保证每次均吃完后再添加。上述措施将有助于保证饲料质量和许多营养素的利用率，尤其是防止饲料中维生素因存放过久或在料槽中暴露于空气中过久造成氧化失效，并且有助于降低霉菌和毒素增加的机会。

③采用一些抗热应激的添加剂　夏季高温时，饲料中的营养物质易被氧化，且高温等逆应激因素造成的鸭生理紧张不仅降低鸭机体有些营养物质（如维生素C）的合成能力，同时鸭对维生素C等营养物质的需要量提高。所以夏季应在每千克饲粮中另补加50～200毫克维生素C，这有利于减轻逆应激因素对鸭机体的不利影响，同时适当添加维生素C可使其他营养物质免遭氧化。

④适当调整供料时间　早晨可提早1～2小时，即在清晨4～5时开始喂料，这是一天中最凉爽的时间，晚上也应适当延长饲喂时间，这样可避开高温对采食的影响。而白天应让鸭多休息，休息时可降低鸭的代谢水平，从而减少鸭的排热量。

（2）搞好环境控制、防止鸭发生热应激　处于急性热应激的鸭表现出如下特点：大多数鸭聚集在棚舍内较阴凉的地方或四周通风处，开始时饮水量猛增。环境温度过高时，鸭蹲伏在地面，躯体紧贴在垫料或网上，不愿走动，甚至不愿走到饮水器旁饮水。鸭伸颈张口，两翼下垂，出现热性喘息，呼吸加快，明显看到胸廓快速剧烈的收缩和扩张。在下午3～6时，往往有较多的鸭急性死亡。为了防止热应激，从环境角度必须做好如下工作：

①减少太阳辐射热对鸭的影响　建造高而宽敞的鸭舍是减少太阳辐射热影响的较为有效的长远办法。在开放型鸭舍的水、陆运动场上应架设遮荫的凉棚，屋顶应加厚覆盖层，高温期间可在屋外顶淋水或喷水雾化，也可在内屋顶刷上白漆，并做好鸭舍周围环境的绿化工作。这些措施均可减少太阳的辐射热，防止鸭舍的温度猛增。

②加快鸭体热的散失　保证鸭舍四周敞开，使鸭舍具有“亭子效应”，以加大通风。给鸭饮清洁的自来水或冷水（井水或加冰块的水），不要让鸭饮河中水，气温高时应采用通风设备来加强通风，保证空气对流，夜间也应加强通风，使鸭在夜间能恢复体力，以提高鸭白天酷暑时抗热应激的能力。

③降低饲养密度，减少舍内鸭的生物热　密度过大不仅是指每平方米容纳的鸭数过多，而且包括每只鸭所拥有的食槽和水槽位置较少。减少鸭舍内的鸭数或增加鸭舍水、食槽的数量，可使舍内因鸭数的减少而降低总产热量，及可避免因食槽或水槽的不足造成争食、抢饮而导致的个体产热量的上升，两者均可降低舍内鸭的生物热。

④保持鸭舍内干燥，防止高温下舍内高湿带来的恶果　在高温季节，鸭饮的水比其他季节多，因而通过呼气蒸发散失的水气也比其他季节多，尤其是排出的粪中水分蒸发及粪在高温下的发酵是鸭舍湿度增高及有害气体含量升高的主要原因。因而保持鸭粪的干燥，是减少鸭舍内湿度及恶臭的最有效的办法。夏天不能通过限制饮水来减少鸭的水分排泄量，相反为使鸭的体热尽快散

发，必须给鸭以充足的饮水。所以应通过采用合理的饲养及饮喂方式来减少粪中含水量。

采取的措施为：①增加每日鸭舍的打扫次数，缩短鸭粪在舍内停留的时间；②水槽尽量放在鸭舍四周，不要让鸭饮水时将水撒向四周，更不要让鸭在水槽中嬉水；③采用水、陆运动场的鸭舍，应在陆地运动场搭荫棚，这样一来可使鸭在水上嬉水上岸后、在陆上运动场能稍作休息，待毛干后再进鸭舍。二来可使鸭有部分时间在陆上运动场，减少鸭向舍内排泄水汽及粪的机会；④采用网上平养的鸭舍，水槽应尽量挂在笼外，以不使鸭进入水槽，地面最好有坡度且有孔通向舍外，水槽挂在低坡一边，这样一旦有水撒向地面，水即可顺着坡度流向舍外；⑤加大地面及整个鸭舍的通风，增加舍内外空气的换气量。

（3）加强日常管理，保证鸭健康、正常生长。

①加强防病治病　做好鸭病的预防和及时治疗，做到无病人心稳定，使饲养管理措施得以顺利进行。

②改变饲养方式，改地面厚垫料饲养为网上平养　肉鸭网养可杜绝肉鸭与粪便的接触，减少疫病传播的机会，降低发病率。同时网养可减少鸭群的运动。降低鸭的营养消耗及产热量，有利于夏季鸭的健康生长。采用地面养肉鸭时，夏季最好不要用厚垫料饲养，尤其不要用吸湿性差的稻草等作垫料。肉鸭前期需要采用垫料时，也应用吸湿性较好的木屑等作垫料，肉鸭后期应采用水泥或砖地养，且应增加清粪次数，以防止垫料发酵产热。

③减少对鸭群的干扰　炎热天气鸭为了减少体热增加，往往多减少活动，因而炎热期间要避免干扰鸭群，以使鸭活动量降低到最低限度。

④保持水上运动场水质清洁干净，必要时可延长放水时间　炎热季节为了提高鸭的散热能力，可采用将鸭放置在水上运动场及延长鸭在水上运动场的时间来增大鸭的散热量。但此时水质必须好，水应较深，防止因水浅而出现水温过高。且最好在水上也

搭有遮荫棚，以免强烈的太阳光直射到鸭身上。

⑤加强日常消毒工作　选购优质的消毒剂，做好日常消毒工作，防止苍蝇、蚊虫孳生，使鸭免受虫害的干扰。做好消毒工作同时可防止有害微生物的侵袭，避免鸭的抵抗力下降，增强鸭的抗热应激能力。

⑥加强对鸭群的观察，发现异常及时采取对策　日常观察主要是观测鸭群的采食量、饮水量及排粪情况，一旦发现采食下降、饮水猛增，及所排粪便在形态、色泽或气味上有所变化时则应及时采取措施。

只要上述措施采用得当，不仅可使夏季饲养的肉鸭成活率高，而且仍可使夏饲的肉鸭生长、发育正常，从而保证夏天所养的肉鸭获得较高的经济效益。

3. 肉用仔鸭的喂料计划和体重目标管理　无公害肉鸭绿色安全生产，最主要的目标是在保持肉鸭正常、健康的条件下，提高肉鸭的生长速度、降低饲料消耗，只有这样才能在充分发挥出肉鸭的生长潜力的同时，做到降低饲料消耗，提高饲料转化率。

（1）喂料计划和体重目标管理的关系　喂料计划就是根据肉鸭每个阶段生长的规律及营养需要，及不同阶段体重的肉鸭对食量的不同要求来确定每只每天喂料量，也就是以群体为单位根据每天实际圈存数及每只每天每次采食量来确定每群每天每次喂料计划。体重目标管理，就是在确定每周增重指标后根据各周实际的平均体重情况，使整个鸭群的生长尽量能以人的意志而发展，克服养鸭生产上的盲目性。喂料计划建立在增重目标上，而增重目标的实现又主要依靠比较确切的喂料计划来调节而得到保证。两者的关系是：体重达标是目的，喂料计划是手段。

至于各周具体体重目标和喂料计划的整个计划，这与品种、地区、饲养方法、季节、饲料配方的原料质量，以及饲养环境和饲养设备的不同等均有影响，所以各周具体的喂料计划和体重目标，各地各场可根据自身的条件和特点，可自行制定出科学、实用的喂料计划和体重目标管理计划。

（2）喂料计划的主要作用　饲养肉鸭上的喂料计划，实际上就是为了更合理地用好饲料，使喂下去的饲料能够最多地转化为肉鸭体重。特别是规模肉鸭场能否较好的喂料计划，对肉鸭生产饲养成本、饲养效益都有着极大影响。良好的喂料计划的主要作用有：①有利于每只鸭得到营养平衡、料量一致的日粮；②有利于保持肉鸭群在整个饲养期食欲旺盛，促使鸭群的生活规律一致，加速肉鸭体重增长；③有利于缩短肉鸭的采食时间，减少能量浪费，提高饲料转化率和饲料报酬率；④有利于集中投放药物，提高防病效果。

（3）喂料计划和体重目标管理的基本方法

①一个鸭场以鸭舍为单位，根据进苗数量，研究各周死淘数和平均体重指标，两者的关键主要是体重指标，最终是上市体重指标。

②在确定选择好各周所用饲料标准后，以鸭舍为单位规定每周每只基本用料数，这个用料计划是根据鸭群饲养日龄的逐步增加，料重比的自然变化，每日所需的饲料计划也要逐步增加。

③为了全面实施和实现喂料计划体重目标管理，就必须不断地创造好鸭舍内小环境条件，即及时调整鸭舍温度，逐步增加空气流量，加强供水系统和垫料管理，并定期对鸭舍内外进行空气消毒等措施。

④根据鸭群体重目标发展，随时调整用料计划。为了有效地实施喂料计划后的体重目标，首要条件是每日每周必须正确搞好饲养记录。记录包括每日死淘数及死亡原因、每日（详细到每次）实际用料量、每周比较正确的空腹体重等。搞好饲养记录是进行科学饲养管理中的可靠信息依据，通过饲养记录可随时调整喂料计划等一系列管理措施，确保体重目标的实施。

（4）阶段喂料计划策略　实施喂料计划可将肉鸭生长期的用料划分为四个阶段。

①基础阶段　基础阶段为肉鸭育雏期的第一周，1周龄是肉鸭生长的基础周，这一周内仔鸭的成活率、体重增长都是整个饲养期的基础。如果1周龄时死亡多，且体重小，会使肉鸭后期的生长速度受到影响，造成体重目标管理的失败。所以在1周龄内一定要精心饲养，切实做好育雏工作，保证每只雏鸭均能正常采食、饮水，做到温度满足、供料满足、供水满足、小环境条件满足，保证雏鸭采食性好、死亡少、生长快、雏鸭间体重平衡度高。1周龄时平均体重应在0.32千克左右，耗料应在230克左右，料重比应为0.75∶1。

②起步阶段　起步阶段为肉鸭的2～3周龄时期。2周龄是实施喂料计划的起步周，这时的鸭群仍处在育雏阶段，在经过第一周育雏期的饲养管理后，雏鸭对育雏环境已能基本适应，因而在这一阶段的饲养中应充分利用这一有利条件使雏鸭快速生长。同时由于雏鸭在这一阶段内对外界环境还没有完全适应，再加上进行各种免疫和预防措施的应激，鸭群在本阶段内如饲养不当，则仍会出现较高的死亡率。因而这一阶段在饲养管理上必须加以重视。在这一阶段实施喂料计划开始后有的饲养场在2周末即将雏鸭转入后期生长鸭室，而有的饲养场在3周末时将雏鸭转入仔鸭室，何时转群应视雏鸭的生长情况、外界气候条件及饲养管理条件而定。如在冬季饲养时转群应晚些，早春或晚秋饲养时，如后期仔鸭舍保温性能较差或肉鸭2周时生长较慢时，转群应晚些。因而这时鸭群的健康情况、生长和体重情况，既反映了育雏期的生长结果，又为中后期的稳长快长奠定良好的基础。如果2周龄体重小，同体重目标差距大的就要考虑3周时喂料计划上的适当调整，力求把鸭群的体重追上去，防止“前期差一点、后期差一段”的现象出现。3周龄时的鸭群平均体重应该在1.5千克，总耗料应在2 250克，料重比应在1.5∶1左右。

③关键阶段　肉鸭生长的第4周龄是实施喂料计划的关键周，这时的仔鸭虽是生长高峰期，但这时的仔鸭也最难饲养：一

是 4 周开始时刚育雏结束，雏鸭从保温性能良好的育雏室一下转入保温性较差、相对较开放的仔鸭舍时，由于温度变化过大，往往会引起仔鸭患病；二是由于育雏室的饲养条件及饲养方式与仔鸭舍的不同，因而整个饲养环境的突然变化，也极易影响肉鸭的正常生长；三是由于雏鸭的营养需要及饲料粒度等因素与仔鸭的不同，也极易引起仔鸭生长的受阻。同时由于肉鸭饲养进入 4 周龄时，离上市时间已不远，但还有很大的潜力，因为一般还有 20 天肉鸭才上市。所以必须重视 4 周龄时的喂料计划，使这阶段的肉鸭得以正常、快速生长。一般 4 周龄的体重目标是 2.3 千克。饲料总用料是在 4 000 克，料重比在 1.74∶1。如果 4 周龄时鸭群健康，即使体重达不到目标，只要及时调整用料计划，经过 10 多天耗料高峰，鸭群体重目标仍完全可以达到。如果鸭群健康程度不够理想，体重目标有较大差距，则在 4 周龄过后的一周内必须狠抓。一方面加强整个饲养管理，同时立即进行防病措施，用料计划迅速调整，要有一个星期恢复期，鸭群耗料有一个高峰到上市，最终的体重目标还有可能达到或能取得较好的增重效果。

④决定阶段　决定阶段是在肉鸭生长期的第 5～6 周龄。因为大规模饲养肉鸭一般都在 6 周末左右上市，因而这一阶段到上市的饲养时间是越来越短，也越来越重要。6 周龄的体重目标应该是 3.3 千克以上。每只总耗料在 7 000 克，平均料重比 2.12∶1。如到了 42 日龄体重目标达不到，则需延长数天再将肉鸭上市，并在后几天的饲养管理上就要发起最后冲刺，全面采取攻料促重的措施。这时不仅饲料计划增加，而且应日夜定时不断地进行赶动鸭群，并且还定时进行逐只饲料桶摇动，使桶内饲料露在鸭群采食的最适部位。只要 6 周龄体重能达 3.0 千克，经过一星期的猛攻，每只每天可增加 0.08 千克，6～7 周龄均可增加 0.5 千克/只。这样到 7 周龄上市，市场体重仍可达 3.5 千克以上，这时每只总耗料一般在 8 200 克，平均料重比为 2.34∶1。基本

上还能达到体重目标的计划。

总之，饲养肉鸭上的喂料计划和体重目标管理，主要切实抓住四个阶段，密切注意鸭群动态，全面精心加强管理，及时调整用料策略，体重目标是能够实现的。

(5) 喂料计划的注意事项

①不同季节要有不同体重指标和不同的用料水平　一般夏季高温季节肉鸭采食量少，生长缓慢，且体重小，料重比也比较低。冬季低温季节，鸭对热量需要量大，耗料多，料重比比夏季要高一些。春、秋季是养鸭的最好季节，这时肉鸭耗料采食多、长势快，体重、料重比适中。

②实行喂料计划必需集中喂料　所以在鸭舍内的饲料桶或饲料槽、饮水器具等设备，数量上都要比一般鸭舍多30%左右。这样就能解决喂料后鸭群的绝大多数鸭只能同时吃料、饮水。

③喂料计划时一定要快速喂料　要从鸭舍的中间向两头同时快速喂料，防止鸭群抢食拥挤，避免压死压伤。

④讲究喂料方法，切实掌握断料时间　一般1周龄日夜喂料6次，每次喂料达到盘内没剩料，做到次次喂新鲜料。2周龄时，日夜喂料5次，每次喂料前约断1小时。3周龄每天日夜喂料4次，每次喂料前断料2小时。4周龄开始日夜喂料3次制。早上6时和晚上18时为规定喂料时间。每次喂料前断料时间：4周龄为3小时，5.6周龄断料为每次在4小时。即使到了后期，为了攻料促增重，也必须保持一定的断料时间，如果日夜饲料一敞开，肉鸭的食欲必然下降，就不会出现鸭的采食高峰，肉鸭的后期增重必然受阻。所以用料上始终存在着一个促与控的辩证关系，充分掌握促中有控，控中有促的原理。控的目的是为了促。在喂料计划的数量和断料时间上发生矛盾时，如按计划饲料喂下去只有2～3小时就已吃完，这样适当增加饲料用量。反之，就要适当减少饲料用量，始终保持适当断料时间。

⑤随时观察好鸭群动态，随时调整用料计划　如果鸭群健

康，喂下去饲料一下子吃光，这样断料时间必然过长，下一次的饲料计划就要适当增加。防止断料时间过长会影响鸭体内养分失调或鸭体脱水失重。还如遇到鸭群发病，喂下去的饲料一时吃不掉，直至下一次喂料时桶内还有余料。在这种情况下，不仅要减少饲料计划，还要适当推迟喂料时间，要有一定断料时间，造成鸭群有饥饿感，提高鸭的食欲。如果照搬计划投料，不仅浪费饲料，而且不利于鸭群病情好转。有了一定断料时间，就可加药喂料，否则用药治病就无好的途径。

喂料计划、体重目标管理是大规模饲养肉鸭的一项新的饲养技术，既有它的重点性，又有它的综合性，如果大群饲养肉鸭光靠喂料计划体重目标管理，其他环境条件不具备，饲料质量不过关，水质空气不清洁，饲养管理不精细，效果就一定不理想，喂料计划体重目标也就难以实施和实现。

三、肉用种鸭的科学饲养

（一）选择正宗的种鸭饲养

1. 留种季节的选择 选留种鸭的季节，应根据当地气候及鸭对自然条件适应能力和市场需求来确定。在华东地区，种鸭留种的最佳季节要根据所提供苗鸭的上市高峰来确定，而这一地区肉鸭的饲养高峰要在春、秋两季，所以种鸭的留种一般也应以春、秋两季为主。

2. 肉用种鸭场的挑选

（1）祖代鸭场祖代鸭苗的选择 如果准备饲养祖代种鸭，必须从正宗的曾祖代种鸭场引进种苗。我国的北京鸭只有北京有原种场和曾祖代种鸭。如饲养樱桃谷祖代鸭，必须从英国樱桃谷公司引进，才能购得正宗的种鸭。我国目前樱桃谷祖代鸭场主要有四川绵羊市的绵英祖代鸭场，河南潢川县的河英祖代鸭场，江苏吴江市众城鸭业集团的祖代鸭场等；丽佳祖代鸭场主要是福建泉州的丽佳鸭祖代鸭场等；澳白星祖代鸭场主要是山东的澳白星祖代鸭场；四川的天府肉鸭祖代鸭场是由四川农业大学饲养。

（2）*父母代鸭场父母代鸭苗的选择*　如果准备饲养父母代种鸭，必须从正宗的祖代种鸭场引进种苗。目前我国樱桃谷祖代种鸭场已有数家，安徽、山东、广东、河北等地也多建设了樱桃谷祖代鸭场。只有从正宗的祖代鸭场，才能购到正宗的父母代鸭，否则均为商品鸭做种，不符合肉鸭绿色安全生产的规定，更不符合《种畜禽管理条例》中的规定。

3. 种蛋的选择

（1）必须按上述要求，在确定肉用种鸭场后，才能确定挑选自己所需的种蛋。一般国外引进时均选择鸭苗。国内购买父母代鸭时一般也不提供种蛋。只有父母代场家所产的蛋，才能向商品鸭苗的孵化场提供。

（2）种蛋必须来自健康高产的正宗父母鸭群，选留种蛋应在鸭群达60%的产蛋率以后，以产蛋高峰期以后的鸭苗较优。

（3）种蛋要选择新鲜、大小均匀（85～95克/个）、蛋壳薄厚适度、无沙壳畸形、乳白色而清洁的蛋。

4. 种雏的选择

（1）选雏应选出雏高峰时的雏（提前出壳或推迟出壳的鸭雏不要选作种用）。

（2）外观选择：羽毛清洁，富有光泽，呈鲜黄色，嘴、腿、蹼呈橘红或橘黄色，两腿健壮有力，小鸭活泼好动，眼大有神，反应敏感。

（3）手感选择：用手握住小鸭，感到身体饱满，有弹性，体重大小均匀，腹部宽阔、平坦、柔软，卵黄吸收良好，脐部干燥无出血，小鸭挣扎有力，鸣声响亮。

（4）小鸭出壳毛干后6小时左右，应及时进行公母鉴别，所提供公母雏鸭的配比为1∶4；这样可减少公鸭饲养量，节省种鸭培养费用。目前祖代鸭场提供父母代苗鸭时一般一个配套单元为 30 只公雏鸭＋110 只母雏鸭。

（二）搞好育雏期的饲养管理

肉用种鸭育雏期的饲养管理，可参照前述商品肉鸭雏鸭的饲养管理进行。

（三）搞好育成期的饲养管理

仔鸭从 6 周龄育雏结束至开始产蛋前这一期间称为育成期。按育成期饲养管理的特点，又可将肉种鸭育成期分为 7～12 周龄的种鸭生长期，13～23 周龄的种鸭限制饲养期两个阶段，这在种鸭一生中是一个很重要的时期。肉种鸭生长发育快、成熟早，因此，在育成期的饲养管理将决定种鸭产蛋期的生产性能。如果后备种鸭饲养期饲养管理不当，将会造成种鸭早成熟、早开产、蛋重小、畸形蛋多、种蛋合格率低，而且产蛋持续期短，鸭群产蛋高峰上不去等，严重影响种鸭的生产性能。所以良好的育成期饲养管理能为产蛋期提高生产性能打好坚实的基础。

肉种鸭育成期的饲养管理方法有全舍饲、半舍饲和放牧饲养三种。

1. 全舍饲

（1）*育成期早期的饲养管理要求*　对育雏结束从雏鸭舍转到育成鸭舍时，饲养管理方法应该逐渐转变，不要使转群前后的饲养管理和环境出现太大变化，首先是饲料营养水平和舍内温度的差异不要太大。初转入育成舍时，可采用地面铺垫草等保温措施，然后逐渐降温，直至与外界自然温度一致为止。从雏鸭后期料改为育成期生长料时，也应采取逐渐过渡的办法。根据第六章所列的肉种鸭营养需要标准来进行配合饲料，特别要注意的是，从育雏期结束更换育雏期饲料时，要求原来所用的饲料原料不要有变化，变化的仅是原料添加量的不同，这样可减少换料期的应激。由于此阶段肉种鸭已具备累积脂肪的能力，所以在没有进行严格限制饲喂的7～12周龄间，不仅要采用低营养水平的饲料，而且要采用定时、定量的饲喂法，同时要注意适当控制些料量，切不可像商品肉鸭期那样，采用自由采食方法让鸭任意采食，否则会引起肉种鸭的过早长肥，造成肉种鸭腹腔内脂肪累积过多，严重影响育成后期种鸭的生殖器官的发育。

（2）*后备鸭的饲养方法*　对后备种鸭必须采用限制饲喂，其目的是防止超重和过量的脂肪沉积。各阶段饲喂次数和饲喂量按表6-4进行。

表6-4　育成期及后备鸭不同阶段的饲喂次数

周　龄	每天饲喂次数	每天喂料量（千克/只）	
		大体型肉鸭	中体型肉鸭
4	4	0.135	0.130
5～6	3	0.150	0.140
7～8	2	0.155	0.150
9～10	1	0.165	0.160
11～18	1/2	0.175	0.170
19～21	1	0.180	0.175
22～23	2	0.185	0.180
24	3	0.195	0.190
25	3～4	0.210	0.200

后备鸭在限制饲喂时，每只鸭要保证有15厘米宽的食槽位置，保证每只鸭都能吃到自己定量的饲料。每次喂料时间要固定，使鸭群建立良好的条件反射习惯。同时每次喂食时间也应限制在30～40分钟，吃完后拿走料盘。

（3）*后备鸭体重的控制*　后备鸭各周龄体重标准见表6-5。

后备鸭的称重应从4周龄开始，每周一次，定期、定时称重，直至开产为止，要求称重在当日凌晨空腹进行。每次公母鸭称重的比例应为随机柚样鸭群的5%～7%。

每次称重后，将公母鸭体重平均数与所制定的各阶段体重标准进行比较，如果实际体重与标准体重差异较大，就要调整饲喂次数和料量。公母鸭体重如达不到标准，应增加饲喂次数或料量。反之，则可减少。如鸭群个体间的体重差异很大，则要从饲喂方法和每只鸭的采食面积考虑是否达到要求。尤其是采用每天喂一次或隔天喂一次的方法，每只鸭若不保证15厘米的料槽长，很可能造成鸭群中体弱者吃不饱，而体强者总是多吃，时间一长体重的两极分化现象在鸭群中更加明显。所以限制饲喂，必须保证充分的采食面积。如饲喂料槽不够，可将饲料分多处堆在干净的地面上饲喂。如体重差异仍较大，可按体重大小，暂时分群饲喂，对体小者可适当增加饲喂次数和数量；对体重超标者可进一步限制，待体重接近一致时，再混群饲养。

(4) 分群及饲养管理　后备鸭的分群按体质强弱、体重大小分群，但每群不宜过大，以每400～500只为一群最好，这样便于管理。饲养密度按舍内4～5只/米^{2}计算。

(5) 光照　整个后备期在光照管理上，夜间不给人工光照，白天有自然光。

6. 保持舍内清洁、干燥　全舍饲种鸭舍内不设置水浴沟，种鸭不沐浴，因而必须保持种鸭内的垫料清洁、干净，整个鸭舍必须干燥，否则鸭舍过潮、过脏，容易使鸭羽毛脏、乱，不仅影响鸭的健康、还影响鸭的体格发育。不论采用何种饲喂方式，一定要保证水槽内有充足干净的饮水，饮用水不能间断。饮水槽设置应合理，不能让鸭进入，也不能让鸭用水搞湿地面。因而，全舍饲的鸭舍最好设置乳头式饮水器，同时将饮水器设在离休息的垫面较远处，或在饮水器架设在网架上。要经常向垫料上增添干净的垫草，也可定期将潮湿的垫草更换为干洁的垫料。

(7) 搞好防疫　平时要做好一切防疫工作，如发生流行疫病时，要采取果断措施，积极治疗，防止疫病的蔓延。

(8) 做好产蛋前的准备工作　后备鸭在22～23周龄时，就要着手产蛋前的准备工作。一是要提前做好产蛋前疫苗注射工作，避免开产后打针，影响产蛋率。如有寄生虫时，应同时进行驱虫、灭虱子工作；二是在开产前二周将后备鸭转入种鸭产蛋舍，让其熟悉和适应周围环境，否则将影响产蛋；三是产蛋窝（用垫草或木箱做成）应设在鸭舍内围墙下，产蛋窝处在鸭舍内应属于光线比较暗淡处。两窝间距为50～60厘米，每4～5只母鸭备一个窝。

表6-5　后备鸭各周龄体重标准　　单位：千克

周　龄	大体型肉鸭体重		中体型肉鸭体重	
	公	母	公	母
3	0.70		0.60	
4	1.00		0.90	
5	1.35		1.30	
6	1.70		1.60	
7	2.00	1.90	1.95	1.90
8	2.10	2.00	2.05	2.00
9	2.20	2.10	2.10	2.05
10	2.30	2.20	2.15	2.10
11	2.35	2.25	2.20	2.15
12	2.40	2.30	2.25	2.20
13	2.45	2.35	2.30	2.25
14	2.50	2.40	2.35	2.30
15	2.55	2.45	2.40	2.35
16	2.60	2.50	2.45	2.40
17	2.65	2.55	2.50	2.45
18	2.70	2.60	2.55	2.50
19	2.75	2.65	2.60	2.55
20	2.80	2.70	2.65	2.60
21	2.85	2.75	2.70	2.65
22	2.90	2.80	2.75	2.65
23	2.95	2.85	2.80	2.70
24	3.00	2.90	2.85	2.75
25	3.10	2.95	2.90	2.80
26	3.10	2.95	2.90	2.80

2. 半舍饲　半舍饲是指种鸭场设有水、陆运动场。水上运

动场可以是自然的河、塘，也可以是人工设置的浅水沟。不管是何种形式的水上运动场，水质必须清洁；采用人工水沟时，必须定时换水。同时必须在陆上运动场与水上运动场或水沟间设置隔网或隔栏，应采用定时方式让鸭进入河塘或水沟沐浴，不能让鸭任何时间均可随意进入水上运动场或水沟，因为鸭在开始下水时，往往首先沐浴，洗净羽毛，如果时间再长鸭就会在水中到处寻找食物，这时鸭就有可能喝脏水及将河塘中的水弄混浊。

3. 放牧饲养 鸭场周围，如有荒滩、草地、水面的地方，最适于后备鸭的放牧。放牧的鸭群得到充足的阳光、运动，以及青草、虫子、矿物质等各种饲料，有利于鸭子的生长发育，增强体质，既可减少脂肪的沉积，又可节省饲料、人力和房舍。

放牧期的饲养可根据不同阶段的体重情况来确定喂料量和次数。对放牧地有大量鱼、虾的地方，要注意控制肉种鸭的放牧时间，不可让肉种鸭贪吃，以防种鸭过肥。对放牧饲养的种鸭更要根据种鸭的体重标准，来控制种鸭的体重生长。

（四）搞好产蛋期的饲养管理

产蛋鸭饲养管理的好坏，直接关系到产蛋性能的高低。

1. 饲喂方法 产蛋鸭每天喂料的时间要固定，目前常用的给饲方法是每昼夜 4 次或 3 次。喂 4 次的时间，即 4 时、10 时、14 时和 20 时；喂 3 次可安排在 5 时、12 时、19 时。只有按时喂料，才能培养鸭子良好的生活规律，促进食欲、消化。喂料量标准必须根据种鸭产蛋率的高低、季节、气候情况调整喂料量。一天中，种鸭的食欲也不一样，如夏季早晚气候凉爽，种鸭食欲好，可多喂些，中午少喂些。但整个产蛋期间，饲喂量和营养水平要相对稳定，不可突然增减饲喂量或改变营养水平，如需改变，也要逐渐过渡，慢慢调整。

2. 种鸭的公母配种比例 为提高公鸭种用性能，提高种蛋受精率，保证母鸭健康，在种鸭群中，公母鸭配种比例为1∶5～

8。公母鸭配种比例应根据种鸭年龄、季节、水源条件等来确定。

3. 光照　光照是控制种鸭性成熟和产蛋率的最有效方法。对目前采用的开放式种鸭舍，一般比较容易掌握的方法是从23～24周龄起每周在原自然光照的基础上，增加1小时人工光照，一直增加到自然光照加人工光照每天保证有18～19小时为止。种鸭的光照强度以3瓦/米^{2}为宜，光照时间见表6-6。

表6-6　种鸭光照时间

周龄	每昼夜光照时间（小时）	开灯时间
3天内	24	夜间全开灯
4天～2周	22	21：00～23：00关灯
3周	20	21：00～1：00关灯
4周	18	21：00～3：00关灯
5周	16	21：00～5：00关灯
6～7周	14	19：00～5：00关灯
8～24周	自然光照	夜间不开灯
25周	14	19：00～5：00关灯
26周	15	20：00～5：00关灯
27周	16	21：00～5：00关灯
28周	17	21：00～4：00关灯
29周以后	18	21：00～3：00关灯
注意事项	每周减少2小时光照，应分二次进行，每次减少1小时； 每周增加1小时光照，可分二次进行，每次加半小时。	

4. 日常管理　饲养种鸭需具备良好洗浴条件，可利用天然湖面、河流，也可用人工建的洗浴池。因为种鸭的交配主要在水中完成，所以水面的大小和水质好坏，对种蛋授精率的高低有直接影响，种鸭交配旺盛期是在每天的早晨和傍晚，在这段时间，更应保证水的清洁卫生，以使鸭能下水，促进交配。

种鸭虽喜水，但又忌舍内或运动场潮湿，因此鸭舍每天要清扫地面，铲去潮湿的垫草和粪便，打开门窗通风换气，待地面风干后，再换上干净的沙土和垫草。

肉种鸭抗寒性强，但抗热性较差。所以严冬舍内不需生火，但要特别注意保温，防止温度忽高忽低，更应防止舍内形成贼风，以免引起鸭感冒；夏季一定要备好防暑设施，如运动场有设树阴或搭建凉棚，鸭舍要保持良好的通风换气，防止因闷热而引起种鸭换只。每天早晨，鸭群出舍前，要先将门窗逐渐打开，使舍内外温度接近平衡后，再将鸭群放出。放鸭时，饲养员可站在门口疏散鸭群，防止鸭子拥挤踩伤。

种鸭产蛋一般在夜间一点以后至天亮前陆续产完。所以饲养员在 3：00 开灯后，准备喂料时，应开始拣蛋，防止种蛋破损、污染和冬季受冻。要保证种鸭夜间有充足的饮水。

5. 分群管理 种鸭产蛋经过一段时间后，可能有部分种鸭会换只停产，而另一部分种鸭则仍在继续产蛋，为了合理利用饲料和便于管理，此时可把低产母鸭和停产母鸭进行分群管理。产蛋鸭与停产鸭的鉴别方法，见表 6－7。

表 6－7 产蛋鸭与停产鸭的主要区别

项目	产蛋鸭	停产鸭
羽毛	整齐无光泽或膀尖有锈色，羽毛紧收	羽毛松散，不整齐，有光泽
颈	颈只紧，脖子细	颈只松、脖子粗
嘴	浅白色或带有黑色素	橘红色
臀部	下垂接近地面	不下垂
行动	行动缓慢，不怕人	行动灵活怕人
趾骨	三指以上，间距大	间距小，少于三指

将停产鸭分出后，可减少喂料量和饲喂次数。对停产母鸭可喂后备鸭料。为使停产鸭集中开产，也可采用强制换只。合理的分群，不但可以节约饲料，同时有利于停产鸭尽快恢复产蛋。待停产鸭开始产蛋后再放回产蛋群集中管理。

第七章

无公害蛋鸭绿色安全生产技术

我国是水禽饲养量最多的国家，具有悠久的养鸭历史，劳动人民在长期饲养实践中，创造了稻田养鸭、湖荡养鸭及海滩养鸭等方法。同时还根据“鸭要腥和放”的生物学习性，采取“一放二管”的饲养技术，充分利用天然饲料。而当鸭群开始自然换只时，又采用“关蛋”措施，使母鸭同步停产、开产，充分发挥其产蛋潜力，以获得最高的经济效益。

近年来，随着集约化经营方式的推广，在蛋鸭生产领域上也进行了技术革新，蛋鸭已由过去的兼营副业式的放牧饲养向专营主业式的集约化舍饲方向发展，出现了很多规模集约化蛋鸭场和蛋鸭场联合体，使集约化蛋鸭饲养的经济效益显著提高，这些先进的饲养技术都值得重视和推广。

一、蛋用雏鸭的培育技术

雏鸭的培育是养鸭生产中重要的环节，因为雏鸭的生长发育好坏影响着鸭群的健康和生产性能以及鸭群的更新和生产计划的完成。因此，必须重视雏鸭的培育。

（一）蛋用雏鸭的科学选雏技术

雏鸭品质好坏是雏鸭培育成败的先决条件。蛋用型雏鸭出壳毛干后，初生重一般为 40～42 克。健康的雏鸭活泼好动，眼大有神，反应灵敏，叫声洪亮，腹圆脐平，胫、蹼油润，大小均匀、颜色一致。凡是头歪、眼瞎、脚拐、喙部畸形、大肚皮和脐部收缩不好的雏鸭都应该剔除。同时，还要根据饲养目的选购不同品种的雏鸭，例如，饲养商品蛋鸭，只需选择高产的母雏鸭，严防混入公雏鸭；若要饲养蛋用种鸭，应按公母比例选购公母鸭，且公母鸭应同时出雏，否则将影响公母鸭的配种。

（二）蛋用雏鸭的科学培育技术

1. 适时初饮和开食 雏鸭出壳后第一次饮水和吃食称为“初饮”（也叫“潮水”、“开水”）和“开食”。由于雏鸭对脱水极为敏感，所以，培育雏鸭要采取“早饮水、早开食，先饮水、后开食”的方法，具体饲养措施如下：

“初饮” 传统式做法是，雏鸭出壳毛干后即分装（50～60只/篓）在竹篓（直径70～80厘米，高25～30厘米）里，而后慢慢将篓浸入水中，以浸没鸭爪为宜，让鸭在浅水（水温约15℃）中站5～10分钟，雏鸭受水刺激，将会活跃起来，边饮水边活动，这样可促进新陈代谢和胎粪的排出。集约化养鸭场给雏鸭“开水”多采用饮水器或浅水盆，喂给0.02%抗生素或多维素水，可防肠道疾病并补充维生素。第一次喂水时，应分群分栏进行，并对没有初饮的雏鸭进行调教，并做到饮水器内不断水，放置饮水器时应不远离热源和鸭群。

“开食” 雏鸭开食时，传统方法多采用夹生米饭或小米等加拌10%的葡萄糖水，或加拌切细的青绿饲料进行饲喂，米饭要求疏松分散，以防止雏鸭采食时粘毛，影响食欲。饲喂时可在地上放两块塑料薄膜，一块均匀撒放饲料，另一块四周垫高，中间放1～2厘米深的水，先引雏鸭嬉水后再喂料，可防止米饭被弄脏。现代化养鸭均用全价雏鸭颗粒配合饲料开食。

2. 合理的营养和饲喂 不论是传统养鸭或是集约化饲养雏鸭，开食后饲料不但数量要足，而且质量要好，要能满足鸭生长发育所需要的全部营养物质，才能保证雏鸭健康地成长。一般要求用高蛋白（20%～22%）、高能量（12～13兆焦/千克）、多种氨基酸和维生素等混合的全价料来饲喂雏鸭。雏鸭开食后，可根据当地动物性蛋白的来源及为雏鸭补充螺蛳、鱼虾等腥荤料。据测定，10千克鲜螺蛳或2千克的鲜小鱼虾，相当于0.5千克的优质鱼粉，同时还含有丰富的B族维生素和多种微量元素。2～3日龄后即可逐渐增加动物蛋白和青绿饲料的比例，动物性饲料由5%增加到20%，青绿饲料由20%增加到40%，饲喂时可按一定比例和米饭混合均匀，撒在竹匾上或塑料薄膜上，让雏鸭自由采食。饲喂次数可由开食时的每天6～7次逐渐减少到育雏结束时3～4次。

3. 科学的保温育雏　刚出壳的雏鸭体温调节机能较弱，其抗寒防热的能力较差，气候变化很容易引起雏鸭疾病和死亡。雏鸭对温度要求：第一周龄内30～32℃，第二、三、四周龄分别比前周低2～3℃。保温时间长短，因季节、品种和雏鸭强弱而异，一般保温时间大致3～4周，保温时间可略短于肉鸭。蛋鸭育雏的主要技术参数表7-1。

表7-1　蛋雏鸭饲养技术参数

项　目		一周	二周	三周	四周	五周
温度（℃）	育雏器下	32～30	30～28	28～25	25～22	22～18
	舍内	24～22	22～20	20～18	18～16	16～15
密度 只/米^2	肉用	28～22	22～16	16～12	12～10	10～8
	蛋用	35～30	30～25	25～20	20～15	15～12
相对湿度（%）		一搬为55～65				
昼夜光照时间（小时）		第一周为24～23小时，然后每周减少2小时至自然光照				

温度只是一种参考依据，给温正确与否应根据雏鸭的动态、叫声和吃食状况来判断。当温度过低时，雏鸭聚集在一起，互相拥挤，堆集，不吃食；温度过高，雏鸭喘气，饮水量增加；如果温度正常，适合雏鸭的需要，雏鸭均匀散开，吃食正常，活泼可爱，休息安静。育雏温度要掌握平稳（就是不能忽高忽低），温

度掌握不平稳雏鸭容易受凉感冒，导致疾病的发生，到3～4周时，要适时脱温，而后过渡到完全放牧锻炼。

4. 注意密度和分群 刚出壳的雏鸭因受种蛋大小和孵化技术的影响，就有大小强弱不同之分，根据雏鸭大小分篓或分笼饲养，雏鸭饲养密度参见表7-1，经饲养观察后，根据鸭的生长发育与采食量进行再次分群，对空嗉囊鸭和半饱鸭应另放一群，单独饲养管理，增加蛋白质和高能量的饲料，以便尽早赶上大群饲养的鸭。每群饲养只数应保持恒定，以不超过300只为宜，以方便放牧管理。

饲养密度过大，由于饮水量增多，排出的粪便也多，鸭舍容易潮湿。雏鸭卧地休息时，腹部的羽毛容易烂或脱落，密度过大还容易造成舍内空气污浊。严重时可能会引起氨气及硫化氢中毒。

5. 防止打堆 雏鸭有堆集习性，刚出壳时常堆挤而眠，体弱的雏鸭往往被压伤或压死，或因堆挤受热使雏鸭“出汗”受凉感冒或感染其他疾病造成死亡。为防止雏鸭堆集，每隔2小时驱赶一次，放水上岸后应有充分的理毛时间，以保持舍内干燥，可减少雏鸭的打堆。

6. 放牧和下水锻炼 放水不仅可增加鸭的活动，促进新陈代谢，增强体质，还可洗净羽毛上的脏物，有益于卫生保健等。传统养鸭时，雏鸭阶段就可训练下水活动。但雏鸭全身的绒毛容易被水浸湿下沉，体弱者还会被溺死，所以雏鸭放水时只能到沟渠河池的边沿线处活动，并要有专人守望，下水时切不可人为往河中驱赶，应让鸭逐只慢下，避免像“下团子”式的下水，否则将会造成先下水的鸭子被后下的鸭子压在水下而抬不起头而引起窒息死亡。因而下水时必须人为加以调教，让鸭嬉水片刻再慢慢赶上岸来休息。10日龄以后适当延长下水活动时间，到1月龄可以逐渐过渡到任其在水中自由活动。集约化饲养蛋、肉鸭多以舍饲圈养为主，或在近处水池边下水训练或放养。如果长期不放水，鸭毛会无抗水能力，被水浸透后发生“油毛”。每天放水的次数和时间应根据季节和雏鸭日龄而定，幼雏一般一天1次，每次10～15分钟，以后可改为每天2次，时间也可延长。

7. 搞好卫生和通风 每日清除棚内鸭粪，垫草要勤换勤晒，食槽要经常冲洗干净，禁止饲喂腐败变质饲料，并保持周围环境卫生。

雏鸭代谢旺盛，体温高，呼吸急、快，加上舍内的垫料以及剩余饲料的残渣等发酵分解，舍内必然会产生一些有害气体（主要是氨气和硫化氢），长期不注意通风，就会造成雏鸭抵抗力下降、体质弱，严重时造成大批中毒死亡。所以，保温育雏的同时要注意通风，一般每天需打开部分窗户数分钟，这样既保持了舍内空气新鲜，又可排除舍内空气中过多的水分。

除此，还要防止惊群，预防兽害，夜间、熄灯时应渐明渐暗，同时应加强值班巡视，经常清点鸭数，做好饲料消耗和死亡记录，注意防治鸭病等等。

二、蛋鸭育成期的饲养管理

蛋鸭育成期的饲养管理可参照肉种鸭育成期的饲养管理制度来执行。

三、蛋鸭产蛋期科学饲养管理

（一）实行蛋鸭产蛋前的科学选择

各地选择高产蛋鸭的方法主要有：一是根据其外貌和行动来选择。高产蛋鸭羽毛紧密，头秀气、颈长、身长、眼大而突，腹部深广，但不拖地，臀部大而方，两脚间距宽，如高产绍鸭腹部软下垂，泄殖腔湿润松弛，两趾骨间可容纳三指以上，龙骨与趾骨之间可按一只手掌。二是根据鸭换羽毛时间的早晚和换只期的长短来选择。这是鉴定产蛋率高低的重要特征。高产蛋鸭换只时间迟，一般到秋后才开始换羽毛，而且换只期短；低产鸭开产迟，换只早，换只停产时间长。第二种方法仅对饲养至第二年的产蛋鸭和种鸭的选择有用。

另外，还要注意选种的时间。不同的季节，不同产蛋量，不同年龄的鸭，其外形和表现也有所不同。如羽毛，春季鸭群刚开始产蛋，这时高产蛋鸭的羽毛新鲜，有光泽，紧凑，好像花一样。如这时有的鸭的羽毛陈旧，暗淡，蓬松，则为迟产的低产鸭。秋季高产鸭羽毛易沾水，暗淡，零乱，残缺。而低产蛋鸭，此时却羽毛整洁。

鸭产蛋性能主要用产蛋量、蛋重和蛋的品质来衡量。产蛋量是蛋用鸭最主要的经济性状。

鸭产蛋性能高低，既与品种有关，又与饲料、饲养管理及环境因素有着密切的关系。高产鸭只有在合理的饲养管理条件下，才能达到稳产高产。如果不是高产的蛋鸭，即使有良好的饲养管理条件，也绝不可能产更多的蛋，这是遗传性能决定的。因此，养鸭生产中，选择高产蛋鸭品种在饲养蛋鸭中十分重要。高产蛋鸭与低产蛋鸭在外貌上不同点可见下表 7－2。

表 7－2　高产蛋鸭与低产蛋鸭外貌上的不同点

部　位	高　产　鸭	低　产　鸭
头	昂起、大小适中	颓、缩
眼	眼突有神	小而无神
颈	细长、灵活	粗短、不灵活
翼	两翼贴附	两翼松散
脚	强健两脚距离宽	细小无力
蹼	大而厚	小而薄
膨大部	饱食后凸起且膨大	容积小、不膨大
腹　部	深宽	浅薄
臀　部	圆而下垂	窄小、紧缩
只　毛	脏污，不完整	整洁、光亮
活　力	活泼、反应快，觅食力强	迟钝、反应慢、食欲差
体　型	梯形、深、长、宽	狭窄、短浅

（二）进行科学的圈养蛋鸭

在无公害鸭绿色安全生产中，为了防止自由式的水陆结合饲养会造成鸭与水体间的相互感染，可采用科学的方法，进行合理的蛋鸭圈养，圈养蛋鸭归纳起来有六条基本技术措施：

1. 科学选择场址、建造鸭舍　蛋鸭场选择场址和鸭舍建造得好坏，直接关系到鸭群健康和产蛋。鸭场的场址应选择地势高燥、阳光充足、空气好、地面为砂质壤土或自然水域边的空地上为宜。鸭是水禽且生活离不开水，所以鸭圈还应考虑有流动清洁的水源，以便鸭群放水活动、清理羽毛、增进食欲、提高产蛋力。水面宽度要适中，水位1.5～2米，不宜过浅或过深，水质好，要防止有影响鸭群健康的工业废水或有毒水。

2. 合理的配合饲料和饲喂　产蛋蛋鸭对营养的要求，除维持生命活动外，还要形成蛋。因此，必须根据鸭产蛋率高低和气候冷热的变化情况，合理搭配饲料。宜采用多种动植物精饲料合理调配。

蛋鸭实行“三定”喂饲方法。即定时间，每天3餐，高产期视需要时可在夜间加喂一餐；定量，每天每只鸭供精料125克，水草或其他青绿饲料150克。做到现拌现喂，一顿吃光，不剩积，保持饲料新鲜，不腐变；定时放水，一般每天早、中、晚各放水一次，每次半小时左右。在夏秋季节每天放水可增加到四次，并适当延长放水时间。当前，圈养鸭产蛋率低或不稳定的一条重要原因是没有合理搭配饲料和实行“三定”饲养方法，有的饲料单一化，动物性蛋白质饲料不足，或缺少水草青绿饲料。也有的喂饲方法不当，一次放一大堆饲料，不定时任其觅食，饲料不新鲜，影响了鸭的食欲；还有的饲养户将鸭大部分时间都放在水中，任其游来游去，增加了能量消耗，势必影响产蛋。

3. 适宜的温度和光照　温度对鸭的产蛋量至关重要。实践证明，冬天和早春防寒保暖工作做得好，蛋鸭不受寒潮侵袭，一般产蛋率仍能维持在85%左右。夏季注意圈内通风换气，防暑降温，鸭群照样产蛋。

光是影响鸭产蛋的重要因素。光线的刺激可促使鸭的卵泡发育和排卵。一般光照时间长，产蛋旺盛；冬天或梅雨季节，光照时间短，影响产蛋。因此，根据自然光照时间长短变化，采取人工补充光照的办法，是提高圈养鸭产蛋量的有效办法。在鸭圈内安装电灯离地面约2米，配上灯罩，使灯光集中照射地面。光照时间可在夜间补充到21点，早上天亮前3点开灯至天亮，保证每昼夜光照时间18小时。光照时间一旦确定以后就不得更改，否则将影响鸭的产蛋。

4. 严格的防疫 圈养鸭大群集中，疫病是最大敌害之一。有的饲养户由于平日不注意预防注射和消毒卫生工作，到处向外购鸭，带进疫源，加之饲养管理不善，喂带污染病毒或病菌的饲料、饮水，引起大批鸭感染鸭瘟、鸭霍乱而死亡，降低了产蛋量。家庭圈养蛋鸭平日应加强饲养管理，保持圈舍、垫料干燥，对喂料和饮水器具应天天清洗消毒。在鸭舍门口处放置生石灰消毒药物，严禁一切带毒的动物或污染物进入圈内，杜绝疫源侵入。对新购入鸭，须隔离观察半个月后，证明健康，方可混群饲养。

贯彻“预防为主”的方针，打好防疫针。预防鸭瘟，可用鸭瘟弱毒疫苗，剂量每只鸭肌肉注射1毫升，免疫期6个月；预防鸭霍乱，用禽霍乱菌苗，大鸭每只肌肉注射2毫升，隔半月后再肌肉注射2毫升，免疫期6个月。平时可用磺胺二甲基嘧啶或磺胺噻唑按0.5%～1%比例拌饲料喂3～5天；或用0.01%的高锰酸钾饮水防疫。

一旦发现疫病，要立即隔离，对病死鸭作深埋或烧毁处理。病鸭不能上市出售，也不能把病鸭或其内脏、羽毛等污染物乱丢江河、溪塘里，以免蔓延。对圈舍，场地、器具等应用烧碱、漂白粉、生石灰、高锰酸钾消毒物进行严格消毒。对健康鸭应紧急预防注射，控制疫病流行。

5. 减少应激　引起应激因素很多，如环境骤变，气候忽冷忽热，鸭舍结构不合理，或光线不足，照明改变，饮水短缺，饲料突变，长途运输，以及惊吓等等，频繁应激会降低产蛋量。

预防鸭群受惊吓，保持安静，能提高圈养鸭产蛋量。据试验观察，凡受惊吓的鸭，产蛋率下降10%～20%，有时产软壳蛋。所以，平日要加强饲养管理，尽量减少应激，保持安静环境，不要在圈舍旁边高声大叫，非饲养人员不要任意进入圈内。特别注意防止狗、猫等动物窜入，以免鸭群受惊，保持一个比较安静舒适的环境，有利于提高家庭圈养鸭产蛋量。

（三）放牧饲养蛋鸭技术

放牧饲养蛋鸭，是指利用江、河、湖、泊的条件，选择水面大，放牧后不影响水质的地方，进行蛋鸭的放牧饲养。放牧饲养虽然花费劳动量大，但可充分利用营养丰富的天然饲料资源，减少用粮，节省成本。放牧的主要缺点在于鸭的体力消耗大，能量的无效消耗多，动物性饲料吃得多，造成资源浪费。

蛋鸭适应在海湾、河口的滩涂放牧饲养，也适合平原地区沼泽地和水稻田、湖泊、江河、溪流、沟渠、堰塘和水库放牧饲养。蛋鸭食性广，觅食能力强，耐粗食，对饲料的选择要求低，善潜水捕食和在浑水中觅食。鸭子吃上腐殖污泥，可以补充B_{12}的来源；能充分地不失时机地利用牧场的野生动物为饲料。蛋鸭的传统饲养方法是采用放牧与补饲相结合的饲养方式，产蛋鸭平均每天供给稻谷100～125克，补给人工新鲜荤料（水产贝类）150克左右。每群鸭（400～500只）配饲养员一人，助手一人，协助放牧管理工作。

放牧饲养管理的原则是“三勤”：第一勤喂，第二勤赶，第三勤照顾。

1. 勤喂　包括舍喂与牧喂。

（1）舍喂　每天早晚各一餐，在鸭舍内进行。早晨群鸭放出鸭舍，先给饮水（冬天喂饮温水），然后饲喂饲料，稻谷与贝类交替分次轮喂，先素后荤，以谷物为主，轮喂2～3回。分次轮喂，既促食欲，又增加了鸭必要的活动量。傍晚回舍，施喂晚餐，仍必须反复分次轮喂，喂足喂饱，确保群鸭饱嗉过夜，满足生理需要，以防膘情下降。晚餐喂毕，让鸭下水洗浴嬉水，然后上陆在运动场梳理羽毛和休息，待羽毛晾干，天黑前赶进鸭舍。必要时还可增加夜喂，饲喂方法是群鸭入舍前，在舍内排置木桶，装上谷料于桶中，并加入适量的钙粉和食盐，让鸭在夜间自由采食（尤其是下蛋之后）。木桶放在舍内靠前半段的中央；放置木桶处地面挖坑，便于收贮溢水，以保持舍内干燥、清洁。

（2）牧喂　牧喂时间一般于上午8时至11时，下午2时至4时。春冬两季，早晨7时出牧；夏、秋早晨6时出牧。鸭子到牧场后，先让鸭子在牧场自由觅食，半小时后开始施喂，约半小时喂毕。每天需进行三、四次轮喂。每喂毕一餐，都要赶鸭下水，让它把身上玷污的泥土和脏物洗涤干净，然后让鸭上滩地梳理羽毛和晾干、休息。休息过后，出现自由采食高潮，继续赶上牧场觅食，效果良好。

2. 勤赶　勤赶能促进觅食活动，增加运动量，提高新陈代谢率。三勤中勤赶尤为重要，是提高鸭群产蛋率的主要因素。牧场上赶鸭技术水平好坏对鸭的产蛋关系重大。在牧场上群鸭走在前，饲养员跟在后，饲养员用竹竿指引方向前进，让鸭子在牧场上自由采食，浑水中捞捕小鱼虾，海滩上追捕蟹类，这是最恰当的运动锻炼。但要控制不让鸭子东奔西跑，集中在一定的范围内觅食，在短时间内采食吃饱。要多赶动，勤移动，多采食，不能让鸭过分停歇，活动与休息时间之比控制在4∶1。对一些惰性大，觅食不勤，不爱多走动的鸭子，采用轰动、操赶强迫其跑动跟上鸭群，但不能随便惊动，不能操赶过急，防止过分疲劳。避免不必要跋涉，减少体力过分消耗。过沟岸或爬坡时，要特别注意操赶技巧，避免操赶过急，使鸭跌伤，尤其是跌破在体内的蛋壳，造成严重的损失。根据鸭的生活规律，生理状态，行为习性，以空嗉快赶，饱嗉慢赶；上午多赶，下午少赶，傍晚不赶为原则。

3. 勤照顾　“照顾”是项非常重要、细致的工作，它要求饲养人员必须始终警惕鸭群因应激而出现的任何异常现象，不能随便打乱已建立的生活程序，不突然变换饲料，不随便惊动鸭群，尽量减少外界不利环境因素的影响；尽量想办法使鸭群在良好的条件下健康地生产。

放牧是露天饲养，环境条件多变，放牧人员要根据气候的变化情况，根据鸭的生活习性、生活规律，采取相应的应变措施。时时注意野生动物对鸭群的惊扰和袭击，避免惊群。要轰动正在休息的鸭群时，必须事先要作出“打招呼”的信息；不能突然叫喊，以免因扰动造成相碰撞踩。要对放牧地作全面的了解，合理安排放牧计划。对鸭舍、鸭棚做好日常管理工作，给鸭创造一个良好的生活环境。实践证明，良好的照顾，能够充分发挥鸭的生产潜力，能取得良好的经济效益。

第八章

无公害番鸭绿色安全生产技术

番鸭与家鸭均属于鸟纲中的雁形目、鸭科、鸭亚科，但不属于同一个属，家鸭属于河鸭属，而番鸭属于栖鸭属。番鸭学名麝香鸭、疣鼻栖鸭，我国产区多称番鸭，国外亦称火鸡鸭、蛮鸭和巴西鸭。番鸭体壮有力，有一定飞翔能力，喜清洁，从不脏污鸭舍内的垫草及其所生的蛋，公母体重差别大。与河鸭属家鸭杂交的第一代杂种鸭在我国称为半番鸭或骡鸭。

番鸭的体形外貌与其他家鸭不同。体躯长宽，前后窄小呈纺锤形，与地面呈水平状态。喙基部和眼周围有红色或黑色瘤，瘤头鸭即由此而来，公鸭较发达。喙较短而且窄，呈"雁形喙"。头顶有一排纵向羽毛，受刺激时竖起呈冠状。颈中等长，胸宽，后腹不发达，尾狭长，翅膀长达尾部，胸腿肌肉发达，可短距离飞翔。腿短精而有力，步态平稳。我国引进饲养的瘤头鸭的羽色主要为黑、白两种，其次为褐色和灰色羽，亦有黑白花杂色羽鸭。黑色羽有黑绿光泽，皮瘤黑红色，喙红色带黑斑，胫蹼黑色，虹彩浅黄色。白羽鸭喙粉红色，皮瘤红色，胫蹼橘黄色。虹彩蓝灰色。瘤头鸭鸣叫声嘶哑，母鸭在孵化期间常发出唧唧叫声。公鸭在繁殖季节发出麝香气味，因之被称为麝香鸭。

由于河鸭属家鸭与番鸭在品种分类、生物学特性及行为特点上有所不同。所以它们在饲养管理上、种蛋孵化上、营养需要上等方面存在着一些差异。只有掌握这些差异，才能对番鸭进行有针对性的饲养管理，才能加快番鸭无公害饲养的进行。

一、种番鸭的科学饲养管理技术

（一）番鸭育雏前的准备工作

为了保证种用雏鸭到达后能顺利的开展育雏工作，在种用雏鸭到达前应做好准备工作，主要从技术、设备和卫生三个方面考虑：

1. 技术方面　准备番鸭方面的有关资料，熟悉番鸭的生理特性及饲养过程。

2. 设备方面　为安装 2 个具有保护装置的加热器留出空间，加热器下留 1.5 米空间。

①加网：在塑料条缝地板上加网；②饲喂：应用小料盘，直径不超过 30 厘米；③饮水器：准备足够的饮水器和供水设备；④照明：检查照明设备是否完好。

3. 卫生方面　鸭舍的卫生清理步骤：

（1）*移去垫料之前*　①鸭群全部离舍后，墙壁上喷施杀虫剂，高度为 1 米；②清扫料槽，不得将未食完的残存饲料移至另外的禽舍使用；③拆下料盘；④在饲养区及周围放置灭鼠药（注意：鸭的安全）；⑤抽空供水系统，包括水池和饮水系统；⑥拆下饲养及毗邻舍中的全部可拆除设备：饮水器、隔栏和塑料条缝地板；⑦清除舍内外表面灰尘，包括通气孔、作业区和贮藏室的灰尘；⑧集中人力物力移走所有垫料至远离鸭舍的地方进行无害化处理。

（2）*移去垫料之后*　①对拆下的设备用具进行浸泡，洗涤冲洗，晾干后保存在消毒过的干净处，并保管好；②擦扫地面；③鸭舍用饮用水冲洗并用高压水冲洗养殖区，各种管道和通气孔，顶棚，固定设备，墙壁和附属物；④清除粪池；⑤清洗和消毒处理供水系统，此后必须防止污物污染水池；⑥完成各项扫尾工作；⑦舍内各部表面喷施消毒剂；⑧地板上撒生石灰；⑨把卫生防护用品归位，洗脚池，长筒靴，工作服，工作帽；⑩放回清扫干净的设备，用喷雾器消毒整个鸭舍。

(3) 卫生清理 ①预留充分时间，使鸭舍彻底干燥；②扫除之后任何人不得再进入；③除掉料仓上的灰尘，用喷雾器对料仓进行消毒，等料仓干燥后用杀真菌剂熏蒸；④清洗鸭舍周围水泥地面，保持鸭舍周围环境干净整洁，鸭舍通道前面撒生石灰，放置灭鼠药。

4. 雏鸭抵达前育雏室的准备 ①育雏室卫生清理完毕后，向育雏室地面撒生石灰以吸干地面的潮气；②铺好垫料，最好用机械刨花，厚度为5～8厘米，垫料要铺匀铺平，不得含有可能损伤鸭只的异物；③彻底消灭昆虫，放置灭鼠药；④安装好小型的清洁设备；⑤用喷雾器对垫料及整个育雏室进行消毒；⑥安装好全部仪器设备；⑦熏蒸消毒：每立方米空间用25毫升甲醛＋12.5毫升高锰酸钾＋25毫升热水，密闭24小时。消毒完毕后彻底通风3～4天，然后再放雏鸭，如急需使用育雏室，可用氨中和甲醛蒸气，每100米^{3}空间用氯化铵500克＋1 000克生石灰＋750毫升70℃的热水配合成混合液进行；⑧雏鸭到达前24～48小时供暖，防止墙壁和水泥构成寒气，达到预热的目的；⑨育雏室温度调试、温度、湿度和通风是紧密联系的，只有把这三者结合起来考虑才有意义，雏鸭生活环境的理想温度，临界低温31℃，临界高温33℃；⑩通风：一般不需通风，但如果有甲醛异味或抽湿气时需要通风。

(二) 番鸭育雏期的饲养管理

从出壳到第4周末这个阶段称为番鸭的育雏期，育雏的好坏直接影响鸭场的经济效益。

1. 接雏

(1) 接雏前的准备工作 饮水器清洗干净并装好水，提前放入育雏室以使水温和室温一致。放置好干净的料盘，育雏料也应提前按饲喂标准称好并运至育雏室。

(2) 接雏要点 接雏途中要提供适宜的温度和通气环境以减小运输时对雏鸭的应激，装雏鸭及运输的工具，在使用前要用福尔马林熏蒸消毒。接雏途中要随时看雏鸭的状况，检查温度是否适宜。观察呼吸是否正常，重点查看中间位置的雏鸭盒，防止由于温度过高或氧气不足出现闷死现象。

2. 雏鸭饮水 雏鸭饮水的水温一般以 20～25℃为宜，饮水中添加 5%葡萄糖，1 克/升电解质，1 克/升维生素 E，以及防止细菌性疾病的抗生素药物，连用 3 天，至少每天用干净水清洗饮水器一次，确保饮水器内随时有清洁的饮用水，第一次供水 2 小时后开食。

3. 雏鸭的饲喂 1～5 天采用小鸭破碎料，以后改为种鸭细颗粒料（2～3 毫米），将饲料均匀撒在料盘上，要少喂多餐，少给勤添，第 1 周自由采食，第 2 周每天喂 4 次，第 3 周每天喂 3 次，第 4 周每天喂二次，饲喂量遵照附表（注意：强制小鸭活动；确保小鸭在睡觉前吃饱喝足）。

4. 细心观察，适时分群 雏鸭到场后，管理人员要认真仔细地观察鸭群状况，根据观察到的情况相应处理，使雏鸭尽快适应新的环境，为养好整群鸭做一个良好的开端，观察的内容包括：活动情况、脱水情况、呼吸情况、消化情况、脱水程度、伤残情况、鸭群分布、饮水量及采食等，挑选出伤残及弱小雏鸭，精心饲养，待恢复后放回鸭群。

5. 育雏温度 育雏室里的温度是否适宜应视鸭群的活动情况而定，一般以鸭群均匀分散不打堆为宜。如果雏鸭重叠打堆，说明育雏温度偏低，如果雏鸭远离热源并张口呼吸，且饮水增加说明温度偏高。

表 8-1 温度参考标准

日 龄	温 度		
	加热器旁	活动区域	周围区域
1～3	45～40℃	30～29℃	30℃
4～7	42～38℃	29～28℃	29℃
8～14	38～36℃	27～26℃	27℃
15～21	36～34℃	26～25℃	25℃
22～28	30℃	24～22℃	22℃

说明：冬天育雏室与外界环境的温度相差较大，要有一个逐渐脱温的过程，以便转群后，鸭只能适应新的环境温度。由于加热器旁的温度太高，不能让番雏鸭靠近加热器，因而需在加热器旁设置一围栏。番鸭所选择的适宜温度为活动区域内温度。

6. 通风 一般不需要通风，但如果鸭舍氨气过大，清理或雨季时，需进行适量通风。

7. 断趾 断趾是为防止鸭子之间相互打斗或交配时互相抓伤，番鸭断趾一般在 12 天左右进行。

(1) 操作方法 手术者左手抓鸭，右手拿剪刀，将两只脚的指甲剪掉。

(2) 注意事项 ①断趾前 2 天开始补充维生素 K，每千克水加 2 毫克维生素 K；②断趾前 1 天在饮水中加电解质，断趾后要连喂 2～3 天；③术前要检查鸭群是否有异常情况（咳嗽、病弱、死亡等），铺好舒适的垫料，前一天晚上禁止供食；④手术过程中要防止有穿堂风；⑤断趾后由于热量散发会发冷，故在 24～48 小时内要加强保温；⑥断趾后要立即喂料；⑦观察鸭群的状况，挑出弱者安置在专用鸭舍内，淘汰无法康复者。

8. 断喙 断喙是为防止啄癖，避免鸭群的骚乱不宁，减少饲料浪费，番鸭断喙一般在第 3 周内进行，也可将断喙与断趾同时进行。

(1) 操作方法 断喙需助手与操作者协作，助手左手抓住鸭翅膀，右手托鸭胸部，手术者左手食指伸进鸭嘴并压住鸭舌，左手大拇指轻压在鸭头顶上，右手持剪刀一次性断掉鸭上喙的一半喙豆，即完成断喙操作。

（2）注意事项　①断喙前一天、断喙当天及断喙后第二天宜在饮水中添加维生素 K 和电解质；②断喙前不要喂磺胺类药物；③手术前应对剪刀进行清洗消毒；④强制鸭群活动，防止扎堆；⑤断喙后立即喂食；⑥挑出弱者，淘汰无法康复者。

（三）番鸭育成期的饲养管理

从第 5 周至第 24 周称为番鸭的育成期，育成期长达 20 周，是饲养番鸭种鸭的关键时间，育成期的好坏直接影响到种鸭的产蛋性能及种蛋的受精率。育成期的工作重点是控制种鸭的体重，使其按照番鸭的生长曲线健康成长，防止过肥或过瘦，并保持鸭群的良好均匀度。育成期的工作要点：①分栏饲养：每栏饲养 200 只左右，且公母鸭要分开饲养；②选择合适的密度：一般每平方米鸭舍可养 3～4 只育成期种番鸭；③禁止完全一样的颜色但不同品系的种鸭相接触；④设置坚实的隔离物，高度要求 1 米，并带有附着物以防鸭移动产生的压力，不从门而从隔离物上跨过；⑤挑选出全部弱小鸭，放入专用的鸭舍精心饲喂，待康复后放回鸭群；⑥限量饲喂：为控制其体重符合标准体重，必须控制其采食量，使其具有适合产蛋的体重，从而提高种鸭的产蛋性能，延长种鸭有效利用期。同时，限量饲喂可以节省饲料，提高饲料转化率，提高饲养种鸭的经济效益。限喂量见附表，限喂前逐只空腹称重，分为大、中、小三等，剔除病、弱、残个体；⑦称重：从第 5 周开始，每周末每栏抽 5%～10%的鸭子称重，按照体重确定下周的投料量。父母代番鸭育雏育成期的日粮定量喂量见表 8-2。

表 8-2　父母代番鸭育雏育成期日粮定量喂量

单位：克

周　龄	夏　季		冬　季	
	公	母	公	母
1	自　由　采　食		自　由　采　食	
2	19	13	19	13

（续）

周龄	夏季		冬季	
	公	母	公	母
3	45	29	45	29
4	69	46	69	46
5	92	59	92	59
6	109	66	109	66
7	113	70	113	70
8	114	72	117	72
9	119	74	122	74
10	123	76	128	76
11	128	78	133	78
12	128	80	133	80
13	128	82	133	82
14	133	84	138	84
15	136	85	141	85
16	138	85	142	85
17	141	85	145	85
18	142	85	147	85
19	147	85	152	85
20	150	85	155	85
21	152	85	157	85
22	155	90	160	90
23	157	98	161	98

（四）种番鸭产蛋期的饲养管理

1. 摸清番鸭产蛋规律 番鸭是晚熟的肉鸭品种，开产日龄为198日龄（28周龄），产蛋率达8%的日龄为210日龄。番鸭每一个产蛋年一般分两个产蛋周期：第一个产蛋周期，经20～22周，产蛋量可达113个，平均产蛋率66%；接着母鸭换羽休产10～13周；第二个产蛋期开始于60～63周龄，产蛋19～21周，至80～84周龄结束，可产蛋96个，产蛋率61%。两个产蛋期平均产蛋率为63%。番鸭在我国的产蛋率一般仅能达46%～54%，母鸭利用85～86周后即淘汰。

2. 制定产蛋阶段日粮喂量 饲料从25周开始将育成料转换成产蛋料，且从产第一个蛋开始每天逐渐增加喂料量，直到产蛋高峰期的自由采食。整个产蛋期采食量见表8-3、表8-4。

表8-3 第一产蛋周期日粮定量

周 龄	每只种鸭每天喂料量（克）	
	公	母
24	200	110
25	210	115
26	225	125
27	225	130
28	209	131
29	203	138
30	198	145
31	193	152
32	187	159
33	182	166
34	177	173
35	171	180
35周以后	自由采食	自由采食

表8-4 第二产蛋周期的日粮定量

产蛋周数	每只母鸭日喂量（克）	产蛋周数	每只母鸭日喂量（克）
第1周	200	第6周	225
第2周	205	第7周	230
第3周	210	第8周	235
第4周	215	第9周	240
第5周	220	第9周以后	自由采食

3. 搞好鸭舍环境卫生

（1）垫料卫生 每天下午新添垫料，垫料最好是切碎的稻草或刨花，垫料下绝对不能有液体；

（2）保持鸭舍空气新鲜 鸭舍要干燥通风，氨气的浓度要小于10毫克/千克；

(3) 及时添置产蛋箱　鸭舍内要设置产蛋箱，规格40厘米深，40厘米宽，40厘米高，产蛋箱数量以每个产蛋箱供4只母鸭产蛋来计算；

(4) 保持种蛋清洁　及时收集种蛋，每天至少3次，开始照明后3小时开始收集，以后每隔2小时收集1次，另外，下午还要进行1次。对破蛋及产于运动场的蛋也要及时收寻、清理。

4. 制定合理光照程序　产蛋期间光照原则是只增不减，保持平衡，番鸭产蛋期的光时间一般控制在17～18小时。番鸭饲养阶段的光照程序见表8-5。

表8-5　种用番鸭光照程序

育雏期和育成期		产　蛋　期	
周　龄	光照时数（小时）	周　龄	光照时数（小时）
1	24～18	26	11.5
2	16	27	12
3	14	28	12.5
4～5	13.5	29	13.5
6～7	13	30	14
8～9	12.5	31	15
10～11	12	32	16
12～13	11.5	33	16.25
14～15	11	34	16.5
16～17	10.5	35～36	16.75
18～19	10	37	17
20～21	9.5	38～39	17.25
22	9	40～41	17.5
23	10	42～43	17.75
24	10.5	44～50	18
24/25	10.5		

5. 掌握合理公母配比　番鸭一般采用自然交配，在母鸭群中可按1∶7～1∶8的比例放入公鸭。放入公鸭前，应检查公鸭的生殖器官，交媾器官（阴茎）呈白色螺纹细密的公鸭，配种能

力较强；如进行人工授精，可按公母 1∶10 的比例留足公鸭。公鸭的配种年龄应比母鸭大一个月。公番鸭的睾丸无论是绝对重或是占体重的比例，都比普通家鸭小约一半，睾丸功能低下。据介绍，公鸭每日平均交配 5～8 次，比变通家鸭少了一半。交配时间大都集中在下午 3～5 时进行，故每日下午定期放水，可提高受精率。

6. 解除母番鸭的抱窝行为　抱窝是母番鸭的一种生理特性，在临床上表现为停止产蛋，生殖系统退化，骨盆闭合，形成孵化板，鸣叫，在产蛋箱内滞留时间延长，占窝，采食减少，羽毛变样。

（1）*鉴别抱窝的标准*　在产蛋箱滞留时间长，在产蛋箱中出现争斗现象。确定番鸭抱窝的最佳时机应该在下午 3～4 时。

（2）*形成母鸭抱窝的条件*　饲养密度过大，产蛋箱太少，光照分布不均匀或较弱，温度不适，采食不足，捡蛋不及时。

（3）*开始出现抱窝的时间*　第一产蛋期，产蛋 3～9 周，第二产蛋期，产蛋 4～5 周。出现首批抱窝鸭一周后（抱窝率2%～10%），抱窝率平均以 3 倍速率增加，整群食量减少约 10%左右。

（4）*解除番鸭抱窝的方法*　目前最有效的方法是定期转换鸭舍，第一次换舍是在首批抱窝鸭出现的那一周（或之后），在夏季换舍的时间间隔平均为 10～12 天，冬春季则为 16～18 天，换舍必须在傍晚进行，把产蛋箱打扫干净，重新垫料，扫除料盘内的料粉。此外，加强饲养管理，尽量消除引起抱窝的不利条件。

7. 保证合理的营养供应　为了科学地养好种番鸭，必须对种鸭各阶段、各种营养物质的需要量制订一个标准，使其在营养上既满足需要，又不浪费饲料，番鸭的饲养标准和饲粮配方见表 8-6、表 8-7。

表 8-6　番鸭各阶段的饲养标准

项　　目	起始期（0周龄～3周龄）	发育期（4周龄～10周龄）	生长期（10周龄～25周龄）	产蛋期（26周龄以后）
代谢能（兆焦/千克）	12.00	11.83	11.00	11.45
粗蛋白（%）	20.0	18.6	15.60	16.8
粗脂肪（%）	3.4	3.6	3.1	3.1
粗纤维（%）	3.3	3.0	5.4	3.4
蛋氨酸（%）	0.52	0.45	0.33	0.42
蛋氨酸+胱氨酸（%）	0.86	0.80	0.61	0.71
赖氨酸（%）	1.15	0.90	0.70	0.78
钙（%）	1.00	1.20	1.40	3.01
总磷（%）	0.75	0.70	0.70	0.72
有效磷（%）	0.48	0.50	0.44	0.48
维生素A（国际单位/千克）	15 000	15 000	15 000	18 000
维生素D（国际单位/千克）	3 000	3 000	3 000	5 000
维生素E（毫克/千克）	20	20	20	23

表 8-7　番鸭饲粮配方实例

饲料原料种类	肉用（%）			种用（%）	
	0～3周	4～7周	8～12周	13～25周	26周以后
玉　米	45	55	55	35	40
次　粉	17	13	20	23	18
麸　皮	5	—	—	10	—
细　糠	—	5	6	14	7
豆饼（粕）	22	18	11	9	18
进口鱼粉	8	6	—	—	—
国产鱼粉	—	—	6	4	8
松针粉	—	—	—	3	—
骨　粉	1	0.7	—	—	1
贝壳粉	0.7	0.5	1	1	7
食　盐	0.3	0.3	—	—	—
添加剂*	1	1	1	1	1
石　膏	—	0.5	—	—	—
合　计	100	100	100	100	100
粗蛋白质	21	18.5	16.0	15.5	18.0
代谢能（兆焦/千克）	11.91	12.33	12.54	11.29	11.50

注：*添加剂中含有维生素、矿物质元素及蛋氨酸、赖氨酸等。

8. 番鸭种蛋的人工孵化时的注意事项　由于番鸭与普通家鸭在品种分类上属于不同属，因而番鸭种蛋与普通家鸭种蛋在孵化时间上有着明显的区别，普通家鸭种蛋的孵化时间为 28 天，而番鸭种蛋的孵化时间为 34～35 天。因而在观察番鸭胚胎发育时，应根据番鸭种蛋孵化期的延长而作相应的时间延长。当然由于番鸭与普通家鸭不仅同属于鸟类、雁形目，且同属一个科、一个族，因而番鸭种蛋在孵化中的孵化操作要求与普通家鸭基本相同，具体操作程序可参照普通家鸭种蛋的孵化条件实施。具体操作中应注意下列事项：

（1）*应水平放置番鸭种蛋*　普通家鸭的人工孵化通常都是垂直放置种蛋，而番鸭种蛋宜水平放置。因为番鸭种蛋如果垂直放置，则蛋中胚胎的发育会受到影响，尿囊生长缓慢，不能在尖端合拢，或者即使合拢也不能将全部蛋白质包住，这样胚胎就不能充分利用蛋白，胚胎死亡率特别高。

（2）*准确掌握翻蛋角度*　当孵化机内蛋盘上的蛋转动角度为 90 度时，则胚胎发育正常，尿囊于 15～16 天在尖端完全合拢，包住全部蛋白，保证了孵化 24～25 天的胚胎能够充分利用蛋白，从而提高了蛋的孵化率。当盘上的蛋转动角度低于 45 度时，蛋中尿囊不能合拢，孵化率较低。

（3）*合理采用种蛋保存时间与保存*　种蛋在温度 20℃下保存 10～15 天，孵化率比较高；若种蛋保存时间太长，则影响孵化率。

（4）*合理采用喷洒种蛋的时间*　番鸭蛋壳上有一层油质层，堵塞蛋壳的气孔，且油质层相当牢固，人工孵化过程中不容易将油质层破坏。因此，用水定期喷洒蛋壳，清除蛋壳上的有机质，孵化率可提高到 80%～90%。但喷洒水不宜在蛋中尿囊合拢前进行，否则影响胚胎发育，如果在孵化的第 12 天用水喷洒 1 次蛋，就会导致在第 15 天尿囊未合拢的蛋数超过 20%，给孵化蛋喷洒水的最佳时间是第 15 天起到出雏前，每天用水喷洒 1 次效果最好，孵化率达 90%。

（5）**掌握合理的孵化用温** 尿囊合拢前，孵化器的温度保持在37.8～38℃，相对湿度为55%～60%；尿囊合拢后，温度保持为37.4～37.5℃，相对湿度为40%～50%；出雏期间，温度保持37.4～37.5℃，相对湿度70%～75%。这样，可使雏鸭在34～35天内孵出。

（五）种番鸭换羽期的饲养管理

成功的换羽是提高番鸭产蛋量的有效措施，当番鸭的产蛋高峰期过后产蛋率下降到50%以下时需要进行换羽工作。换羽休产最好集中在一段时间里，自然换羽期全程为3～4个月，为缩短休产期，降低饲养成本，必须实行人工强制换羽。在第1个产蛋周期末期，当种鸭产蛋率降至10%～15%，部分母鸭主翼羽已开始脱落时，即可实行强制换羽。

1. 换羽前的准备工作 首先整群淘汰病、弱鸭，换羽前1～2周补注鸭瘟、禽霍乱等疫苗，并进行驱虫、灭虱；最后产蛋周的周二改用换羽饲料，减少光照时间，逐渐减弱光照强度，注意观察鸭群状态，筛选出极瘦弱的鸭子。

2. 换羽开始的操作程序 番鸭的换羽可采取停料、停补光照法，停料时间可根据第一产蛋期种鸭的肥瘦情况而定，一般停料在2天，第三天开始少量喂料。具体操作步骤为：在第一个产蛋期的最后产蛋周的最后一天，即周五中午关闭送料线，保证晚间熄灯前全部料盘中无存料。换羽第一天，即周六清晨把蛋捡净，然后用隔离板将公鸭和母鸭关在塑料条缝地板台上（运动场）如发现啄斗或公鸭生殖器被啄伤现象，把公鸭与母鸭分舍关置，熄灯（保持黑暗）。换羽的第二天，即周日上午9时开灯（极弱光线＝半黑暗）下午5时关灯，确保鸭群安静，无啄斗。换羽第三天，即周一，上午9时开灯，下午日粮定量为每只80克/天；喂料时要确保每只鸭子都能同时进食，防止吃得过多，挑出不吃的母鸭；建议每日喂一次，特殊情况除外。换羽期番鸭仍采用自由饮水。

3. 换羽期的工作　换羽时保持舍温不低于15℃，冬季要加热，密切观察鸭群状态，挑出瘦弱母鸭（把治好的放回去挑出其他瘦弱者）。

表8-8　第二产蛋周期的日粮定量

换羽周数	换羽期番鸭的表现及人的管理工作
3	羽毛脱落
4	把鸭放入有垫料的舍内，同时确保产蛋箱关闭
5	挑出瘦弱母鸭
7	确保鸭群不带沙门氏菌和其他致病菌，如发生病情，要补喂四周
9～10	把鸭放在塑料条缝地板上24～28小时，以便清除粪便，清扫灰尘，管道消毒，撒生石灰，擦拭塑料条缝地板台，修理隔离栏，然后把鸭放回，此时羽毛已脱完
11	接种疫苗期间，保持每舍鸭数相同，第一次产蛋开始，打开产蛋箱
14	8%～12%的鸭子开始产蛋

4. 换羽期注意事项

（1）在对种鸭进行人工强制换羽之前，需要对鸭群进行一次严格的筛选，挑出瘦弱的母鸭，淘汰无法再利用的种鸭，整个换羽期间也要坚持挑选，挑出的鸭子放入专用鸭舍中进行精心饲养，待康复之后放回鸭群中。

（2）如第一次产蛋期发现有公鸭生殖器被啄伤现象，或产蛋期缩短（特别是产蛋率在60%以上时），建议在换羽期把公母分栏，公鸭在垫料区最多每平方米放5～6只，母鸭最多每平方米9～10只，公母分栏一般为5周，必要时可延续，但不能超过10周。

（3）任何时候均不限制饮水。

二、商品番鸭的科学饲养管理技术

（一）商品番鸭育雏前的准备工作

商品番鸭育雏前的准备工作可参照种番鸭育雏前的准备工作

进行。

（二）商品番鸭饲养管理要点

1. 合理的划分饲养阶段 商品番鸭饲养一般规定为三个阶段，即0～3周龄，4～6周龄，7周龄到屠宰。饲养的总原则是：如果在头2～3周雏番鸭肌肉组织增长比较快，日粮中需要较高的蛋白质水平的话，那么以后的阶段随生长强度的下降，蛋白质的含量要减少，而代谢能的含量要增加，使番鸭的肉质达到商品标准。

2. 科学的选择饲养设施 饲养番鸭可以平养也可以笼养，采用平养法，在地面铺上秸秆、木屑，并保持清洁干燥；笼养则以木条或铁丝做成，木条笼的木条宽为20～25毫米，间距15毫米，铁丝笼的网眼为20毫米×20毫米，大小为1.6米×2米和2米×2米，底网眼大小为20毫米×20毫米，网条的直径为3.1毫米×3.5毫米。

3. 严格按饲养管理要求进行规范化操作 商品番鸭饲养管理参数见表8-9、表8-10。

表8-9 商品番鸭温度及光照管理参数

<table>
<tr><th rowspan="2">周龄</th><th colspan="2">温度（℃）</th><th rowspan="2">密度（只/米^2）</th><th colspan="2">光　照</th></tr>
<tr><th>保温伞下温度</th><th>室温</th><th>时间（小时/天）</th><th>强度</th></tr>
<tr><td>1</td><td>32～30</td><td>25～24</td><td>45～40</td><td>24小时/天</td><td>1.5瓦/米^2</td></tr>
<tr><td>2</td><td>29～28</td><td>24～23</td><td>35～30</td><td>23～18小时/天</td><td rowspan="5">第2周起至上市，保持0.5瓦/米^2</td></tr>
<tr><td>3</td><td>27～26</td><td>22～21</td><td>30～23</td><td>17～12小时/天</td></tr>
<tr><td>4</td><td>26～24</td><td>20～18</td><td>22～20</td><td rowspan="3">3周后至上市，均保持12小时/天</td></tr>
<tr><td rowspan="2">5
6～出售</td><td colspan="2" rowspan="2">自5周起，室温保持在18～20℃</td><td>20～18</td></tr>
<tr><td>从6周起密度为：公5～6只/米^2，母10～12只米^2，平均7～8只/米^2</td></tr>
</table>

表 8-10　商品番鸭饲喂管理参数

周龄	供水（升/只·天）	喂料量（克/只·天）		体重及饲料报酬			
		公	母	公鸭活重（克）	公鸭料肉比	母鸭活重（克）	母鸭料肉比
1	0.1	20	17	180	0.78∶1	150	0.77∶1
2	0.2	45	9	390	1.17∶1	340	1.15∶1
3	0.3	79	62	710	1.42∶1	600	1.38∶1
4	0.4	128	109	1 160	1.64∶1	900	1.77∶1
5	0.45	176	138	1 740	1.80∶1	1 280	2.00∶1
6	从6周起，饮水量为0.5升/只·天，但饮水量可根据温度改变	181	146	2 310	1.91∶1	1 690	2.12∶1
7		206	141	2 660	2.05∶1	2 060	2.22∶1
8		221	122	3 360	2.20∶1	2 290	2.37∶1
9		206	118	3 780	2.34∶1	2 460	2.54∶1
10		196	112	4 120	2.48∶1	2 570	2.73∶1
11		191	—	4 390	2.63∶1	—	—
12		176	—	4 600	2.78∶1	—	—

番鸭食量不大，对饲料要求不严，能有效地利用含纤维高的饲料，特别是麸皮。在自由采食条件下，成鸭每只每天吃干料150～160克。

4. 搞好商品番鸭的日常饲养管理　肉用商品番鸭进入育成期后，采食量大，排泄物多，栏舍必须每天清扫，更换部分垫料，保持清洁、干燥和空气流通。夏季闷热天气，要开启门窗，加强通风换气，必要时予以人工强制通风降温。静养有助于快速育肥，栏舍应采用长时间光照（每天光照10～14小时），尽量减少运动。育成期应多喂含硫氨基酸的饲料，如鱼粉、羽毛粉等，注意饲养密度勿过大，光照勿过强。

5. 对淘汰种番鸭进行科学的填肥饲养　凡3月龄后，不作种用的瘤头鸭或商品鸭，待其体重达到1.5千克左右即可开始填肥。填肥必须适时，过早影响生长发育，甚至死亡；太迟增重缓慢，饲料报酬低。填肥料有专用饲料，也可用米糠和熟红薯各半，用米汤或稀粥调成糊状，搓成团用手填喂或用填饲机填饲。

填料量应由少到多，防止滞食，其体重达到 4 千克左右，皮上、腹内脂肪形成时，即可宰杀。

第九章

无公害鸭产品绿色安全加工技术

一、肉鸭宰杀与鸭肉质量要求

（一）肉鸭的屠宰操作程序

要达到无公害鸭肉产品的质量要求，最关键的环节之一是搞好肉鸭的屠宰，要按照标准化、程序化的要求来安排屠宰过程，保证加工质量，要使家庭养鸭获得较高的经济效益，单靠养殖销售活鸭是较难做到的，必须走养加销一体化的路，才能使家庭养鸭业发展下去。家庭养鸭场，在肉鸭屠宰上一般多采用手工屠宰。手工屠宰鸭的加工工艺流程是：候宰→送宰→屠宰→浸烫→脱毛→开腔扒内脏→贮藏、出售或深加工。

1. 候宰 候宰应注意二件事：一是宰前绝食 12 小时，屠宰前 3 小时要停止饮水；二是做好检疫工作，做到健、病鸭分宰，先健后病；三是不能在养殖场宰杀。

2. 送宰 送宰注意事项有三：一是每批数量适宜，不得过多，不得用棒打；二是将不同品种、不同颜色的鸭分开，分别送宰，以保证羽毛颜色的纯洁；三是点数准确，以保证投料数与成品数量相吻合。

3. 屠宰 屠宰要做到下刀部位准确，不淤血，滤血 6～8 分钟，死透后入烫池，以免造成放血不良或活烫而使鸭体发红。屠宰可分刀口屠宰和口腔屠宰两种方法。刀口屠宰（切断三管）是从颈下喉部割断血管、气管和食管。要求从鸭的下颚部处切割，刀口不得深于0.5厘米，但刀口不能过大和外露；口腔屠宰（斜刺延脑）是将鸭头部向下斜并固定，拉开嘴壳，将刀尖伸入口腔，刀尖达第二颈椎处即颚裂的后方，用刀尖切断颈静脉和桥状静脉的联合处，接着收刀通过颚裂用力将刀尖斜刺延脑，以破坏神经中枢，使羽毛易于脱落，可促使其早死，减少挣扎，并可使肌肉松弛，放血快而净，又不易污染，有利于拔毛。此法虽外部没有刀口，外观整齐，但是，技术比较复杂，不易掌握，一旦放血不良，会使颈部淤血。

4. 浸烫 鸭经过屠宰后需要随即浸烫即利用毛孔热胀冷缩的原理，用热水使毛孔膨胀，羽毛容易拔除，以保持宰后鸭体的光洁，浸烫的关键是根据鸭的品种和日龄适当掌握水温和浸烫时间。

（1）*手工浸烫* 鸭的羽毛覆盖层厚，水温比烫鸭时稍高，一般为65～68℃，在这个范围内，日龄少的新鸭要低些。温度的掌握可把手先在冷水中浸一下，然后伸进热水中，感觉水烫而皮肤没有刺激为好。家庭宰杀可将沸水和冷水按3∶2掺和即可，也可将宰好的鸭先用冷水淋湿再在沸水中浸烫。浸烫时间一般为30～60秒钟。浸烫要在鸭完全停止呼吸而体温又没有散失时进行。注意水温不能过高，浸烫时间不能过久，否则，烫得过熟，肌蛋白凝固，皮肤韧性变小，推毛时容易破皮，并且脂肪溶解，从毛孔渗出，表皮呈暗灰色，带有油光，造成次品；如果水温过低，浸烫时间过短，烫得不透，造成“生烫”拔毛困难，甚至连皮拔下，损坏鸭体。

手工浸烫分批烫，即将屠宰后的鸭一次投入若干只于适宜的水中，用木棒搅拌，30秒钟后，试拔腹部的丝毛和翅只。如果易脱落则将鸭拿到板上拔毛，也可逐只浸烫，即抻起鸭的两脚倒悬于水中浸没，上下左右搅动十多次，使热水渗透毛孔，再逐只拔毛。

（2）机械浸烫　即采用蒸汽热水温、使水温保持在规定范围内连续进行。浸烫温度为 61～62℃。机械浸烫可控制和调节水温，又能定时换水，保持了清洁卫生。但也要注意水温和浸烫时间不能过长或过短。

5. 脱毛　屠宰后的鸭经过浸烫即可去毛，要求时间快，去毛干净。脱毛也有手工与机械脱毛两种方法。手工去毛要根据羽毛的性能、特点和分布的位置依序进行。翅上的只片长，根深，首先要拔除；背毛因皮紧，脱毛时皮容易受损，可用推脱；胸脯毛松软，弹性大，可用手抓除；尾部的羽毛硬而根深，且尾部富有脂肪，容易滑动，要用手指拔除；而颈部比较松软，容易破皮，要用手握住颈，略带转动，逆毛倒搓；机械去毛有多种形式，归纳其特点是去毛快，皮肤不易受损伤，而且大小毛都可以去净，仅有少量翅只和尾只残留，需经人工整理。机械去毛一般是由电动机带动滚筒上的若干橡皮刺，使两面相对的橡皮刺急速旋转，当经过浸烫的鸭通过中间空隙的时候，就与鸭体羽毛紧密接触，互相摩擦。这种摩擦力超过了鸭体毛囊对羽毛的持握力，因而在不损坏皮肤的情况下，分别经过机械的操作，在几秒钟内就能把羽毛顺利的去掉。

脱毛完成后，除去鸭的脚皮和嘴，以保持鸭体全身洁白干净。

6. 开膛　开膛前须先除粪污，即将鸭体腹朝上，两掌托住背部，以两指用力按捺鸭的下腹部向下推挤，即可将鸭粪从肛门排出体外。接着洗淤血，一手握住头颈，另一手中指用力将口腔，喉部或耳侧部的淤血挤出，再抓住头在水中上下左右摆动以洗净血污，同时顺势把鸭的嘴壳和舌衣拉出。

开膛可采用腋下开膛和腹部开膛两种方法。腋下开膛即从左下肋窝处切开长约 3 厘米的切口，再顺翅割开一个月牙形的口，总长度为六七厘米即可。腹下开膛即用刀尖或剪刀从肛门正中稍稍切开刀口长度 3 厘米，以便食指和中指可以伸入拉肠，有的切口长5～6厘米以便五指伸入，要视加工需要而定。

7. 扒内脏 有全净膛、半净膛和满膛之分。

（1）全净膛 即除肺、肾外扒出全部内脏。翼下开膛的鸭都是全净膛，操作一般是先把鸭体腹部朝上，右手控制鸭体，左手压住小腹，以小指、无名指、中指用力向上推挤，使内脏脱离尾部的油脂，便于取内脏。随即左手控制鸭体，右手中指和食指从翼下的刀口处伸入，先用食指插入胸膛，抠住心脏拉出，接着拉食管，同时将与肌胃周围相连的盘腱和薄膜划开、轻轻一拉，把内脏全部取出。对腹下开膛的全净膛，膛一般是以右手的四个指头侧着伸入刀（刀口长度约3厘米）触到鸭的心脏，同时向上一转，把周围的薄膜划开，再手掌向上，四指抓牢心脏，把内脏全部拉出。

（2）半净膛 即从肛门口处切开长约2厘米左右的刀口，拉出肠和胆囊，其他内脏仍留在鸭的体腔之中。操作时可鸭体仰卧，用左手控制住，以右手的食指和中指从肛门刀口处一并伸入腹腔，夹住肠壁与胆囊连接处的下端，再向左弯转，抠牢肠管，将肠子连同胆囊一齐拉出。

（3）满膛（即不净膛） 即活鸭屠宰后全部内脏仍留在体内。

在开膛扒内脏时如拉断肠管或胆囊弄破，应继续清除肠管并用水冲洗，不使肠管或胆汁留在腹内，以免污染鸭体。此外，开膛后的鸭体腹腔内可能残留血污，应用水清洗，使其不留污秽。

（二）鸭肉的分割和包装

随着人民生活水平的提高，对食品需求的不断发展。销售光鸭已不能满足消费者的需要，而希望有鸭肉包装产品和分割肉购买。

鸭肉分割尚无统一的规定，一般鸭可分割为头、颈、爪、胸、腿等5件，其中躯干部分两块胸肉。鸭肉分割步骤如下：第一刀从跗关节取下左爪；第二刀从跗关节取下右爪；第三刀从下颚后环椎与第一颈椎间直斩下鸭头，带舌；第四刀从第十五颈椎间斩下颈部，去掉皮下食管、气管和淋巴；第五刀沿胸骨脊左侧由后向前平移开膛，摘下全部内脏，用干净毛巾擦去腹水、血污；第六刀沿脊椎骨的左侧（从颈部直到尾部）将鸭体分为两半；第七、八刀从胸骨端剑状软骨至髋关节前缘的连线将左右分开，分成4块。

包装材料只要无毒即可，我国多采用聚乙烯塑料袋或复合薄膜包装袋，国外多采用复合薄膜袋包装。

（三）鲜（冻）禽肉的卫生标准

本标准由中华人民共和国卫生部于1996年11月27日发布，1997年5月1日实施，本标准为GB2710—1996。

1. 标准适用范围　本标准规定了家禽（鸡、鸭、鹅）肉的卫生要求和检验方法。本标准适用于健康活禽宰杀、煺毛、净膛或半净膛后经兽医卫生检验合格的新鲜（未冷冻）或冷冻的家禽肉。本标准同时代替GB 2710—81《冻鸡肉卫生标准》、GB 2724—81《鲜鸡肉卫生标准》和GB 10148—88《鲜（冻）鸭、鹅肉卫生标准》。GB 2710—81和GB 2724—81将冷冻和新鲜鸡肉鲜度分为二级，并以感官指标和挥发性盐基氮（TVB-N）来区别，一级鲜度肌肉和腹腔具有鲜鸡肉正常的气味，TVB-N≤15毫克/100克；二级鲜度腹腔有轻度不快味，TVB-N≤25毫克/100克。未冷冻和冷冻鸡肉的标准分开。GB 10148—88也将鸭、鹅肉鲜度分为二级，一级鲜度具有鸭、鹅肉固有的气味，TVB-N≤13毫克/100克；二级鲜度允许肌肉有轻度异味，TVB-N≤20毫克/100克。该标准将未冷冻和冷冻两种鸭、鹅肉定为一个标准。

2. 卫生要求

①感官指标　鲜（冻）禽肉的感官指标应符合表9-1的

规定。

表 9-1 鲜（冻）禽肉的感官指标

项 目	指 标
眼球	眼球饱满、平坦或稍凹陷
色泽	皮肤有光泽，肌肉切面有光泽，并有该禽固有色泽
黏度	外表微干或微湿润、不粘手
弹性	有弹性，肌肉指压后的凹陷立即恢复
气味	具有该禽固有的气味
煮沸后肉汤	透明澄清、脂肪团聚于表面，具固有香味

注：冻禽应解冻后观察，指标应符合以上要求。

②理化指标 鲜（冻）禽肉的理化指标应符合表 9-2 的规定。

表 9-2 鲜（冻）禽肉的理化指标

项 目		指 标
挥发性盐基氮，毫克/100 克	≤	20
汞（以 Hg 计），毫克/千克	≤	0.05
四环素，毫克/千克	≤	0.25

③鲜（冻）禽肉的感官检验方法 在自然光线下，观察色泽、形态，并嗅其气味，取禽的腿肉或脯肉剪成块状，放入烧杯并加适量水煮沸后嗅其气味，并观察上浮脂肪性状。

二、肉鸭深加工产品质量要求

（一）北京烤鸭加工及烤鸭卫生标准

北京烤鸭外观呈枣红色，油润润极为美观，外焦里嫩，肉质鲜美，皮层松脆，肥而不腻，入口即酥，风味独特，在国内外享有盛誉。

1. 工艺流程 选鸭→宰杀制胚→洗膛烫皮→浇挂糖色→挂炉打色→挂炉烤制→成品。

2. 选料 选用 2 月龄左右、2.5 千克以上经填肥的北京鸭。

3. 宰杀制胚 活鸭宰杀，拔净羽毛；剥离禽管周围的结缔组织，打开颈脖处的气门向鸭体打气，使鸭体皮下充气，外形肥胖。充气后拉断结肠，在右翼下开膛，刀口约 4 厘米，取出内脏。再用长 7～7.5 厘米的高粱秆由切口处伸入膛内支撑膛壁，使鸭胚体形美观。

4. 洗膛与烫皮 将经用上法制成的鸭胚置于 4～8℃的清水中，使水从刀口流入体腔内，反复冲洗胸腹腔，直到洗净余血为止。然后用钩子在鸭胸脯上端 4～5 厘米处的颈椎骨右侧下钩，钩尖从颈椎骨左侧穿出，将鸭胚挂稳。用 100℃的沸水烫皮。沸水先烫刀口处的侧面，使刀口的表面及四周皮肤先紧缩，为防止从刀口处跑气。接着再烫其他部位。

5. 浇挂糖色 经浇挂糖色，可使烤制后的鸭体为枣红色，及增加表皮的酥脆性和适口不腻。

浇挂时，先淋浇两肩，后淋浇两侧。糖色的配制为麦芽糖 1 份加清水 6 份溶化后，放入锅内熬制成的一种红棕色液体。

6. 挂炉打色 将浇挂糖色的鸭胚，先放入阴凉通风处晾干，并在腹内放入八角 3 块、姜 2 片、葱 2 根等，再从鸭胚右翅下刀口处，放入 100℃的沸水 70～100 毫升，外烤里蒸，使烤鸭具有外脆里嫩的特色。出汤后，再向鸭胚表层浇淋 2～3 勺糖色液，来弥补头一次浇挂糖色不均匀之缺陷。

7. 挂炉烤制 鸭胚进炉后，先挂在炉膛的前梁上，右侧刀口朝火，使高温先进入膛内，促进膛内的沸水汽化，达到两侧颜色相同为止。然后再烤鸭杆挑起并旋转鸭体，烘烤胸、下肢等部位。这样左右转动，反复烘烤，致使鸭胚体表烤成橘红色为止。最后把鸭胚移到烤炉后梁，背朝红火继续烘烤，使全身都呈枣红色时方可出炉。炉膛温度以 200～250℃为宜，烤制时间，1.5～2 千克体重的鸭胚需 40～50 分钟。一般成品重量为生胚重的 2/3。烤鸭用木柴，以松木较好。

8. 烧烤肉卫生标准 本标准由中华人民共和国卫生部于

1994年1月24日批准，于1994年8月1日实施。本标准为国标GB 2727—1994。

（1）适用范围　本标准规定了烧烤肉制品的卫生要求和检验方法。标准适用于经兽医卫生检验合格的猪肉、禽肉类加入酱油、盐、糖、酒等调味料经电或木炭等烘烤而成的熟肉制品。本标准对肉鸭深加工产品的适用范围，不仅适用于烤鸭，也适用于盐水鸭和酱鸭。

（2）感官指标　烧烤肉卫生标准感官指标见表9-3。

表9-3　烧烤肉卫生标准的感官指标

品种	色　泽	组织状态	气　味
烧烤猪、鸡、鸭类	肌肉切面鲜艳有光泽，微红色。脂肪呈浅乳白色（鹅、鸭呈浅黄色）	肌肉压之无血水，皮脆	无异味无异臭
叉烧类	肌肉切面微赤红色，脂肪白而有光泽	肌肉切面紧密，脂肪结实	无异味 无异臭

（3）苯并（a）芘指标　苯并（a）芘指标见表9-4。

表9-4　苯并（a）芘指标

品　种	指标，微克/千克
烧烤猪、鸡、鸭类	按GB 7104执行
叉烧类	按GB 7104执行

（4）细菌指标　细菌指标见表9-5。

表9-5　烧烤肉卫生标准的细菌指标

项　目	指　标	
	出厂	销售
细菌总数（个/厘米^2）≤	5 000	50 000
大肠菌群（个/厘米^2）≤	40	100
致病菌（指肠道致病菌及致病性球菌）	不得检出	不得检出

（5）检验方法　细菌总数按GB 4789.2菌落总数测定执行；大肠菌群按GB 4789.3大肠菌群测定执行；致病菌按GB 4789.1～4789.28各有关致病菌检验执行；苯并（a）芘按GB

5009.27 执行。

（二）南京板鸭加工及板鸭卫生标准

南京板鸭创制于明、清之际，已有300多年的历史了。“脚大仙，咸板鸭，玄色缎子琉璃塔”，这是当地南京人民对板鸭的赞美，可见板鸭生产与当时经济繁荣已结下不解之缘。南京板鸭蜚声全国，远销世界，深受消费者欢迎。

南京板鸭的加工技术，是我国古代人民智慧与经验的结晶。其加工技术，大致可分为选鸭催肥、宰杀整形、干腌擦盐、香料卤制和叠缸、排胚、晾挂五大过程。南京板鸭分春板鸭和腊板鸭两种，具体分述如下：

春板鸭　从立春至清明，即由农历1月到2月底加工的板鸭。这种板鸭的制作工艺、制作方法，虽与腊板鸭相同，但保存时间比较短，一般2个月左右，到3～4个月后就要滴油变味了。

腊板鸭　从小雪到立春，即由农历10月底到12月底腌制的板鸭。这种板鸭品质好，是腌制加工板鸭的最好季节，腌得透，肉质细嫩，可贮存4～6个月。

1. 选鸭催肥　加工南京板鸭的活鸭，必须严格选择。选用健康无病，品质优良，生长期120天左右的兼用型鸭或45天左右的肉仔鸭，前者体重为1.5千克以上，后者体重在2.5千克以上。

在加工前，对选好的鸭实行圈养，专喂稻谷为主饲料，进行催肥20天，可增重1千克左右。活鸭在催肥期间所供应的主要饲料，常能影响皮肤的色泽、肉质的特征和致肥度。实践证明，以稻谷育肥的鸭，皮肤洁白，纹路清楚，肌肉结实而细嫩，体脂肪熔点较高。腌制板鸭后，即使在农历3月，气温较高时也不易滴油发哈，而用米糠或玉米育肥的鸭，皮肤呈淡黄色，肌肉虽细嫩但感觉发浮发泡。加工成板鸭后，收缩明显，不易保持原有形状，而且体脂肪熔点较低，在气温稍高时，就滴油，不仅容易发哈，而且品质不如喂稻谷育肥制成的板鸭理想。另外，放牧肥育的鸭，如觅食小鱼、小虾等动物性饲料多，肉中会有微腥味。现在多数采用配合饲料喂鸭，而这方面的影响可能会少些。

2. 宰杀与烫毛、拔毛及浸洗 鸭宰杀前，停止喂食12～20小时，让其饮水，有利于放血。

鸭宰杀，根据生产条件的不同，一般分为手工宰杀（颈部切割放血）和半机械化宰杀（口腔宰杀）法。下面介绍口腔宰杀法。

先将鸭子倒挂在伞型候台上，用特制的固定器，将鸭鼻孔用铁钩钩住，两脚夹住。用左手拉开鸭嘴下嘴壳，右手持刀，伸入口腔，至颈部第二脊骨外。在刀夹处稍微用力，切断颈静脉和桥静脉的连接处。血就沿着口腔流出来，刀拉出一半时再通过上腭裂缝的中央，沿眼的内侧斜刺延脑，以破坏其控制羽毛肌肉的神经中枢，使羽毛易于拔落，并促其早死。这种宰杀方法，鸭体外部没有伤口，外观整齐，放血完全。在放血时，将鸭捏住，稍稍拉出口舌，使血流畅通。用这种方法宰杀鸭，一般每分钟可完成30余只，比手工操作工效高二三十倍。

鸭宰杀后，5分钟内用60～65℃的温水烫毛、拔毛。如停留时间过长，鸭毛孔收缩，尸体发硬，烫毛拔毛较困难，易成为次品。鸭毛拔完后拉出鸭舌，投入冷水中浸洗并用镊子拔净小毛。浸洗分为三次，第一次约浸洗10分钟，第二次约20分钟，第三次约1小时。通过浸洗去皮上残留的污垢，使皮肤洁白，从刀口浸出一部分残留的血液，降低尸体的温度，使残留小毛在水中游动，便于拔除。

浸烫采用传送液筒式浸烫机，一般每次放鸭25只，水温65℃左右。每浸烫一次约40秒钟，水温及时间一定要掌握适宜，否则会造成生烫或热泡，影响产品质量。

3. 整形与去内脏 将浸洗后的鸭尸切去两翅桡尺骨以下部分，切去两腿股骨以下部分，在右翅下开一长6～7厘米的小口。

①挖出心脏：用右手食指和中指，伸进去拿出心脏。然后用刀与手指，在颈部刀口处，松一松或抽一抽食道，以便在内部比较容易拉出食道时。②取出鸭肫：用右手食指和中指，伸入腹腔，先将内脏与体壁相连的筋腱与薄膜用手指撕断，然后捏住鸭肫，把鸭肫肝同时向外拉出。再在鸭肫前部，轻拉出食管，在鸭肫后部，轻轻拉出肠子。③取出鸭肺：用右手食指和中指，由右翅开口处伸入，紧贴右肋向前，待至脊椎处，两指张开，右肺即行下落。再用此两指贴肋骨向内伸去左肺亦即脱落，再把肺取出。④冷水拔血与整形：先用冷水洗净内残留的破碎内脏和血液，然后放入冷水中浸泡 4～5 小时，以浸出体内血液，使肌肉洁白。浸后的鸭取出，挂起，沥去水分（一般沥水 1～2 小时）。⑤拨血鸭整形：即将鸭放在桌上，背向下，腹部朝上，头向里，尾向外，以手掌用力压扁三叉骨，使鸭体呈扁长方形。鸭体正、肥大，显得很好看。⑥干腌擦盐：用盐量为净鸭重的 1/16，如 1 千克体重的光鸭，需用盐量 150 克，在盐内加入少量的茴香，炒干碾细。先取 3/4 的盐从右翅下开口处放入鸭体内，并进行反复转动，使其盐在体腔内分布均匀。剩下 1/4 的盐用于体表涂擦，在两个大腿上擦盐，由下向上抹擦，使肌肉不受压，容易与盐接触，并能从肌肉与骨骼连接处渗入，再擦抹胸部两肌肉，颈部刀口和口腔内部都要擦到。⑦擦过盐的鸭逐只叠入缸内，装满后在上面撒一层盐。农历小雪至大雪期间放置 12 小时，即可抠卤（使盐水尽快地从腔内部流出）出缸。如气温较低，可将鸭尸再叠入缸，过 8 小时后，进行第二次抠卤，目的是要腌透鸭尸，拔尽肌肉内剩余血水。⑧配料卤制：卤有新卤和老卤之分，新卤是用浸泡鸭体的血水，加食盐和其他辅料配制而成。每 100 千克血水加盐 70 千克。放在锅内煮沸，使食盐溶解，撇去血沫和油污，澄清后倒入缸内冷却，加入敲扁的生姜 100 克，炒过的大茴香 50 克，葱 150 克，老卤是用新卤腌过鸭体以后，再经煮过的卤，愈老愈好，为了防止变质，老卤要每次腌后澄清，每腌 4～5 次，要煮卤一次，补充食盐，使

食盐浓度保持在22～25Be范围，撇去油血污。一般100千克卤液可腌鸭35～40只。卤制时间随鸭体的大小和气候而定，气温高干腌时间短时，则卤制时间要长些；气候寒冷干腌时间长时，而卤制时间可短些。通常24小时均可腌透出缸。⑨叠胚、排胚、晾挂经过卤制的鸭体已成胚，从缸中捞出，把鸭体腔内的卤液倒进卤缸，挂起沥干卤液，将鸭放在案板上，再次用手掌压成扁形，然后鸭头向缸中心，鸭身沿缸，一只一只叠好，分层叠入缸内，称为叠胚。经过2～4天出缸，进行排胚，即把鸭体用清水洗净，挂在木档钉上，用手把颈部、胸部的皱褶绷开，使之平整，把两腿分开，并用清水洗净，毛巾擦干，悬挂在阴凉处风干。等鸭体水净皮干之后，再行复排，每只钉挂2只，2鸭坯间可用柴棒在腰部撑开。经过14～21天晾干即为成品。晾挂仓库必须通风良好，不受日晒雨淋，如遇阴雨天气，应适当延长时间。

4. 板鸭（咸鸭）卫生标准

本标准由中华人民共和国卫生部于1989年1月11日批准，于1989年7月1日实施，本标准为GB 2732—1988。

（1）适用范围　本标准规定了市售板鸭（咸鸭）的质量卫生要求，适用于健康肉鸭宰杀、去毛、净膛，经盐腌、复卤、晾晒而成的腌制品。

（2）感官指标　板鸭（咸鸭）卫生标准的感官指标见表9-6。

表9-6　板鸭（咸鸭）卫生标准的感官指标

项　目	一级鲜度	二级鲜度
外观	体表光洁，黄白色或乳白色，咸鸭有时作灰白色，腹腔内壁干燥有盐霜，肌肉切面呈玫瑰红色	体表呈淡红色或淡黄色，有少量油脂渗出，腹腔潮润稍有霉点，肌肉切面呈暗红色
组织形态	肌肉切面紧密，有光泽	切面稀松，无光泽
气味	具有板鸭固有的气味	皮下及腹内脂肪有哈喇味，腹腔有腥味或轻度霉味
煮沸后肉汤及肉味	芳香，液面有大片团聚的脂肪，肉嫩味鲜	鲜味较差，有轻度哈喇味

（3）理化指标　板鸭（咸鸭）卫生标准的理化指标见表9-7。

表9-7　板鸭（咸鸭）卫生标准的理化指标

项　　目	指　　标	
	一级鲜度	二级鲜度
酸价（毫克/克脂肪，以KOH计）　≤	1.6	3.0
过氧化值（meq/千克）　≤	197	315

（4）检验方法　板鸭（咸鸭）卫生标准的检验方法按GB 5009.37执行。

5. 南京板鸭的贮运

（1）板鸭的贮存方法：

①晾挂法：同晾挂。

②盘叠法：如遇天气干燥时，21天左右的干胚，可用盘叠方法将鸭堆起，每层中用芦柴隔开，通常堆叠六层，每堆不得超过200只，这样可减少损耗。每隔14天翻堆检查一次。如遇天气潮湿，成品回潮，须重新挂起吹风，待晾干后再堆放。

（2）贮存仓库的要求：

①温度　温度对板鸭的贮存时间影响很大。温度高，不仅会滴油，而且有利微生物的繁殖。因此，仓库中必须阴凉，如发现滴油，立即抹盐叠入缸内，方法与叠坯同。

②湿度　板鸭是腌制品，如天气干燥鸭体皱缩，而天气阴雨时又易回潮，故必须随时注意门窗的开与关。控制仓库内的湿度，如湿度过大，通风不好，鸭体易发粘，体腔容易生霉点，使板鸭变质。但一旦发生这种情况，及时复卤挽救。

③日晒与雨淋　板鸭受太阳光照射后，不仅容易滴油，重量的损耗很大，而且会变味。沾满生水后更容易变质发臭。

④板鸭的包装运输　应根据路途的远近，分内外销两种。内销多采用竹篓包装。外销一般多采用纸箱或木箱包装。勿使灰、尘土沾入，影响食品卫生。

（三）南京盐水鸭加工技术

盐水鸭一年四季都可加工，特点是腌制期短，现做现卖，食之清淡而有咸味，肥而不腻，具有香、酥、嫩的特色。

1. 加工方法 选当年成长的肉鸭，宰杀拔毛，切去翅膀的第二关节和脚，然后在右翅下开膛，取出全部内脏，用清水把鸭体内残留的破碎内脏和血液等冲洗干净，在冷水中泡30分钟至1小时，以泡除尽鸭体内存在的血污，在鸭子的下颚处开一小口，用钩子挂起来晾挂，经1～2小时，水分滤干后可进行腌制。

腌制方法与板鸭相同，但腌制的时间要短一些，如春冬季节，腌制2～4小时，抠卤后复腌4～5小时；夏秋季节，腌制2小时抠卤，复卤2～3小时，就可以出缸挂起。鸭体整理后，用钩子钩住颈部，再用开水浇烫，使肌肉和表皮绷紧，外形饱满，然后挂在风口处沥干水分，用中指粗细的芦苇管或小竹管插入鸭的肛门，并在鸭肚内放少许姜、葱、八角，然后放进烤炉内，用柴火（芦柴、松枝、豆荚等）烘烤，点燃后，余火拨成两行分布炉膛两边使热量均匀，鸭胚经20～25分钟的烘烤，周身干燥起壳即可。

2. 食用方法 煮法如同板鸭，水中加三料（葱、姜、八角），然后把水煮沸，停止烧火，把鸭子放入锅中，由于右翅下有开口、肛门上插有管子，开水很快进入内腔。鸭子刚下锅是冷的，热水进入鸭腔内，水温降低。因此要提起鸭腿倒出鸭腔内的肠水，再放入锅中，由于进入体腔内的水温仍然低于锅中的水温，所以要在锅中加入占总水量1/6的冷水，使鸭体内外的水温达到平衡，再盖上比锅略小一些的盖子压住鸭子，停火焖20分钟左右，加热烧到锅中出现连珠水泡时，即可停止烧火。此时锅中水温约85℃，这段操作叫第一次抽丝。第一次抽丝后，再把鸭子提起来，把鸭腔内的汤水倒出后，盖上锅盖，停火焖煮20分钟左右。然后烧火加热进行第二次抽丝，再提鸭腿倒汤，停火焖煮5～10分钟，即可起锅。待冷却后切块食用。

3. 家庭制作盐水鸭的简易方法　鸭子宰杀清洗后，挂起滴干水分。腌制时，因为没有复卤过程，要适当加大盐的用量，一只2千克重的鸭子需用200～250克盐和少量八角、花椒炒热拌匀制成辅料。将3/4辅料装入鸭体腔，将禽体反复翻动，使辅料在体内分布均匀，将其余辅料擦在禽体外部以及刀口和口腔内，大腿擦辅料时，要将腿肌肉自下向上推，使肌肉受压，盐分容易渗透。将腌制的鸭腔放在容器内，经2～3小时，倒出鸭体腔内血水，然后将鸭头用绳吊起，用开水从上到下周身浇淋，再挂到风口处滤干。如果有条件，可放在炉火上烘干，这样，鸭子煮熟后皮脆不韧。焖煮时可将鸭体在开水里翻几下身，使表皮的蛋白质无凝固，体内的脂肪就可不溶出，也可避免开水淋不透。焖煮方法同板鸭加工。

(四) 苏州酱鸭

酱鸭是江南著名卤菜之一，已有200多年历史。苏州酱鸭是在南宋《东京梦华录》中所载名菜“五味烤鸭”的基础上，根据苏州地方口味改制而成。苏州酱鸭是以当地农村所产肥鸭为原料，用砂仁、丁香、橘皮、桂皮、大茴香等香料，加上红曲熬制的卤汁卤制。

酱鸭成品呈琥珀色，外形饱满，鲜嫩味美，甜中带咸，香透入骨，色香味形俱佳，是佐酒下饭的佳肴，也是喜庆宴席上的珍品，对产妇病人能增进食欲，深受消费者欢迎，其制作方法如下：

1. 选鸭　选择具有鸭肥、肉嫩、皮白等特点的鸭。每只鸭重在1.7千克以上，健康无病的鸭。

2. 配料（100只鸭）　苏州酱鸭的配料量见表9-8。

表9-8　苏州酱鸭的配料量

原料种类	配　量	原料种类	配　量
酱油	3千克	食盐	7千克
白糖	5千克	桂皮	300克
橘皮	100克	大茄香	300克
丁香	30克	砂仁	20克
大葱	3千克	生姜	300克

3. 加工方法

（1）宰鸭　将活鸭宰杀放尽血，拔净大小羽毛，清洗干净，在清水中浸泡30分钟，使鸭皮白、毛净。剖腹刀口的长度不超过4厘米，取净内脏，抹尽腔内水分。

（2）腌制　先将鸭放入圆桶中，洒上配料腌制。腌制时间视季节而定，一般冬季腌2～3天；夏季腌1～2小时。

（3）烧煮　先将老汤（腌制后卤液）煮沸，同时把上述的香料入锅，在每只鸭肚内放4～5只丁香，生姜2片，20克重葱头一个，绍兴老酒1～2汤勺，砂仁少许，随即将鸭放入滚汤中先大火烧开，加绍兴酒1.7千克，然后改用微火烧40～60分钟，见鸭二翅小开花，即可起锅，将鸭盛入容器中冷却15～20分钟，把特制的卤汁淋在酱鸭身上，即为成品。

（4）酱鸭卤煎制方法（100只鸭用量）　用6.5千克酱猪头酱老汁（卤），先用小火开溶后用中火烧开，加入红曲米400克（红曲要磨细成粉末，越细越好），白糖5千克，绍兴酒700～750克，生姜50克，用铁铲在锅内不断翻动，防止起锅巴。煎制时间随老汁汤浓淡而不同，将汁熬至发稠即成。卤的质量以涂满鸭身、吊挂起来不泻为宜。

三、鸭蛋及蛋品的卫生质量

（一）新鲜鸭蛋的卫生标准

凡用于直接食用的新鲜鸭蛋的质量参照中华人民共和国商业行业鲜鸡蛋的卫生标准执行，代号为SB/T 10277—1997。

1. 范围　本标准规定了鲜鸡蛋的定义、技术要求、试验方法、产品检验和标志、包装、运输、贮存。本标准适用于鲜鸡蛋的收购、贮存、销售和供再加工的原料。

2. 产品品种及规格

（1）产品品种、规格　产品品种分鲜鸡蛋、冷藏鲜鸡蛋两类；规格分为三个等级，即一级、二级、三级，以感官指标和蛋重为衡量标出。

（2）鸡蛋的等级、规格　以蛋重为主要衡量标准，感官指标为辅，只有蛋重够，再考虑感官指标见表 9-9。

表 9-9　鲜鸡蛋的等级、规格

项　目	指　标		
	一　级	二　级	三　级
蛋重，克	≥625	≥500	<500
每千克个数	≤16	17～20	≥21

注：①　同等级的蛋中所含上、下邻级蛋的总数不得超过 10%。
　　②　每千克鲜鸡蛋计量允许差值±10 克。

3. 鲜鸡蛋感官指标　鲜鸡蛋感官指标见表 9-10。

表 9-10　鲜鸡蛋感官指标

项目	指　标		
	一　级	二　级	三　级
蛋壳	清洁、有外蛋壳膜，不破裂，蛋形正常，色泽鲜明	清洁、不破裂、蛋形正常	不破裂
气室	完整，深度不超过 7 毫米，无所泡	完整，深度不超过 7 毫米，无气泡	可移动，深度不超过 9 毫米，无气泡
蛋白	浓厚	浓厚	较浓厚，允许存在少量血斑
蛋黄	居中，轮廓明显，胚胎未发育，蛋黄系数≥0.04[1)]	居中，轮廓明显，胚胎未发育，蛋黄系数 0.39～0.36[1)]	居中或稍偏，轮廓显著，胚胎未发育，蛋黄系数≤0.35[1)]

1）此指标为参照指标

4. 冷藏鲜鸡蛋感官指标　冷藏鲜鸡蛋感官指标见表 9-11。

表 9-11　冷藏鲜鸡蛋感官指标

项目	指　标		
	一　级	二　级	三　级
蛋壳	清洁、不破裂，外形正常，色泽鲜明	清洁、不破裂、外形正常	清洁、不破裂、外形正常

（续）

项目	指　标		
	一　级	二　级	三　级
气室	完整，深度不超过9毫米，无气泡	完整，深度不超过9毫米，无气泡	移动，深度不超过9毫米，或有气泡
蛋白	浓厚	较浓厚	较浓厚或稀薄允许存在少量血斑
蛋黄	居中或稍偏，轮廓明显，胚胎未发育，蛋黄系数≥0.30[1]	稍偏，轮廓明显，胚胎未发育	游离，轮廓显著不与蛋白相混

1）此指标为参照指标

5. 新鲜鸡蛋卫生指标　新鲜鸡蛋的卫生指标见表9-12。

表9-12　新鲜鸡蛋的卫生指标

项　　目	指　　标
汞（毫克/千克，以Hg计）≤	0.05

（二）皮蛋的卫生标准

皮蛋的卫生标准是由中华人民共和国卫生部于1985年4月26日发布，1985年11月1日实施国家标准，代号为GB 5128—85。皮蛋（松花蛋、变蛋）系指鲜鸭、鸡等禽蛋，经用石灰、碱、盐等配制的料汤（泥）或氢氧化钠等配制的料液加工而成的蛋制品。

1. 感官指标　蛋外包泥或涂料均匀洁净，蛋壳完整无霉变，敲摇时不得有响水声，剖检时，蛋体完整，蛋白呈青褐、棕褐或棕黄色半透明体，有弹性，蛋黄呈深浅不同的绿色或黄色略带溏心或凝心。具有皮蛋应有的滋味和气味，无异味。

2. 理化指标　皮蛋卫生的理化指标见表9-13。

表9-13　皮蛋的理化指标

项　　目	指　　标
铅（以Pb计），毫克/千克 ≤	3
砷（以As计），毫克/千克 ≤	0.5
pH（1∶15稀释）≥	9.5

3. 皮蛋的细菌指标　皮蛋的细菌指标见表 9-14。

表 9-14　皮蛋的细菌指标

项　目	指　标
细菌总数（个/克）≤	500
大肠菌群（个/100 克）	30
致病菌（系指沙门氏菌）	不得检出

（三）蛋制品卫生标准

本标准是由中华人民共和国卫生部于 1978 年 5 月 1 日首次发布，1981 年第一次修订，1996 年 11 月第二次修订的国家标准，标准代号为 GB 2749—1996。

1. 适用范围　本标准规定了蛋制品的定义、卫生要求和检验方法。标准适用于巴氏杀菌冰鸡全蛋、冰鸡蛋黄、冰鸡蛋白、巴氏杀菌鸡全蛋粉、鸡蛋黄粉、鸡蛋白片、皮蛋（松花蛋）、咸蛋、糟蛋等蛋制品。

2. 采用定义　本标准采用下列定义：

（1）巴氏杀菌冰鸡全蛋　是以鲜鸡蛋经打蛋、过滤、巴氏低温杀菌、冷冻制成的蛋制品。

（2）鸡蛋黄　是以鲜鸡蛋的蛋黄，经加工处理、冷冻制成的蛋制品。

（3）冰鸡蛋白　是以鲜鸡蛋的蛋白，经加工处理、冷冻制成的蛋制品。

（4）巴氏杀菌鸡全蛋粉　是以鲜鸡蛋经打蛋、过滤、巴氏低温杀菌、喷雾干燥制成的蛋制品。

（5）鸡蛋黄粉　是以鲜鸡蛋的蛋黄，经加工处理、喷雾干燥制成的蛋制品。

（6）鸡蛋白片　是以鲜鸡蛋的蛋白，经加工处理、发酵、干燥制成的蛋制品。

（7）皮蛋　是以鲜鸭、鸡、鹌鹑等禽蛋，经用生石灰、碱、盐等配制的料液（泥）或氢氧化钠等配制的料液加工而成的再制蛋。

（8）咸蛋　是以鲜鸭、鸡等禽蛋，经用盐水或含盐的纯净黄泥、红泥、草木灰等腌制而成的再制蛋。

（9）糟蛋　是以鲜鸡、鸭等禽蛋，经裂壳、用食盐、酒糟及其他配料等糟腌制而成的再制蛋。

3. 卫生要求

（1）感官指标　蛋制品的感官指标应符合表 9-15 的规定。

表 9-15　蛋制品的感官指标

品　种	指　标
巴氏杀菌冰鸡全蛋	坚洁均匀，呈黄色或淡黄色，具有冰鸡全蛋的正常气味，无异味，无杂质
冰鸡蛋黄	坚洁均匀，呈黄色，具有冰鸡全蛋的正常气味，无异味，无杂质
冰鸡蛋白	坚洁均匀，白色或乳白色，具有冰鸡全蛋的正常气味，无异味，无杂质
巴氏杀菌鸡全蛋粉	呈粉末状或极易松散之块状，均匀淡黄色，具有鸡全蛋粉的正常气味，无异味，无杂质
鸡蛋黄粉	呈粉末状或极易松散之块状，均匀黄色，具有鸡蛋黄粉的正常气味，无异味，无杂质
鸡蛋白片	呈晶片状，均匀浅黄色，具有鸡蛋白片的正常气味，无异味，无杂质
皮蛋（松花蛋）	外包泥或涂料均匀洁净，蛋壳完整，无霉变，敲摇时无水响声，剖检时蛋体完整；蛋白呈青褐色、棕色或棕黄色，呈半透明状，有弹性，一般有松花花纹。蛋黄呈深浅不同的墨绿色或黄色。略带凝心。具有皮蛋应有的滋味和气味，无异味
咸蛋	外壳包泥（灰）等涂料均匀洁净，去泥后蛋体完整无霉斑，灯光透视时可见蛋黄阴影，剖检时蛋白液化，澄清，蛋黄呈橘红色或黄色环状凝胶体。具有咸蛋正常气味，无异味
糟蛋	蛋形完整，蛋膜无破裂，蛋壳脱落或不脱落。蛋白呈乳白色，浅黄色，色泽均匀一致，呈糊状或凝固状。蛋黄完整。呈橘红色或黄色，呈半凝固状。具有糟蛋正常的醇香味，无异味

（2）理化指标　蛋制品的理化指标应符合表9-16、表9-17的规定。

表9-16　蛋制品的理化指标

项　　目	指　　标					
	巴氏杀菌冰鸡全蛋	冰鸡蛋黄	冰鸡蛋白	巴氏杀菌鸡全蛋粉	鸡蛋黄粉	鸡蛋白片
水分　%≤	76	55	88.5	4.5	4.0	16
脂肪　%≥	10	26	—	42	60	—
游离脂肪酸　%≤	4	4	—	4.5	4.5	—
酸度　%≤	—	—	—	—	—	1.2
汞（以Hg计）毫克/千克≤	0.03	0.03	0.03	0.03	0.03	0.03

表9-17　蛋制品的理化指标

项　　目	指　　标				
	咸蛋	精蛋	皮　　蛋		
			传统工艺生产溏心皮蛋	其他工艺生产溏心皮蛋	硬心皮蛋及其他皮蛋
汞（以Hg计），毫克/千克≤	0.03	0.03	—	—	—
铅（以Pb计），毫克/千克≤	—	1.0	2.0	0.5	0.5
铜（以Cu计），毫克/千克≤	—	—	—	10	—
锌（以Zn计），毫克/千克≤	—	—	—	20	—
砷（以As计），毫克/千克≤	0.5	0.5	0.5	0.5	0.5
pH（1∶15稀释）≥	—	—	9.5	9.5	9.5
食盐（以Nacl计），%≥	2.0	—	—	—	—
挥发性盐基氮，毫克/100克≤	10	—		—	—

（3）微生物指标　蛋制品的微生物指标应符合表9-18的规定。

表9-18　蛋制品的微生物指标

项　目	指　　标								
	巴氏杀菌冰鸡全蛋	冰鸡蛋黄	冰鸡蛋白	巴氏杀菌鸡全蛋粉	鸡蛋黄粉	鸡蛋白片	咸蛋	精蛋	皮蛋
菌落总数，个/克≤	5 000	10 000	10 000	10 000	5 000	—	—	100	500
大肠菌群，MPN/100克≤	1 000	1.1×10^2	1.1×10^2	90	40	—	—	30	30

（续）

项　目	指　标								
	巴氏杀菌冰鸡全蛋	冰鸡蛋黄	冰鸡蛋白	巴氏杀菌鸡全蛋粉	鸡蛋黄粉	鸡蛋白片	咸蛋	精蛋	皮蛋
致病菌（系指沙门氏菌）	不得检出								

4. 检验方法　可参照GB 2749—1996执行。

（四）皮蛋的加工方法

1. 松花皮蛋

（1）配料　50千克配料可制1 000个鸭蛋，配方见表9-19。

表9-19　松花皮蛋配方表

配料种类	一、四季度配方（千克）	二、三季度配方（千克）
纯　碱	3.5	3.75
食　盐	1.5	1.5
红　茶	1.75	2
陀　僧	0.1～0.15	0.1～0.15
板炭灰	2.5～3	3.5
生石灰	16～17.5	17.5～18
松柏枝	0.15	0.15
黄　泥	0.5	0.5
水	50	50

（2）制作　将纯碱、盐、红茶、松柏枝、水放入锅中煮开，搅拌均匀。将黄泥放入缸底。板炭灰、石灰放在黄泥上，陀僧放在石灰上。再将上述料水趁热倾入缸中，充分搅拌，冷却备用。将鸭蛋一层一层平稳地放在缸中，将上述配制的料水继续搅拌，按需要量徐徐由缸的边缘加入缸中。灌料完毕后将竹片盖在蛋缸中，使蛋全部浸在料水中。缸房温度以20～30℃为好，忌骤冷骤热。腌制30～50天抽样检查。发现烂壳应提前起缸。“糖心大”说明腌制时间短，应适当延长腌制时间。

将腌制成熟的松花皮蛋放在冷开水中冲洗后装入竹篓内晾干，即可出售。若需远途运输，起缸后粘以稻壳，晾干装篓。

2. 硬心皮蛋（湖彩蛋）　洞庭湖区湖彩蛋的制法如下：

（1）配料　每 4 000 个洞庭湖鸭蛋需用的配料种类见表 9-20。

表 9-20　洞庭湖区湖彩鸭蛋配方

原料种类	含量（千克）	配料	含量（千克）
纯碱	4.25	生石灰	15
茶叶	1.5～1.75	桑柴灰	50
盐	6.25～7	水	82.5
黄泥	2.5		

（2）制作方法　将纯碱、盐、茶叶、水放入锅中煮开，倾入黄泥缸中，搅拌，冷却。将蛋在料水中沾满泥水，再将其在生石灰和柴炭灰中滚全圈，使之粘满生石灰和柴炭灰。岷装缸密封。2 个月后起缸。

（3）鉴定　洞庭湖区湖彩蛋的检查包括听音检查、外观检查和剖检等方法。

①听音检查　取皮蛋 3 个，左手两个，右手一个，敲打蛋的各方，或者将蛋放在左手掌中，以右手食指轻轻弹打蛋的两端，听其声音并感受弹性反应，如发出“特特”的坚固而又有弹性的声音，说明品质好。如摇之有水流似的上下撞击声为水响蛋。只有一头发出水荡声音，为烂头蛋。说明内容物凝固不良，或已腐败。若听出有干硬的撞击声，为脱壳蛋。

②外观检查　包泥完整无缺，不干燥，不霉变，剥泥后蛋壳完整，无黑壳蛋和裂纹蛋。

③剖检　剥去蛋壳，蛋白呈棕绿色半透明体，有松针状结晶，不烂头，不粘蛋，蛋黄坚实，深绿色。吃时不紧口麻嘴，咸度合适，起鲜。

3. 滚粉皮蛋　是一种简单易行，不论用蛋多少，在家庭中均可采用的皮蛋制法。

取生石灰 6 份，纯碱 5 份，食盐 4 份。先将食盐放在锅内炒，待爆炸声停止时取出研碎，再将纯碱放在锅中炒，让水分充分蒸发，然后研成细末；在生石灰上洒水，使之生成氢氧化钙，过筛。将以上三种原料放入锅中。另备清水，加入粘黄土，搅成泥浆，将蛋放入，粘上泥浆，再放到锅中的混合粉中滚动，使之均匀地粘上一层白粉。随即用钳夹出，放入缸中，放满后密封。春秋季 25 天，夏季 25 天，冬季 30 天即可食用。

4. 五香皮蛋 每千个蛋用：沸水 15 千克，纯碱 1.9 千克，生石灰 6 千克，食盐 1～1.5 千克，密陀僧 50 克，红茶末 0.5 千克，八角茴香 250 克，小茴香 150 克，丁香 150 克，陈皮 0.5 千克，桂皮 0.5 千克，柴草灰 7 千克。

先把五种香料研成粉末，放入水中煮沸。再把纯碱、生石灰、食盐、密陀僧、茶叶末放入缸内，冲入煮沸的五种香料用木棍搅拌直至辅料溶化，捞出渣滓，补进石灰，再搅拌，再加入柴草灰，多次搅拌，料泥成浓糊状后，冷却就可用来包蛋。

五香皮蛋香味浓，无碱味。成熟期一般为 45 天，低温时需 60 天，保管期可长达 4 个月。

5. 捏灰咸蛋（又名搓灰咸蛋、黑灰咸蛋） 我国目前出口的咸蛋，都是采用这种方法加工而成的。

（1）料标准：每 1 000 个蛋的配料标准见表 9－21。配料要准确，草灰要纯干，不得使用杂灰。

表 9－21 每 1 000 个咸鸭蛋的配料标准

单位：千克

料　别	出口咸蛋		内销咸蛋	
	5～10 月	11～4 月	5～10 月	11～4 月
稻草灰	15	15	15	15
细　盐	4	4.3	4.5	5
清　水	12.5	12.5	12.5	12.5

(2) 制浆　按配料标准，将食盐溶于水，再放入2/3的草木灰于容器中，充分搅拌，再放入剩余的草灰，继续搅拌至不稀不稠，静置过夜待用。

(3) 黏浆、裹灰　将经过灯检，敲蛋、分级等工序挑选的原料鸭蛋，浸入灰浆中翻滚几个，使蛋壳表面均匀地粘上灰浆。然后迅速捞出，放入干燥的稻草灰中均匀地滚抹约2～3毫米厚。裹灰时要注意不得过厚或过薄，过厚降低黏浆的水分，影响成熟时间，过薄则裹灰太湿，易造成蛋与蛋之间粘连，裹灰后，为使灰面光滑美观，裹灰紧不易脱落，须放于光滑的平台（如水磨石）上，用手滚揉光滑。

(4) 入篓　经裹灰、滚揉后的蛋即可入缸篓中。应轻拿轻放，装满后要用棉纸和塑料将口封严。若用竹篓时，应在篓的四周铺纸或用尼龙袋，以防水分蒸发。若销售地很远，气温又比较合适，亦可立即起运。

(5) 蛋的成熟　咸蛋成熟的快慢，主要依赖于食盐的渗透速度。而食盐的溶解和渗透速度又受成熟室的温度，湿度的影响。一般在25℃以下，相对湿度85%～90%的春、秋季，需时一个半月以上，夏季则一个月左右。

（五）咸蛋的加工方法

1. 盐水咸蛋　加工方法简便，成熟快，适宜家庭少量腌制自食。同时用过的盐水通过调整后可以重复使用，其腌制方法如下：

(1) 盐水的配制　将2千克食盐放入容器中，再将8千克水倒入，使食盐彻底溶解，冷至室温备用。

(2) 装缸、灌料　将检验合格、洗净晾干的鸭蛋，逐个装入干净的缸中，装到距缸口15～20厘米处即可。然后上面用竹篾压上，以防灌料后蛋上浮。最后将冷凉盐液徐徐灌入，直到高出蛋面5厘米左右。一般15～20天即可食用。

2. 灰浆咸蛋 用料为食盐4份，黄泥1份，草木灰8份，冷开水1.5份。混合均匀，调成糊状，就可将蛋放入其中裹糊，再装入坛中密封，经一个月左右就腌透了。此加工方法热天多用。

3. 泥浆咸蛋 黄黏土、食盐，水以5∶1∶1的比例均匀混合，调成糊状，将鸭蛋在其中裹糊，再装入缸、坛中密封，一个多月就可食用。此加工方法冷天多用。

第十章

无公害鸭绿色安全生产的疫病防治

一、鸭场综合性防治措施

养鸭场的饲养人员不可能了解每一种鸭病的症状、病变和治疗的所有知识，实际上一般的养殖人员也无需将主要精力花在进行这方面的钻研上，而应致力于改进和加强良好的饲养管理，拒鸭病于鸭群之外。那些忽视疾病预防措施的鸭场，在市场利润高时是较易过日子的，一旦利润微薄时，就无法维持下去了。因为现代规模化无公害生产，如若预防不力，发生了群发性病患，不仅消耗大量人力、物力、财力，即使能够挽救一些病鸭，也已使产品质量受到影响，这时提供的鸭产品已不符合无公害畜产品的要求，所以无公害鸭绿色安全生产中鸭疾病主要应做好预防工作。

（一）搞好鸭场的科学饲养管理

1. 执行“全进全出”的饲养制度　全进全出制是指同一幢鸭舍在同一时间里只饲养同一日龄的鸭，又在同一日全部出场。因为不同日龄的鸭有不同易感易发的疾病，如果一栋鸭舍内饲养着几种不同日龄的鸭，则日龄较大的患病鸭或是已病愈的鸭都可能带菌或带病毒，并可能通过不同的途径排菌或排病毒而传染给易感的小鸭，如此反复，一批一批地感染下去，使疾病长期在场内传播，造成经济损失。如果采用“全进全出”制度，一批鸭转出或上市，经彻底消毒后再进下一批鸭，就不会有传染源和传播途径存在，这样就安全多了。为实行有效的无公害鸭绿色安全生产，采用“全进全出”的饲养制度是关键措施之一。

2. 保持鸭舍通风换气 鸭群饲养密度过大或鸭舍通风不良，常蓄积大量二氧化碳以及由于粪便和垫料发酵腐败而产生的大量有害气体，对饲养人员与鸭群都有不良影响。鸭舍内氨的含量不得大于 20×10^{-6}，硫化氢的含量不得大于 6.6×10^{-6}，二氧化碳的含量不得大于 0.15%，一般以人们进入鸭舍后无烦闷感觉和眼鼻无刺激感为度。因而在设计鸭舍时不仅要考虑鸭舍的保温，也要考虑鸭舍的通风换气，否则鸭舍内有害气体含量高，鸭容易生病，会造成用药量过大，而使产品达不到无公害鸭产品的要求。

3. 避免鸭舍产生环境应激 当鸭体受到环境不良因素的影响时，鸭的生理状态会发生改变，这些应激因素的出现，对鸭的生长发育、生产性能将带来不同程度的伤害，严重的会导致鸭体发病、甚至出现死亡。环境应激因子是多方面的，比如鸭舍温度、湿度的突然变化，酷热或严寒，光照的骤变，通风不良，如鸭舍内氨气、二氧化碳等有害气体蓄积过多，强风、贼风、噪音、惊吓等，日常中鸭饲养营养成分或配方的较大改变，均为应激因素。在无公害鸭绿色安全生产中，这些应激因素必须通过加强日常科学管理来避免发生。

（二）做好鸭场的日常环境净化工作

1. 鸭场日常环境净化 对于一个鸭场来说不论其规模大小，在疾病防治方面，环境净化是关键问题。近年来，随着规模养鸭的开展，一些鸭场的病愈来愈多，鸭也一年比一年难养。虽然注重防病但防不胜防，损失逐年增加。究其原因，主要由于只考虑对鸭接种小鸭肝炎、禽霍乱、鸭瘟等少数几种传染病的疫苗，而忽视对鸭场环境的净化；有时也注意到了鸭舍内局部卫生消毒，而忽视对整个鸭场以内及周围环境的净化。要搞好鸭场的卫生防疫工作，必须做到以下几点：

(1) 场内环境的消毒和清理　很多饲养者认为，鸭对疾病的抵抗力强于鸡，因而鸭场内用不着多消毒，有的鸭场即使消毒也仅是对进出鸭前后的鸭舍消毒，而忽视对鸭场大门口、鸭舍进出口、人员的进出、水源和饲料及鸭场内整个环境的消毒和清理。致使鸭场内不同日龄的鸭经常发生疾病，有的鸭场甚至在发生了大规模的疾病后，曾只注意治病，而不注意环境卫生，致使鸭场的经济效益愈来愈差。因而必须对鸭场内的环境卫生有一个清醒的认识，确立鸭场全方位彻底的消毒观念。

①把好进出口的消毒关：鸭场的大门口和各幢鸭舍的进出口都应设置消毒池，消毒池的长度为整个大门边长，宽为 2 米左右，所有行人、车辆均应从池内走过，池内应常年保持药效，不能有其名而无其实。

②防止人员进出带毒：所有人员都应遵守消毒卫生制度。不准擅自从场外带进禽类、鸟类或其食物，外来人员窜走或参观应谢绝。

③注意水源、饲料的消毒卫生：鸭的饮水、洗刷用水都应清洁无致病菌。如用河水应通过沉淀池加入明矾、漂白粉消毒后方可饮用。鸭饲料要了解加工厂货源情况，检查有无霉变污染。每次装动工具、袋子都应消毒，饲料库应无鼠害虫害。

④搞好鸭舍前后地面清理：场内应经常打扫场地，铲除杂草，填平水塘，定期喷洒消毒液，搞好灭鼠活动，夏秋季经常喷施药物除蚊蝇和害虫，并做到干净彻底。

(2) 严把鸭舍内的消毒　搞好鸭舍内的定期消毒，及在空圈后的彻底清理及消毒，是防止病菌传向鸭体的关键措施之一。鸭舍内平时应用百毒杀或过氧乙酸带鸭进行消毒，杀灭空气、鸭体表、网具、地面、墙壁等处的病原体；在鸭子处理后，应在彻底清理的基础上，对鸭舍进行封闭式消毒。

(3) 消灭鸭场周围的污染源　鸭场周围环境内存在着的污染

源，不仅对鸭群是一个威胁，也不符合无公害鸭绿色安全生产中对生产环境质量的要求。对已建鸭场，应经常观察鸭场外围500米左右的环境，不能放过任何一个可疑污染源，能消除的应予以清除，难以清除的应不惜代价定期消毒灭源。对新建鸭场，应考虑按无公害鸭绿色安全生产的要求来严格选择产生环境，绝对不能出现周围有环境问题，更不能与有污染或有刺激气味的化工厂、畜禽屠宰场、农贸市场、垃圾站等相邻。

（4）*病死鸭、排泄物、粪便、垃圾应无害化处理* 病鸭死后乱抛乱扔，实际上是让疾病传染源人为污染环境，留下隐患，每时每刻都有传播感染健康鸭的可能。发现病死鸭应立即装入密封容器或塑料袋送出场外深埋销毁。排泄物、粪便、垃圾等未经处理也不能到处堆放。比如粪便中的致病菌、寄生虫卵等在外界环境中能长期存留，而鸭的不同年龄的易感性不同，感染后的致病性也不同，故所有鸭舍内的排泄物、鸭粪、垃圾等都应送出场外堆积封闭发酵腐熟处理。

2. 进鸭前的鸭场彻底消毒工作

（1）鸭场应有良好的隔离措施，育雏青年期舍、产蛋鸭舍、孵化厂之间要有合理的间距。

（2）实行全进全出制，空舍后，撤除饲养设备，然后彻底清除舍内粪便，并将粪便在远离鸭场之地作无害处理。

（3）消毒药浸泡、清洗水槽、料盘、料槽等用具。

（4）对水泥地的鸭舍，鸭舍内用高压水进行上下左右及周围彻底冲洗，直到看不见粪便、尘土为此。

（5）干燥后，用2%～3%烧碱水同样进行高压彻底冲洗，作用一定时间后，用清水冲洗干净。

（6）干燥2～3天后，再用0.3%～0.5%的过氧乙酸同样高压彻底冲洗，作用一定时间后，用清水冲洗干净。

（7）最后，关闭门窗，有缝隙地方用纸糊上，把料槽、水槽、饮水器、开食盘等器具放进鸭舍，用福尔马林加高锰酸钾熏蒸，消毒后空置7天左右。

为了确保消毒效果，有条件的规模较大的家庭养鸭场，尤其是饲养种鸭的场，在每次消毒后应进行细菌学检查，或委托科研单位、高等院校进行检查，务求使鸭场达到规定的卫生指标，为饲养好鸭提供良好的卫生条件。

3. 常用的消毒方法

（1）一般喷雾消毒　将配制好的消毒药水对准鸭舍墙壁、器具及其设备进行喷雾，路面的消毒也可采用此法。另外，鸭群也可定期喷雾消毒。

（2）高压水枪喷洒消毒　适用于空舍后的彻底消毒，使所有的灰尘随消毒水落于地面而不致随风飞扬。因为有些病毒性的病原体（如新城疫病毒、传染性喉气管炎病毒和马立克氏病病毒）及一些细菌性病原体（如沙门氏菌和霍乱菌等）易吸附于灰尘上，当用扫帚清扫时，灰尘可随风飘扬相当长的一段距离，使环境发生污染。

（3）清洗擦拭消毒　鸭舍内可移动的设备移至舍外用水冲洗，如有结痂的地方，可经浸泡后用刀刮下，然后再用消毒水作擦拭消毒。

（4）熏蒸消毒　将消毒药经过处理后，使其产生杀菌性气体，用它来消灭一些死角的病原体。为了增加消毒的效果，可以密闭鸭舍的门、窗和风口。24小时后再开始通风换气。

（5）浸泡消毒　鸭舍内的一些小用具，如蛋盘等物品可放在消毒水槽内浸泡2小时，然后用水冲洗干净。

（6）物理消毒　用火焰喷射器对准鸭舍的墙壁、地面和笼具等进行火焰消毒，利用高温将病原体杀死。阳光也是天然的消毒剂，一般病毒在直射的阳光下由几分钟到几小时可以杀死，所以棚舍空置一定时间非常重要。

（7）生物消毒　利用生物学方法来消灭病原体。如将鸭粪堆集发酵产生高温而杀灭病原体。

4. 常用的消毒药

（1）烧碱（氢氧化钠） 对细菌、病毒和寄生虫卵有强大的杀灭作用。常用浓度为2%～3%水溶液。缺点是对金属制品、油漆面、棉毛织品有损坏作用，对皮肤和黏膜有刺激性。

（2）过氧乙酸溶液 有刺激气味，是广谱杀菌剂，稀释液只能保存3～7天。现配现用，常用浓度为0.01%～0.5%。

（3）百毒杀 属于双链季铵盐消毒剂，特点是受客观因素（如有机物、硬水、pH、光热和温湿度等）的影响较小，渗透力强，适用范围广。杀菌力强，对人畜禽安全无毒，所以常用于空气的带鸭喷雾消毒。

（4）新洁尔灭（苯扎溴铵）溶液 具有杀菌和去污效力，渗透力强，常用于养鸭器具、种蛋的消毒和洗手消毒，另外，也可用于空气的带鸭消毒。

（5）煤酚皂溶液（来苏儿） 1%～2%水溶液用于消毒体表、手和器械等，5%水溶液用于鸭舍和污物的消毒，但难以杀死芽孢。

（6）苯酚（石炭酸） 对细菌、病毒和真菌有杀灭作用，对芽孢无作用，对人体皮肤在刺激作用。

（7）氯制剂（漂白粉、除菌净等） 其消毒作用与有效氯含量有关，但有效氯易散失，所以应妥善保存。一般用于禽舍、地面、水沟、粪便、下水道等处的消毒。对金属、衣物、纺织品有破坏力，使用时应加注意。

（8）甲醛溶液（福尔马林） 有刺激性气味，是一种广谱杀菌药，对细菌、病毒、真菌和芽孢等均有效。一般常用作熏蒸消毒，使用剂量因消毒对象而不同。使用时要求室温不低于15℃，最好在25℃以上，相对湿度在70%～90%，如果湿度不够时，可在地面洒水和墙壁上喷水。鸭舍熏蒸消毒时要紧闭门窗，用具和种蛋及雏鸭消毒时要在紧闭的容器内进行。种蛋在孵化后24～96小时和雏鸭在羽毛干后对甲醛气体的抵抗力较弱，在此期间不要进行消毒。不同消毒对象的甲醛液的用量不同。

(9) 其他　酒精、碘酒、紫药水、红汞水等，用于个别鸭有创伤消毒。

影响消毒效果的因素很多，如温度、有机物障碍、水的pH、水的硬度、人为因素等等，所以每个鸭场应根据当时当地的具体情况，合理应用消毒药，切实达到消毒灭菌的效果。

总体上讲，环境的净化工作是一项综合性的工作，技术性较强。老鸭场比新鸭场病多，环境污染严重。如果老鸭场要实行无公害鸭绿色安全生产，必须在彻底进行环境治理后，符合无公害鸭绿色安全生产的环境条件后才能将产品目标定位在无公害产品生产上。

(三) 搞好鸭场的常规防疫工作

1. 建立区域内的良种繁育体系　建立区域内的符合无公害鸭绿色安全生产的良种繁育体系建设，使区域内做到鸭的自繁自养，防止由外地引入病鸭。因此，对一些小规模的企业或农户，要想实行无公害鸭绿色安全生产还必须联合起来，进行相互间的合理分工，使涉及无公害饲养中所要求控制的影响基本上能在本地进行控制和组织。因而无公害鸭绿色安全生产产地，必须建有父母代鸭场、饲料厂，有稳定的从无公害粮食生产基地提供的饲料原料等，否则光靠中间一个养殖环节是很难达到无公害鸭绿色安全生产的要求。

2. 防止与野生水禽直接或间接接触　对于选择环境条件好，鸭舍远离村庄及工厂区，尤其是选择有宽阔水面的鸭场，往往鸭场外有野生水禽的出现，野生水禽是某些传染病和寄生虫病的宿主和传播者。由于有些农户采用开放式或半开放式饲养鸭子，残留的饲料和户外饲槽常可招致野生水禽的光顾，而与家鸭发生密切的接触，污染饲料与水源，致使疾病传播。

3. 防止蛋媒疾病　所谓蛋媒疾病就是能从感染母鸭通过受

精蛋传给新孵出后代的疾病。有两种情况：一是病原体在蛋壳的壳膜形成前感染卵巢滤泡（卵巢传递），在蛋的形成过程中进入鸭蛋，而由鸭蛋内部携带。二是鸭蛋在产出时或产下后因环境卫生差，病原体污染蛋壳，如一般肠道菌，特别是沙门氏菌和大肠杆菌，时而有绿脓杆菌和葡萄球菌以及霉菌。后一种情况是这样发生的：当鸭蛋从温热的鸭体产到温度较低的环境时，鸭蛋内部的大气之间便产生压力差，蛋壳表面污染的液体都会被迫进入蛋内；有运动力的细菌，不需要这种压力可能造成死胚，但多数污染的蛋经孵化后，形成弱雏或带菌雏，在不良环境等应激因素的影响下，如育雏温度过低，则小雏可能发病或死亡。因此，预防蛋媒疾病是提高雏鸭成活率的重要因素。平时应注意种鸭的卫生环境，勤打扫或消毒场地，更换垫草，并保持干燥，以减少粪污蛋，蛋壳表面越干净，则壳上污染的细菌就越少。此外，要增加捡蛋的次数。孵化用蛋宜集中后进行福尔马林熏蒸或用温热（43～50℃）的洗涤剂冲洗，亦可用20℃的0.1%新洁尔灭冲洗，晾干。严禁用粪便污染的脏水洗蛋，这不但达不到卫生消毒的目的，反而会造成扩大污染。

4. 隔绝传染源　传染病的发生必须有传染源，如果能隔绝传染源的出现，则基本上可杜绝传染病的发生。传染源包括人、带菌鸭或禽及一些其他设施。要杜绝传染源，就必须杜绝这些传染源在鸭场出现。

（1）人　由于人的活动、职责、好奇心、无知、粗心大意或一味地追求利润，而构成传入疾病的最大潜在因素之一。由于人的自身感染而散播病原的情况极为罕见。但是，往往由于人们使用了污染过的设备，或者是在管理禽群时太大意，从而造成疾病的散播。

①邻居　邻近养鸭场或畜禽场暴发的疾病是一种常见的传染源。饲养者互相走访交流养殖经验常常是散播疾病的一种方式。因此，当邻居鸭群或禽群发生疾病时，最好是通过电话进行讨

论。当自己鸭群正在发病时，应告诫邻居最好不要参观，更不要在邻近禽场闲逛。

②临时工　鸭场的很多工作需要临时雇佣一些工作人员，例如免疫接种、转动鸭、出售鸭等。养鸭者或鸭场管理者常常不易找到懂得管理家禽的人，所以他需要同那些为许多家禽业企业提供劳务的人订立合同。这些人出入于鸭群，并且要同许多鸭群接触，应当看作是传染的潜在来源。因此，必须严密注意，以保证他们所接触的每一鸭群的健康。

③来访者　疾病在鸭群的暴发，可发生在漫不经心的来访者之后。如果他们不进入养鸭舍，就不会带进疾病。新的或可怕的疾病，其由来往往是令人费解的。世界范围的贸易和旅游正变得日益广泛，人们往往早上离开一个牧场后，当天就可以到本国的其他地方的另一个牧场，甚至到另一个国家。有些致病因子在这种长距离旅游中很易存活。凡是出差的人都必须认识到这一事实，应当在他出差回来时，注意防止向其顾客、竞争者、朋友、同行的家里或自己的鸭群里引进疾病。应当注意，并不是所有的国家，所有的养禽场都具备有安全服或安全鞋。最好的保护性措施是出差回来后清洗所有的衣服，消毒穿过的鞋。

（2）康复带菌（毒）者　带菌（毒）禽都是已从临诊感染恢复了的鸭类，但它们身体的某些部分仍然有传染性微生物存在。虽然它貌似健康，但传染因子还会继续在体内繁殖，并排入周围环境。它们就像活动性感染禽群那样，能在鸭场上散播疾病，威胁其他鸭群，许多常见的疾病都是由带菌（毒）者传播的。这些带菌（毒）禽能通过下述各种途径构成疾病的潜在来源。

（3）活禽市场的工具或鞋

①活禽市场　我国的活禽市场常常是建在城市边缘的开放型区域。在这里，小商贩们把所有类型、不同年龄、不同健康状态的家禽集中到一起，为市场提供活禽，满足那些喜欢吃食活禽或购买活禽进行深加工的屠宰者的需要。这类活禽市场很少进行清

群、清洁和消毒处理，因而成为禽病传播和蔓延的理想场地。此外，拖运设备和运输汽车很可能在每次使用以后不进行清扫和消毒，这类在养禽地区来回拖运的设备是传播疾病的最好媒介物。业已确定，活禽市场贸易与禽流感和喉气管炎的传播密切相关。

②鞋　鞋是最容易传播疾病的媒介物。在检查病变和排泄物时，手也会被污染。衣着则会受到灰尘、羽毛和粪便的污染。已经发现至少有一种禽病的病原体（新城疫病毒）能在人呼吸道黏膜上存活数天，并已从痰里分离到病毒。

5. 发生疫病时的扑灭措施

（1）*及时发现疫情并尽快确诊*　鸭群中出现传染病的早期症状多为精神沉郁，缩颈，喜卧，眼鼻有分泌物，减食或不食，产蛋量急剧下降。此时应迅速将可疑病鸭隔离观察，并将死亡鸭送兽医部门检验以便及早作出诊断，采取防治措施。

（2）*及时隔离和紧急消毒*　发现病鸭时，要及时隔离病鸭，对污染的场地和鸭舍进行紧急消毒。严禁饲养员及工作人员串圈，以免扩大传染。

（3）*鸭场内外及疫区内外停止交易活鸭*　停止向病鸭群鸭购进鸭苗或向外出售活鸭，确诊后再根据具体情况处理。

（4）*紧急处理病死鸭*　病死鸭深埋或焚烧，粪便发酵处理。垫草焚烧或作堆肥。

（5）*进行紧急疫苗接种*　对病鸭进行合理的治疗。对慢性传染病鸭宜早淘汰。

（四）实施鸭传染病的科学预防

1. 疫苗免疫的方法　免疫接种是激发动物体产生特异性抵抗力，使易感动物转化为不易感动物的一种手段。有组织有计划地进行免疫接种，是预防和控制鸭传染病的重要措施之一。

以病毒为中心的免疫预防接种，需要制定一个省力、经济、预防效果好的预防接种计划。怎样达到这个目的，则应根据各个地区、各个鸭场以及鸭的品种、年龄、免疫状态和污染状态的不同因地制宜地结合本场情况制定免疫计划。免疫计划或方案在一个鸭场只能最大限度地发挥其保护鸭群的作用，但随事物的发展也要逐年加以改进，为本场建立一个最佳方案。

疫苗接种法，可分注射、饮水、滴鼻滴眼、气雾和穿刺法，根据疫苗的种类、鸭的日龄、健康状况等选择最适当的方法。

（1）注射法　此法需要每只进行保定，使用连续注射器可按照疫苗规定数量进行肌肉或皮下注射，此法虽然有免疫效果准确的一面，但也有捉鸭费力和产生应激等缺点。注射时，除应注意正确的注射量外，还应注意质量，如注射时应经常摇动疫苗并使其均匀。注射用具要做好预先消毒工作，尤其注射针头要准备充分，每群每舍都要更换针头，健康鸭群先注射，弱鸭最后注射。

①皮下注射　一般在鸭颈背中部或低下处远离头部，用大拇指和食物捏住颈中线的皮肤并向上提起，使其形成一个囊，注意一定捏住皮肤，而不能只捏住羽毛，确保针头插入皮下，以防疫苗注射到体外。

②肌肉注射　以翅膀靠肩部无毛处胸部肌肉为好，应斜向前入针，以防插入肝脏或胸腔引起事故；也可腿部注射，以鸭大腿内侧无血管处为最佳。

（2）饮水法　本法为活毒疫苗的常用方法之一。既能减少应激，又节省人力，但疫苗损失较多，由于雏鸭的强弱或密度关系也会造成饮水不均，免疫程度不齐的缺点，所以需要放置充分的饮水器，使雏鸭都能充分地得到饮水。使用此法应注意：一是饮用水避免酸、碱以及化学物质（如氯离子）的影响，免疫前后24小时不得饮用消毒水，所以最好用蒸馏水免疫，同时在水中加入脱脂奶粉0.25％～0.5％；二是饮水免疫前，要给鸭断水2～4小时，根据季节、气候掌握，而后要在1～2小时内将稀释的疫苗全部喝完，同时应避免强烈光照射疫苗溶液；三是饮水器用清水冲洗，擦洗干净，数量充足。

(3) 滴鼻滴眼法　雏鸭的早期的活毒疫苗常用此法。用滴瓶向眼内或鼻腔滴入1滴(0.03毫升)活毒疫苗，滴鼻时，为了使疫苗很好的吸入，可用手将对侧的鼻孔堵住，让其吸进去。滴眼时，握住鸭的头部，面朝上，将一滴疫苗滴入面朝上的眼皮内，不能让其流掉。一只一只免疫，防止漏免。

(4) 气雾法　将活毒疫苗按喷雾规定稀释，用适当粒度(30～50微米)的喷雾器在鸭群上方离鸭只0.5米处喷雾。在短时间内，可使大群鸭吸入疫苗获得免疫。

在做喷雾前，要关掉风机、门窗，免疫后大约15分钟，重新打开。

本法由于刺激呼吸道黏膜，所以避免在初饮免疫时使用，尤其可疑有MG的鸭群，容易引起慢性呼吸道病症状。

(5) 穿刺法　此法为鸭痘疫苗接种时使用，展开鸭的翅膀，用接种针在鸭的翼膜无血管处穿刺，病毒在穿刺部位的皮肤增殖产生免疫。

2. 鸭传染病的免疫程序　由于各种不同鸭种及不同饲养地的鸭的疾病的发病规律不一样，所以各地应结合所饲养的鸭的品种及当地鸭病的发病规律来制定合理的免疫程序。下面以江苏丰达种鸭场所采用番鸭免疫程序为例(表10-1)，给养殖者在制定免疫程序时参考。

表10-1　父母代或商品番鸭的参考免疫程序

日龄	疫 苗 名 称	剂 量
1	鸭瘟鸭病毒性肝炎二联苗	0.5毫升/只
7	鸭传染性浆膜炎——雏鸭大肠杆菌多价蜂胶复合佐剂二联苗	0.5毫升/只
14	番鸭细小病毒活疫苗	1毫升/只
42	大肠杆菌疫苗	1毫升/只
154	大肠杆菌疫苗	1毫升/只
189	鸭瘟鸭病毒性肝炎二联苗	1毫升/只
196	鸭传染性浆膜炎——雏鸭大肠杆菌多价蜂膜复合佐剂二联苗	1毫升/只
203	番鸭细小病毒活疫苗	1毫升/只
266	大肠杆菌活疫苗	

（续）

日龄	疫 苗 名 称	剂 量
378	鸭瘟鸭病毒性肝炎二联苗	1毫升/只
385	番鸭细小病毒活疫苗	1毫升/只
392	鸭传染性浆膜炎——雏鸭大肠杆菌蜂胶复合佐剂二联苗	1毫升/只

二、常见的鸭病种类与防治

（一）病毒性鸭病种类与防治

1. 鸭病毒性肝炎　鸭病毒性肝炎是雏鸭的一种急性传染病，其特征是发病急、传播快、死亡率高，临床表现为角弓反张，剖检以肝脏肿大及表面有斑点出血为特征。

【病原】本病的病源为鸭肝炎病毒，属于小核糖核酸病毒科的肠道病毒属。本病毒在自然界中，有较强的抵抗力，在潮湿的粪便物中能存活1个多月，而在污染的雏鸭舍内可存活2个半月以上。对一些理化因子的抵抗力也较强，例如：在56℃时加热1小时仍可存活；2%漂白粉、1%甲醛、2%苛性钠，需要2～3小时才能杀灭。

【流行病学】本病经常发生在3周龄以内的雏鸭群，4～5周龄的雏鸭也可感染发病，成年鸭也可感染，但不发病，成为带毒者。病鸭和带毒鸭是主要传染源，康复的雏鸭缪从粪便排毒1～2个月。被病毒污染的场地、饲料、水面、饲养用具、人员和车辆等，都是该病的传染途径。传染途径主要是消化道和呼吸道。

本病一年四季都有发生，但以春季发病较多。一次严重的发病流行，发病率可高达100%，死亡率可高达90%。随着日龄增长，发病与死亡率渐减。

【症状】潜伏期为1～4天。病鸭常无任何症状而突然死亡，几小时后就会波及全群，出现多种不同的临床症状。病初，精神萎靡、头颈短缩、两翅下垂、行动呆滞、食欲废绝、两眼闭合，呈现昏迷状态，不久死亡。有些病例则表现神经痉挛性抽搐症状，病鸭常侧卧，步态不稳，两肢抖动，倒地蹬踢，就地旋转，呼吸困难。临死之前，头颈背向，呈角弓反张之状，故有“背脖病”之名称。

有少数病鸭腹泻，排黄白色或灰绿色稀粪。严重病鸭的喙部和爪呈紫红色。

【病变】本病特征性的病变是肝脏肿大，质地脆弱，色泽暗淡或稍黄，表面有出血性斑点，个别还有坏死灶。胆囊肿大，充满胆汁，胆汁呈茶褐色或绿色。脾脏有时肿大，表面呈斑状花纹样。肾脏常见有肿胀和树枝状充血。

【诊断】根据只有3周龄内的鸭突然发病，成年鸭不见发病。发病突然，而且传播迅速，病程短和死亡率高，以及有明显的神经症状及角弓反张，特征性的肝变性、出血，根据本病的流行病学、临床症状和剖检病变的资料，综合分析，可以作出初步诊断。为了确诊，可按规定采取病料送兽医检验部门，进行实验室诊断。

【防治】迄今尚无有效药物可供治疗，但暴发本病时，注射康复鸭血清、高免血清或高免卵黄液有特异的防治作用。发病初期即给发病鸭群进行逐只注射血清，每只雏鸭0.5～1.0毫升，能有效地降低发病率和死亡率，迅速控制疫情。

因本病主要发生于3周龄内的雏鸭，因而在疫区养鸭时应将4～5周龄内的雏鸭严格隔离饲养，改善饲养条件，搞好环境卫生，有利于预防本病的暴发。在产蛋前2周给种鸭进行疫苗接种，以后间隔3～4月再免疫一次，能使种鸭维持高水平的血清抗体，并将之传给后代，使雏鸭具有被动免疫保护。此外，亦可给雏鸭以弱毒疫苗或死苗进行主动免疫，但需注意母源抗体的影响。

2. 鸭瘟　鸭瘟又名鸭病毒性肠炎，是鸭的一种高死亡率的急性、热性传染病。其临床特征是高热、体躯软弱、流泪、下痢、排绿色稀粪。有一部分病鸭的头颈部肿大，故俗称“大头瘟”。

【病原】病源为鸭瘟病毒，本病毒对外界环境有较强的抵抗力，在－10～－20℃环境中，能存活 347 天，50℃时经 90～120 分钟才能灭活，而在室温 22℃时，需 30 天才能失去感染力，但对一般浓度常用消毒药较敏感。用 1%～3%火碱（苛性钠）溶液，10%～20%漂白粉混悬液，5%甲醛溶液等，均能较快地杀灭病毒。其他如直射阳光、高温干燥等因素，都不利于病毒的生长繁殖。青霉素、链霉素和土霉素等抗菌素对本病毒无影响。

【流行病学】鸭瘟对不同日龄和不同品种的鸭均可感染，但在不同品种中，以番鸭、麻鸭最易感，肉用鸭次之。在自然感染条件下，成年鸭发病率与死亡率较高。30 日龄以内的雏鸭却较少发病。但在人工感染时，雏鸭却较成年鸭容易发病，且死亡率也高。

鸭瘟的传染源主要是病鸭和带毒鸭，其次是其他带毒的水禽、飞鸟之类。这些带毒的禽类，特别是病鸭和死鸭，很容易通过排出的粪便及其分泌物污染饲料、饮水、饲料工具等散播病毒。消化道感染是主要的传染方式，其他如通过滴鼻、泄殖腔也可引起发病。某些吸血昆虫，也有可能是本病的传播媒介。

本病的发生与流行，一般以春、秋鸭群的运销旺季，最易发病流行。在水源被污染的地区，该病的发生和流行较为严重。

【症状】潜伏期一般为 2～4 天，病初体温急剧升高，一般高达 43～44℃，呈稽留热型。病鸭表现精神萎靡，头颈缩起，食欲降低，渴欲增加，两肢发软，步态蹒跚，常常卧地，难于走动，若强行驱赶，则两翅扑地而走。这时，病鸭不愿下水，若强迫其下水，也不能游动，并挣扎回岸。病鸭眼周湿润、流泪，有的附有脓性分泌物，将眼睑粘连。病鸭呼吸困难，鼻孔内也常有浆液性或黏液性分泌物流出。部分病鸭头颈部肿胀。病鸭下痢、排绿色稀便，有时为灰白色，肛门周围羽毛被污染，常附有稀粪结块。泄殖腔黏膜充血、出血、水肿，严重时黏膜松弛外翻，黏膜面附有黄绿色伪膜，不易剥脱。

病后期，体温下降，体质衰竭，不久死亡。急性病例，病程一般为 2～5 天；慢性病例一般在 7 天左右；有少数病鸭存活，表现消瘦，生长发育不良，角膜浑浊较为典型，严重时，常形成单侧性溃疡性角膜炎。产蛋鸭群的产蛋量减少，一般减产 30%左右，随着死亡率的增高，可减产 60%以上，甚至停产。

【病变】鸭瘟的病变，以全身性急性败血症为主要特征。病鸭全身的浆膜、黏膜和内脏器官有程度不同的出血性斑点或坏死。皮下组织有不同的胶样浸润，尤以“大头瘟”典型病例较为严重。口腔舌下部、咽喉周围见有溃疡灶。食道黏膜具有纵行排列的灰黄色伪膜覆盖，此伪膜不易剥脱，剥脱后呈现出不同大小的、特征的红色溃疡灶。腺胃黏膜有出血斑点，有时在腺胃与食道膨大部交界处，有一条灰黄色坏死带或出血带，肌胃角质膜下层充血，有时出血。肠黏膜有充血和出血性炎症。泄殖腔有出血性斑点和不易脱落的伪膜或溃疡。

【诊断】该病主要损害消化道，且主要发生于成年鸭，特征性损害为食道和泄殖腔黏膜纤维蛋白性坏死性炎症，嗉囊与腺胃及腺胃与肌胃交界处有灰黄色坏死及出血带，其他内脏器官亦有出血。但在该病的初发地区，应按要求采取肝、脾组织，送兽医检验部门进行实验室诊断。

在诊断时，应注意与鸭肝炎、鸭霍乱、鸭球虫病和成鸭坏死性肠炎进行鉴别诊断。

【防治】本病可用抗鸭瘟高免血清进行早期治疗，每只鸭肌肉注射 0.5～1.0 毫升，有一定疗效。还可用聚肌胞（一种内源性干扰素）进行早期治疗，每只成鸭肌肉注射 1 毫升，3 日 1 次，连用 2～3 次，也可收到一定疗效。但目前还没有特效的治疗药物，控制或扑灭此病主要通过加强饲养管理和搞好预防工作来达到。

（二）细菌性鸭病种类与防治

1. 鸭霍乱　鸭霍乱又名鸭巴氏杆菌病、鸭出血性败血症（鸭出败），是一种高发病率、高死亡率的急性败血性传染病。其临床特征是发病急，死亡快，排绿稀粪。浆膜黏膜上有点状小出血点，肝脏上布满灰黄色点状的坏死灶，慢性型表现为关节炎。此病是危害养鸭业的一种严重传染病。

【病原】本病的病原是禽型多杀性巴氏杆菌，菌体是近似于卵圆形的短小杆菌，常单独存在，有的成对，也有的呈短链状或丝状。革兰氏阴性，不形成芽孢，无鞭毛，不能运动。本菌对理化因子的抵抗力较弱，在5%石灰乳、1%～2%漂白粉、3%～5%煤酚皂溶液中，经数分钟即被杀死；在60℃时10分钟即可灭活；在直射日光下很快死亡；而在干燥空气中可存活2～3天；在血液、分泌液和排泄物中能存活6～10天；在腐败尸体中则能存活3个月。

本菌对青霉素、链霉素、土霉素、磺胺嘧啶、磺胺二甲氧嘧啶、痢菌净等多种药物均很敏感。

【流行病学】本病无明显季节性，在我国北方地区，以春秋季多发；南方地区以秋季多发。气温较高，多雨潮湿，天气骤变，饲养管理不良等多种因素，都可以促进该病的发生和流行。

病鸭、带菌鸭以及其他病禽是本病的传染源。病禽的排泄物污染了场地、饲料和饮水，可经消化道传染；病禽的分泌物中含有细菌，也可通过飞沫传染；通过伤口也可传染此病。带菌鸭经过长途运输，体质衰弱，抗病力降低，放牧鸭群也容易感染发病。其他如往来人员，运输工具，野生动物和禽类，都有可能是本病的传染媒介。

许多禽类都可感染，但以鸭、鹅最易感。各种日龄的鸭均感染发病，但以30日龄内的雏鸭发病率较高，死亡率也高，成年鸭发病较少，常呈散发性，死亡率也较低。

【症状】潜伏期一般为1～3天。根据病程长短和严重程度，本病分为最急性、急性和慢性3种类型。

最急性型：疫情初期，在鸭群无任何临床症状的情况下，常有鸭子突然死亡。例如当天晚上很正常，第二天早晨发现死亡；有的鸭子突然死于池塘水边；有的鸭子突然死于放牧路上。这些鸭一般为肥壮或高产的鸭。

急性型：鸭群采食量减少，精神状态普遍不好，蛋鸭产蛋率开始下降。病鸭行动迟缓，步态蹒跚，常落于鸭群之后，不愿下水浮游，羽毛松乱，体温升高，一般在42.5～44℃。嗉囊积食或积液胀大，倒挂鸭时，常从口鼻流出酸臭液体。也有病鸭咳嗽，张口呼吸，呼吸加快，气喘，摆头甩头，力图排出喉腔黏液，因此，又有“摇头瘟”之称。病鸭腹泻下痢，排出灰白色、灰黄色或黄绿色的稀粪，有时稀粪中带血，腥臭难闻。有的病鸭后期瘫痪，常在1～3天内死亡。

慢性型：在疫情流行后期，经常有2%～10%的病鸭转为慢性。表现体质消瘦，单侧性或双侧性下肢关节肿胀，跛行，行走困难。病程较长时，肿胀关节变硬，也有继发感染化脓的病例。若不及时治疗，也可导致败血症而死亡。

【病变】最急性死亡病例，体表检查，只见眼结膜充血发绀，剖检特征是浆膜小点状出血，肝表面有很细微的黄白色坏死灶。

急性死亡病例，除上述典型病变外，皮肤上有散在的少数出血点，心外膜和心冠脂肪上有出血斑点。心包液增多，呈淡黄色透明状，有的也有纤维素絮片状物，液体混浊，肝脏稍肿，呈土黄色，质地脆弱，表面有针尖状出血点和坏死灶。胆囊肿大，肠道黏膜呈现充血和出血性炎症，也有的肠段呈现卡他性炎症。肺有炎症、气肿和出血性病变，呼吸道黏膜有充血或出血性炎症，也有卡他性炎症。有的病例有气囊炎。

慢性病例多呈关节炎症：关节肿胀，关节囊壁增厚，关节腔内有暗红色混浊而黏稠的液体，也有的关节腔内有干酪样物质。肝脏一般有脂肪变性，或有坏死灶。

【诊断】本病依据流行病学和临床剖检资料，不难作出诊断。为了确诊，可进行细菌学的检验。

【防治】

预防：平时加强鸭群的饲养管理，雏鸭、中鸭和成鸭要分群饲养。不从有疫情鸭场引进种鸭。引进鸭群后应隔离饲养 15～30 天，待确认无病后才能转入场内。周围地区发生疫情后，要停止放牧，加强防疫消毒工作，立即进行疫苗接种。一旦发生疫情，要积极采取封锁、隔离、消毒、治疗和焚尸灭源工作。

接种菌苗：目前，我国生产的禽霍乱有两种，一种是弱菌苗，一种是油剂灭活菌苗。

治疗：磺胺类药物和抗生素类药物等均有良好的治疗效果。临床上经常采用肌肉注射和拌入料内喂服的方法。

2. 鸭副伤寒　鸭副伤寒是由沙门氏菌引起的一种急性或慢性传染病，可引起小鸭大批死亡。其临床特征是严重下痢，剖检特征是盲肠肿胀，坏死性肠炎，肠内容物呈干酪样。成年鸭多是慢性或隐性感染，以腹泻、结膜炎和消瘦为特征。

【病源】本病的病原体是沙门氏杆菌属的多种细菌，沙门氏菌对理化因子的抵抗力不强，在 60℃时加热 5 分钟即可死亡，一般浓度的常用消毒药液都能很快杀死此病菌。但在自然界中却有较强的生命力，如在鸭粪和鸭舍中可存活 6～7 个月，在鸭绒毛上可存活 5 年，在土壤中可存活 9～10 个月，在池塘中可存活 4 个月，在蛋壳上和孵化器里可存活 3～4 周。

【流行病学】在自然条件下，仔鸭易感，3 周龄之内的雏鸭更易感，3 月龄以上的鸭很少发生。病鸭和带菌鸭是主要的传染源，其他动物如鼠类也是重要的传染源。

被细菌污染的场地、饲料、饮水、饲养工具以及往来人员等，都可能是传播本病的途径。被细菌污染的种鸭蛋，在贮存或孵化过程中，温度和湿度适宜时，蛋壳表面上的细菌乘机钻入蛋内，可使孵化率降低，孵出的雏鸭带菌，弱雏增加，很易造成大量雏鸭发病死亡。这是一种经卵传播的途径。

孵化器很容易被病雏和带菌的鸭绒毛污染，进而污染孵化室的空气和人员、物品等。易感雏鸭可以经空气感染，也可以与人员、物品接触而感染，从而造成本病的发生和流行。

【症状】本病可分为急性、慢性和隐性三种类型。潜伏期一般为10～20小时，少数病例潜伏期较长。

急性型：经常发生在3周龄以内的雏鸭。1日龄雏鸭感染后，体质软弱，绒毛松乱，两翅下垂，缩颈呆立；下痢腥臭，泄殖口周围绒毛有尿酸盐粘附，腹部常见膨大，触诊较硬，卵黄吸收不全，脐部红肿。病程1～3天，常因急性败血症死亡，有些雏鸭因瘦弱脱水而死亡。2～3周龄的雏鸭感染后，表现精神萎靡，不思饮食，呆立一旁，不愿活动，两翅下垂，两眼流泪或有黏性分泌物。常见下痢、颤抖和共济失调，最后常因抽搐，角弓反张而死。病程一般为3～5天。

慢性型：经常发生在1月龄左右的雏鸭和中鸭中，表现精神不振，食欲降低，粪便稀软，严重时下痢带血，逐渐消瘦，羽毛松乱。也有表现张口喘气等呼吸困难的症状，还有些病鸭出现关节肿胀、跛行等症状。通常死亡率不高，但在有其他病原菌继发感染的情况下，可使病情加重，会造成不同程度的死亡率。

隐性型：是指成鸭在感染沙门氏菌后，不表现任何临床症状，呈隐性感染状态。这种带菌的成鸭，经常通过粪便排菌污染环境，从而导致本病的流行。

【病变】刚出蛋壳不久而死亡的雏鸭，大都是卵黄吸收不全，脐部发炎。肠黏膜呈现卡他性或出血性炎症，肝脏稍肿淤血。较大日龄死亡的雏鸭，肝脏肿大、充血，表面有黄灰色小点状的坏死灶。胆囊肿大，囊内积有大量黏稠的胆汁。脾脏也有明显肿大，呈斑驳花纹状。小肠后段和直肠肿胀，肠黏膜呈卡他性或出血性炎症。最特征的病变是盲肠肿大1～2倍，呈斑驳花纹状，肠内有干酪样团块物质。其他病变还有心包炎、心包积液；肾脏发白含有尿酸盐；嗉囊混浊，常附有黄白色纤维物质；有时出现肺炎、肺气肿、腹膜炎和卵巢炎等症状。

【诊断】根据流行病学、临床症状和病理变化，综合分析，可作出初步诊断。如若确诊，必须进行细菌学检验。

【防治】

预防：采取如下综合性预防措施，会收到良好的效果。

①防止蛋壳污染　保持产蛋箱内清洁卫生，经常更换垫草。每天定时及时捡蛋，做到箱内不存蛋。每天的种蛋及时分类、消毒后入库。蛋库的温度为12℃，相对湿度为75%，要做到经常性消毒，保持蛋库清洁卫生。种蛋入孵前再进行一次消毒。孵化器和孵化室的卫生防疫消毒工作非常重要，要制订相应的制度，闲人免进，做到室内无病毒、无细菌。

②防止雏鸭感染　接运雏鸭用的箱具车辆要严格消毒。育雏舍在进雏前，对地面、空间和垫草要进行彻底消毒。雏鸭的饲料和饮水中加适量抗菌药。消灭鼠类和蚊蝇，防止麻雀等飞进入育雏舍。

③加强雏鸭阶段的饲养管理　育雏舍内要铺置干燥清洁的垫草，要有足够数量的饮水器和料槽。舍内温度在1周龄内要保持在28～30℃，以后每周舍温下降2℃。雏鸭不要与成鸭或中鸭同栏饲养。冬季注意防寒保暖，夏季要避免舍内进入雨水，防止地面潮湿。

治疗：土霉素对本病有良好的治疗效果。用药量和投药的途径，可依据病情而定。

在鸭群病情较轻、食欲正常的情况下，可选用1种药物，按治疗剂量拌入饲料内喂，一个疗程3～5天或5～7天。土霉素粉，按饲料的0.06%～0.1%拌入料内，连喂5～7天。对个别病鸭，也可投服土霉素片和敌菌净片。最好不要连续、长时间地使用同一种药物，以免产生抗药性。

在有断发性细菌感染的病例中，要考虑选用革兰氏阴性菌和阳性菌敏感药物合并应用。

3. 鸭大肠杆菌病 鸭大肠杆菌病是一种急性败血性传染病，因而又名大肠杆菌败血症。本病的临床特征是发病急、死亡快，主要侵害2～6周龄的雏鸭。病理特征是腹腔和胸腔器官及气囊表面的湿性颗粒样或凝乳样渗出物。

【病原】本病的病原是埃希氏大肠杆菌。各地分离出来的大肠杆菌菌株，对多种抗菌药物的敏感性也不完全相同。总的来说对庆大霉素、卡那霉素等药物较敏感。对青霉素和磺胺-5-甲氧嘧啶有抗药性。

【流行病学】大肠杆菌在自然界中分布广泛，各种日龄的鸭均易感染，但以雏鸭最易感染。发病季节多是在秋末、春初，其他季节也可零散发生。

本病的传染源主要是病禽和带菌的禽类，它们的尸体和粪便，随时会污染饲料、饮水、池塘、饲养场地及饲养工具等，健康鸭群很容易感染上大肠杆菌，一般是通过消化道或呼吸道进入体内，但不一定立即发病。当机体抗病力降低，或患有其他疾病时，寄居在体内的细菌会乘机进入血管，随血流分布全身，引起败血症或其他病症。经人工试验证明，大肠杆菌可以通过皮肤伤口进入血流引起败血症。因此，鸭舍内的吸血昆虫和体表寄生虫，都有可能是本病发生的重要因素。种蛋被大肠杆菌污染，会直接影响孵化出雏率，也会引起雏鸭的大肠杆菌病。发病鸭场常常是卫生条件差，地面潮湿，舍内通风不良，氨气味大，饲养密度过大等。

【症状】由于大肠杆菌在自然界中分布较广，健康鸭群很易感染，成为寄居性的带菌鸭，所以潜伏期的长短，很不一致。在环境卫生条件差，饲养管理粗放的鸭场，该病的发生率和死亡率均较高，多呈急性败血症。例如新出壳的雏鸭发病后，体质软弱，合眼缩颈，腹围较大，常有下痢，多因败血症死亡。较大的雏鸭发病后，精神萎靡、食欲减退、隅立一旁、缩颈嗜眠，两眼和鼻孔处常附黏性分泌物，有的病鸭排出灰绿色稀粪，呼吸困难，常因败血症或体质衰竭，脱水死亡。成年病鸭表现喜卧，不愿走动，站立时，可见腹围膨大下垂，呈企鹅状，触诊腹部有液体波动感，穿刺有腹水流出。

【病变】鸭大肠杆菌病主要是以败血症的病理变化为特征。肝脏肿大，呈青铜色或胆汁状的铜绿色。脾脏肿大，呈紫黑色斑纹状。卵巢出血，肺有淤血或水肿。全身浆膜呈急性渗出性炎症，心包膜、肝被膜和气囊壁表面附有黄白色纤维素样渗出物。腹膜有渗出性炎症，腹水为淡黄色。有些病例卵黄破裂，腹腔内混有卵黄物质。肠道黏膜呈卡他性或坏死性炎症。有些雏鸭卵黄吸收不全，有脐炎等病理变化。

【诊断】本病在临床上与鸭疫巴氏杆菌病难以区别，因此，必须进行病原菌的分离与鉴定，才能确诊。

鸭大肠杆菌检出以脑、心血和胆囊为病料检出率最高，其次是肝脏和脾脏。而鸭疫巴氏杆菌与此略有区别。

雏鸭可以心血、卵黄囊和脐炎病变处取样分离大肠杆菌，成鸭宜从心血和腹膜炎渗出物中分离大肠杆菌，分离出细菌后，给敏感鸭接种，引起发病和典型的病理变化，即可确诊。

【防治】

预防：本病主要在饲养管理不良，环境恶劣，卫生条件差，通风不良，饲养密度过大，鸭舍阴暗潮湿等应激因素影响下而发生。因此，改善鸭舍及鸭场的环境卫生，加强鸭群的饲养管理，是预防本病的重要常规措施。选购苗时，要从无大肠杆菌病的种鸭场引进种蛋或雏鸭，要重视种蛋、孵化室和孵化器的熏消毒工作。平时用抗生素类药物做好鸭病预防工作，尽力防止寄生虫等病的发生。

接种菌苗：有学者曾选用致病大肠杆菌 078 菌株制成灭活

苗，并与鸭疫巴氏杆菌苗制成联苗，经过鸭场应用，取得良好的免疫效果。

治疗：磺胺类、抗生素类和呋喃类药物，对致病性大肠杆菌均有良好治疗效果。由于一般肠道内寄居的细菌容易对常用药物产生耐药性，因此，应作药敏试验，选用敏感药物进行及早治疗。

（三）真菌性鸭病种类与防治

曲霉菌病 鸭曲霉菌病是鸭的一种常见的真菌病，又名鸭霉菌性肺炎。多种禽类和哺乳动物均可感染。该病主要发生于雏鸭，多呈急性病症，发病率很高，造成大批死亡。成年鸭多呈散发。

本病在我国南方较多发生，特别是梅雨季节较多发生。北方多见于地面育雏的鸭群内。

【病原】一般最常见而且致病性最强的为烟曲霉菌，其孢子在自然界分布较广泛，常污染垫草及饲料。除此之外，其他曲霉菌也可引起感染，如黄曲霉、黑曲霉及构巢曲霉等。

病原体对外界具有显著的抵抗力。干热120℃经1小时，煮沸5分钟方可杀死。消毒药如2.5％福尔马林、水杨酸、碘酊需经1～3小时方能灭活。

【流行病学】各种家禽和野生禽类对曲霉菌都有易感性，特别是幼龄禽类更易感染患病。主要的传染源或传播途径是被曲霉菌污染的垫草和饲料。当温度和湿度适合时，曲霉菌大量增殖，可经呼吸道感染鸭以及其他禽类，也有可能经消化道感染。此外，本病也可经被污染的孵化器传播，当小鸭孵出后1日龄即可患病，出现呼吸道症状。

【症状】潜伏期3～10天。急性病例发病后2～3天内死亡。主要发生于雏鸭，病雏食欲减少或不食。精神不振，眼半闭。呼吸困难、加快，喘气，常见鸭伸颈张口呼吸。口腔与鼻腔常流出浆液性分泌物。当气囊有损害时，呼吸时发出干性的特殊沙哑声。口渴，不爱活动，羽毛蓬乱无光。常见有胃肠道活动紊乱的症状，下痢，急剧消瘦和死亡，死亡率可达50%～100%不等。慢性型症状不明显，主要呈现阵发性喘气，食欲不良，下痢，逐渐消瘦以至死亡。

【病变】死于急性病例，见肺和气囊上有数量不等的灰黄色或乳白色的霉菌结节，鼻喉、气管、支气管黏膜充血，有淡灰色渗出物。肝淤血和脂肪变性。慢性型病例见支气管肺炎变化，肺实质中有大量灰黄色结节，切面呈干酪样团块，这种结节在胸部的气囊也可见到。部分胸部气囊和腹部气囊膜上见有一厚2～5毫米圆碟状中央凹霉菌菌落，或称霉菌斑，有时被纤维素浸润，并呈灰绿色或浅绿色粉状物。此菌落见于鼻腔、眶下窦、喉、气管和胸腹腔浆膜。肠黏膜充血，有时见腹膜炎。

【诊断】根据流行病学、症状、病理解剖以及微生物等检查，方可确诊。症状主要表现为呼吸困难，伸颈张口呼吸，不食或下痢，消瘦并死亡。病理变化特点是在肺和气囊出现灰黄色的结节，切面呈轮层状。胸腹部气囊处可能有霉菌斑。

【防治】

预防：①注意加强饲养管理，搞好环境卫生，特别是鸭舍的通风换气和防潮湿。②不用发霉的垫草和禁喂发霉饲料。③鸭舍可用福尔马林熏蒸消毒，或用0.5%新洁尔灭和0.5%～1%甲醛消毒。④注意孵化器的消毒，孵前或对已入孵鸭蛋应在12小时内用福尔马林熏蒸消毒，以杀灭孵化器和蛋壳表面的霉菌或霉菌孢子以及其他细菌和病毒。⑤如果鸭群已被污染发病，则应及时隔离病雏，清除垫草和更换饲料，消毒鸭舍，并在饲料中加入0.1%硫酸铜溶液，以防再发病。⑥南方放牧鸭群发病后应更换牧地，脱离污染环境。

治疗：本病无特效疗法，可试用制霉菌素气溶胶吸入，有较好的防治效果，或在饲料中拌入制霉菌素，按每80只雏鸭1次用50万单位，每天2次，连用3天。口服碘化钾有一定的疗效，每次饮水中加碘化钾5～10克。还可将碘1克，碘化钾1.5克溶于1 500毫升水中，进行咽喉注入。另据报道，用两性霉素B或克霉唑（三苯甲咪唑）治疗也有一定效果。口服灰黄霉素，每只鸭服500毫克，每天2次，连服3天也有疗效。

（四）鸭寄生虫病种类与防治

鸭球虫病 鸭球虫病是一种严重危害鸭的生长及生活的寄生虫病。近几年来，我国南北各地连年暴发急性球虫病，发病率为30％～90％，死亡率为20％～71％，耐过病的鸭一般生长受阻、增重缓慢，耗费饲料与人工，给养鸭场或养鸭户造成很大的经济损失。

【病原】鸭球虫属孢子虫纲、球虫目、艾美耳科。据原江苏农学院符敖齐等报道，鸭球虫有15种，分属4个属，即艾美耳属、泰泽属、等孢属和温扬属。据调查，扬州地区近几年暴发的球虫病系以菲莱氏温扬球虫为主，其次是巴氏艾美耳球虫所致。该种球虫均寄生于小肠。鸭由于吞食了土壤、饲料和饮水等外界环境中的孢子化卵囊而造成感染。卵囊在肠道内需经两个发育阶段，即裂殖生殖阶段与配子生殖阶段发育成卵囊。卵囊经肠道排出后，在外界环境完成孢子生殖阶段，即发育成孢子化卵囊，鸭吃到这种孢子化卵囊后方能致病。

【流行病学】鸭球虫病是通过被病鸭或带虫鸭粪污染的饲料、饮水、土壤或用具等传播，饲养管理人员也可能成为球虫卵囊的机械性传播者。

菲莱氏温扬球虫卵囊的抵抗力较强，在外界环境中发育为孢子化卵囊所需的适宜温度为20～30℃，最适温度为26～28℃，在9℃和40℃时，卵囊停止发育。

鸭球虫与其他禽类的球虫一样，具有明显的宿主特异性，它只能感染鸭，同样，其他禽类的球虫也不能感染鸭。各种日龄的鸭均有易感性。雏鸭发病严重，死亡率高。由于饲养方式不同，发病日龄也不同；网上育雏因不接触地面和粪便不易发病，常于下网接触地面后 4～5 天暴发鸭球虫病。如果常年地面饲养，发病日龄则无规律。但发病与季节有密切关系。南京地区的流行季节多在 5～7 月份，而北方的流行季节则在 9～10 月份，因届时气温与湿度有利于卵囊的发育，成为孢子化卵囊，使鸭致病。

【症状】 急性型在感染后第 4 天出现精神委顿、缩颈、无食欲、喜卧、渴欲增加，排暗红色或巧克力色血便，多于第 4～5 天内死亡。第 6 天以后，耐过的病鸭逐渐恢复食欲，死亡停止。耐过的病鸭生长缓慢。慢性型一般不显症状，偶见有下痢，成为散播疾病的传染源。

【病变】 急性型呈严重的出血性卡他性小肠炎。肠壁肿胀，肠黏膜密布针尖大小的出血点，有的见有红白相间的小点，有的黏膜上覆盖着一层糠麸样黏液，有的分泌淡红或红色胶状血性黏液。菲莱氏温扬球虫的致病性不强。肉眼变化见于回肠后部和直肠轻度充血，偶尔在回肠后部黏膜上见有散在的出血点，直肠黏膜红肿。

【诊断】 急性死亡的雏鸭可根据病理变化和镜检肠黏膜涂片作出诊断。

从病死鸭的肠首病变部位刮取少量黏膜，放在载玻片上，与生理盐水 1～2 滴调和均匀，加盖玻片用高倍显微镜检查。或取少量黏膜做成涂片，用瑞氏或姬氏液染色，在高倍镜下检查，如见有大量裂殖体和裂殖子即可确诊。

在无显微镜检查的条件时，可根据病理学的资料发病的日龄、季节、下网后 4～5 天突然发暴死亡等考虑。临床症状注意渴欲增加，排出浅红色或巧克力色样的血便。病理解剖见肠道肿胀，色暗红或暗紫，肠黏膜出血或覆盖有糠麸样的黏液，而肝脏无出血或坏死病变，即可作出诊断。

【防治】

预防：要注意改善养鸭的环境卫生，特别是鸭舍的卫生，勤换垫草，地面垫新草或新沙土，并尽可能保持干燥，清除粪便，堆肥发酵。保持饲养与饮水设施的清洁卫生，防止饲养人员乱窜圈，谢绝外场人员参观，以免带进球虫卵囊。

治疗：用磺胺-6-甲氧嘧啶（制菌磺），按0.1%量混入饲料，即5千克料加入5克药，搅拌均匀，连喂3～5天，具有良好的防治效果，而且不影响增重。此外，也可用0.02%复方新诺明混入饲料，即5千克料中加入1克药，连喂3～5天。广虫灵也有较好的预防效果，用量是5千克料加入2.5克药，连喂4～5天，但对增重稍有影响。被鸭粪污染的垫草应烧掉或积肥，清圈后用火焰喷灯烧地面，否则下批鸭转入后仍可感染发病。如不能彻底清除消毒，则应于鸭转入污染圈后，立即喂上加药饲料3～4天，这样可起到预防作用。

三、常见的鸭营养性缺乏症及中毒症的防治

目前约有四十多种营养物质，是鸭体维持生命、生长发育和繁殖所必需的。如果在配合日粮中，缺乏了某些营养物质，就会发生营养缺乏病。同时，因日粮中含有拮抗物质，营养物质将受到破坏，或阻碍营养物质的吸收和利用，也会发生营养物质缺乏症。但若过多地加喂了某些营养物质，也会相应发生代谢病或中毒病。

营养性疾病是鸭的一类常见病，轻者影响鸭的生长发育和繁殖，产蛋量减少。重者可造成严重死亡，给养鸭生产带来巨大的经济损失。

（一）鸭蛋白质缺乏症种类与防治

【病因】有如下几种或一种因素，均会发生蛋白质缺乏症。

①在配合日粮中，蛋白质含量水平太低，特别是动物性蛋白质不足，不能满足机体的需要时。

②蛋白质饲料的品质低劣，虽然含量水平在计算上达到标准，也不能满足机体的需要。如果饲料霉败变质或含有毒素，还会引起相应的疾病。

③在蛋氨酸、赖氨酸和色氨酸 3 种氨基酸中，缺乏任何一种，都会发生相关的蛋白质缺乏症。

④鸭群患有慢性消化不良或有其他胃肠炎等疾病时，由于消化吸收率降低，也会发生蛋白质及其他营养性缺乏病。

【症状】蛋白质缺乏与氨基酸缺乏的雏鸭生长发育缓慢，体况逐渐消瘦，羽毛生长受阻、松乱且无光泽，精神不振、活力差、食欲下降，雏鸭畏寒并常常拥挤成堆、体温比正常同日龄的雏鸭略低，常出现死亡。

仔鸭及后备鸭生长迟滞，羽毛松乱、消瘦、贫血，饲料报酬率低。产蛋鸭的产蛋量下降，蛋重及蛋的品质也下降，甚至可以完全停产，体重减轻。卵巢和睾丸萎缩、消瘦、贫血等。

蛋白质和氨基酸缺乏会明显降低鸭的抗病力，常因而继发多种其他疾病。

由于各种氨基酸在体内的生理功能不同，所以当某种氨基酸缺乏时，还可能会出现某些相关的症状。

1. 赖氨酸缺乏　日粮中缺乏赖氨酸时，脑神经细胞、生殖细胞及血红蛋白的形成受阻，鸭贫血，生长发育停滞，体质消瘦，骨质钙化不良，皮下脂肪减少，生殖功能也受影响。

2. 蛋氨酸缺乏　蛋氨酸在动物体内是一种甲基供给体，在胆碱及肌酸等的生物合成过程中起着重要的作用。蛋氨酸缺乏时，鸭出现生长发育不良，肌肉萎缩，羽毛无光泽，肝肾机能不全，使胆碱或维生素 B_{12} 缺乏症更为严重。

3. 甘氨酸缺乏　鸭缺乏甘氨酸时肌肉中的肌酸含量下降，病鸭虚弱无力，生长迟滞，羽毛生长发育不良，出现肢体麻痹，活动迟缓。

4. 缬氨酸缺乏　缺乏缬氨酸时，鸭的食欲下降，生长发育停滞，神经过敏，运动失调。

5. 苯丙氨酸缺乏 缺乏苯丙氨酸时，甲状腺和肾上腺机能受到损害，腺体分泌受阻。如同时缺乏亮氨酸，还可使雏鸭食欲不振、舌部溃烂、生长迟滞、体重下降。

6. 精氨酸缺乏 缺乏精氨酸时，生长停止、消瘦、虚弱无力，公鸭精子形成受阻，受精率下降，翅膀的羽毛向上蜷曲，羽毛明显松乱。

7. 色氨酸缺乏 鸭缺乏色氨酸时，生长受阻，脂肪沉积减少，羽毛脱落。色氨酸在体内可转化为尼克酸（维生素 PP），因此，当色氨酸缺乏时，鸭容易出现皮肤炎等维生素 PP 缺乏的症状。

【防治】经常观察鸭群，对有关临床症状，要深入调查研究，注意类似病症的鉴别，及时采取补充蛋白质饲料或添加某种必须氨基酸的相应措施，以达到防治目的。

（二）鸭维生素缺乏症及防治

1. 维生素 A 缺乏症

【病变】在肿胀的结膜囊内，蓄积有大量干酪样渗出物，眼球萎缩凹陷。口腔、咽和食道黏膜发炎，常有散在的白色小坏死灶。肾小管出现尿酸盐沉积，输尿管内也能充满尿酸盐。呼吸道黏膜上皮角质化，呈鱼鳞状，腺体萎缩变性。生殖道上皮增生角质化。

【症状】当日粮中缺乏维生素 A 时，1 周龄左右的雏鸭就会出现维生素 A 缺乏症，如生长发育停滞，体质逐渐消瘦，羽毛松乱无光泽，鼻流液，走路软弱无力，双腿颤抖瘫痪。眼流泪，上下眼睑粘连、鼓起，眼发干，形成一干眼圈，角膜混浊不清，眼球凹陷不清，双目失明，死亡率增高。

成年鸭长期缺乏维生素 A，食欲降低，采食量减少，体态消瘦，肢体无力，走路不稳，生产能力下降，产蛋率降低，种蛋受精率降低。眼结膜发炎，有浆液性或黏液性渗出物，上下眼睑肿胀，角膜混浊软化或有穿孔，双目失明。抗病力降低，容易继发感染其他一些疾病，从而会造成更为严重的损失。

【防治】

①在鸭子的不同生长发育阶段，日粮中要有足量的β-胡萝卜素，雏鸭和种鸭可补充适量的鱼肝油。

②在禽用复合维生素添加剂中，含有一定量的维生素A制剂。存放过久容易失效，所以，在配合日粮时，应注意所选维生素的效价。

③我国南方养鸭业，因水草较多，放牧季节较长，不易缺乏维生素A，但在舍饲期，也要注意添加品质优良的复合维生素制剂。

④一旦鸭群发生维生素A缺乏症时，要及时在日粮中加入2～4倍的维生素A制剂，一般在用药2周后即可康复。若在每千克饲料中加入2～4毫升鱼肝油，疗效会更好。

2. 硫胺素（维生素 B_1）**缺乏症**

【病因】引起维生素 B_1 缺乏症的常见原因如下。

有人习惯于用白米煮成饭，煮熟后又用清水漂洗直至饭粒表面没有黏性时，再用来喂雏鸭，在单喂此种饭粒较长时间后，雏鸭常会出现维生素 B_1 的缺乏。硫胺素酶能够破坏维生素 B_1，新鲜的鱼虾、螺、蚬中，以及温血动物的心肌、脾脏中均含有硫胺素酶。当鸭在放牧过程中食进较多含有硫胺素酶的食物时，维生素 B_1 就会受到破坏，同时由于鸭放牧而进食谷物或糠麸类饲料相应减少，这样母鸭本身很容易缺乏维生素 B_1，只是不表现出明显的症状，当其种蛋用作孵化后，死胚就会增多，能出壳的雏鸭在出壳后，如没有得到充足的维生素 B_1 补充，就会出现维生素 B_1 缺乏症，并成批死亡。饲料的长期贮存，特别是发霉变质，虫蛀时，会使维生素 B_1 受到破坏。

【症状】雏鸭缺乏维生素 B_1 时，最初是食欲减退，体重下降，生长发育缓慢，羽毛蓬乱无光，食管膨大部有时有积气或积水。病鸭常蹲下不愿走动，强迫走动时步态不稳，头常偏向一侧或向后扭转，腿、脚、翅、颈等肌肉麻痹，不能站立，常把身体坐在自己屈曲的腿上。由于颈前肌肉麻痹，头向后仰，呈抬头“望天状”。有时毫无目的地团团打转或奔跑，这种神经症状常为阵发性。由于病鸭反复出现神经症状，因而越来越虚弱，最后病鸭倒地不起，全身抽搐，角弓反张，并因极度衰竭而死。一般病鸭会出现体温下降、贫血、下痢、皮肤水肿等症状，最后瘫痪死亡。

【防治】保证日粮中正常供应维生素 B_1，喂给富含维生素 B_1 的饲料，如新鲜青绿饲料，发芽的谷物、麸皮、米糠、酵母等。对于病雏鸭，每只立即肌注维生素 B_1 达 0.1～0.4 毫升。对于大群鸭，可在饲料中添加维生素 B_1，用量为每 1 000 只雏鸭每次喂料中添加复方维生素 B 溶液 250 毫升，每天 2 次，连用 2～3 天，然后在饲料中补给维持量的硫胺素。对症状严重无法采食的病鸭应逐只肌肉注射或喂服（灌服时，每只每次 0.2～0.5 毫升，每日两次）。

预防上，应注意仔鸭维生素 B_1 的补给，尤其是在放牧中，鸭食到较多的鲜鱼虾时，更应补给硫胺素。办法是，适当掺喂质量好的米糠或麦麸（这就是民间在放牧养鸭时，常喂糠团的原因），或在饲料中添加复方维生素 B 溶液。

3. 核黄素（维生素 B_2）**缺乏症**

【病因】饲料中维生素 B_2 缺乏是导致鸭出现维生素 B_2 缺乏症的主要原因。有时候，虽然按推荐的使用量添加了维生素 B_2，但由于饲料中含有碱性物或其他添加剂时，维生素 B_2 就易受到破坏，如贮存较长时间时，维生素 B_2 的损失就更严重，以致饲料中维生素 B_2 的有效含量不足。

由于雏鸭需要较多的维生素 B_2，所以当有人用高脂肪、低蛋白质的肉鸭后期料来喂雏鸭时常会造成雏鸭发生缺乏症。

鸭发生寄生虫病或其他疾病时，也会造成维生素 B_2 的吸收不足。

【症状】鸭缺乏维生素 B_2 的早期，食欲没有明显的变化，但生长发育受阻，羽毛粗乱，消化障碍，下痢、消瘦，不愿行走，如强行驱赶，则行走吃力、步态不稳，常常借助翅膀的展开以保持身体的平衡。特征症状是以飞节着地，以跗关节来走动、趾爪向内蜷缩，腿部肌肉萎缩或松弛，皮肤干燥粗糙。病的后期，病鸭不能走动，两腿伸开，躺于地面，终因衰竭而死。母鸭出现维生素 B_2 时，产蛋率明显下降，种鸭的孵化率明显下降，常于 18 日龄后出现较多的死胚。

【防治】保证饲料中维生素 B_2 的含量。出现轻度病症时，可按每千克体重用核黄素 4 毫克，拌入饲料中喂给，同时应避免碱性物质及阳光对核黄素的破坏作用。

4. 泛酸（维生素 B_3）**缺乏症**

【病因】一是饲料中缺乏泛酸；二是苗鸭为缺乏维生素 B_{12} 的母鸭后代时，常由于对泛酸的需要量提高而造成不足。

【症状】雏鸭缺乏泛酸时，羽毛生长缓慢、粗糙无光泽、全身羽毛松乱并易于折断，以致进入鸭舍内可见到较多的脱落羽毛。病鸭精神沉郁，食欲减退，日趋消瘦，眼睑边缘和口角出现颗粒破溃，形成小的结痂，上下眼睑往往被黏性渗出物粘着而失去视力。病鸭的皮肤角质化，上皮层脱落，趾间和足底表皮剥脱，产生裂隙，病鸭不能行走。病鸭缺乏泛酸时，产蛋量及受精率无明显下降，但种蛋的孵化率明显降低，大多数的死胚发生在孵化的最后 2～3 天，死亡的胚体可见皮下出血和水肿。

【防治】保证饲料中有足够的维生素 B_3，同时注意饲料中维生素 B_{12} 的含量正常。早期缺乏的雏鸭可以口服或肌肉注射泛酸，每只每次 10～20 毫克，每天 1～2 次，连续 2～3 天。

5. 烟酸（维生素 PP）**缺乏症**

【病因】有些原料中不仅烟酸的含量比较低，而且有相当一部分以结合状态存在，可消化利用的不多，如配制饲料时仍按原料中含烟酸量计算而没有扣除不能利用的部分，则所配成的混合饲料中，可利用的烟酸含量常不足。

鸭对烟酸的需要还与饲料中的色氨酸、吡哆醇的含量有关，如饲料中缺乏色氨酸或吡哆醇时，由色氨酸转化而来的烟酸减少，就容易产生烟酸缺乏症。

【症状】烟酸缺乏症主要发生于雏鸭，发病后雏鸭口腔常有炎症，羽毛稀少，生长滞缓，舌和口腔有深红色的炎症（“黑舌病”）。病鸭常有下痢，两腿无力，骨粗短，膝关节肿大，腿骨呈弓形弯曲。

【防治】保证鸭饲料中含足量的烟酸，发生缺乏症的雏鸭，每只一次口服烟酸 40～50 毫克。

6. 吡哆醇（维生素 B_6）**缺乏症**

【症状】当吡哆醇缺乏时，雏鸭的主要症状是神经功能异常，鸭极度兴奋不断鸣叫，盲目乱跑，或呈急跳，或扑动双翅倒向一侧，翻滚在地，头脚急剧摆动，最后痉挛衰竭而死。成年鸭则表现消瘦，产蛋率和孵化率明显下降。

【防治】鸭缺乏维生素 B_6 时，应适当降低饲料中蛋白质的含量，每只每日喂给维生素 B_6 达 4～6 毫克，并在日粮中按标准量添加。

7. 叶酸（维生素 B_{11}）**缺乏症**

【症状】雏鸭易发生叶酸缺乏症，表现生长停滞，贫血，羽毛稀少，麻鸭身上会长出白只，鸭颈部肌肉麻痹，导致头颈前伸、下垂。种鸭缺乏叶酸时，产蛋量及孵化率均下降，鸭胚多于啄壳时出现死亡，死亡的胚胫骨弯曲，喙弯曲变形。

【防治】鸭群出现叶酸缺乏时，日粮中叶酸含量应适当提高，对贫血严重的雏鸭，每千克饲料添加叶酸 5 毫克，或每只一次性肌肉注射叶酸 50～100 微克。

8. 钴胺素（维生素 B_{12}）**缺乏症**

【症状】雏鸭缺乏维生素 B_{12} 时，生长发育受阻，贫血，羽毛松乱，有时可见皮肤上有出血斑点及骨骼短粗症。种鸭产蛋量及孵化率下降，胚胎的死亡高峰出现在孵化后期。

【防治】鸭群出现维生素 B_{12} 缺乏时，应将饲料中维生素 B_{12} 的含量成倍提高，个别症状明显的可每只一次性注射维生素 B_{12} 达 2 微克。种鸭出现维生素 B_{12} 时，则可于每千克饲料中添加维生素 B_{12} 4 毫克。

9. 维生素 D 缺乏症　维生素 D 是几种脂溶性的固醇类衍生物，其中主要以 D_2 和 D_3 对鸭有营养意义。维生素 D 是鸭体进行钙、磷代谢的必需物质，它可促进钙、磷的吸收，形成骨骼以及满足鸭体生长和产蛋对钙、磷的需要。因此，任何年龄的鸭对维生素 D 都很需要。维生素 D 缺乏的主要原因是鸭体光照不足，或饲料植物的生长阶段得不到充足的阳光，从而影响维生素 D 的合成。维生素 D 与微量元素或蚝壳粉混合后，在无抗氧化剂存在时，4 周后大部分的维生素 D 受到破坏。磺胺类药物的长期使用也可引起维生素 D 的缺乏症。

【症状】蛋雏鸭、肉鸭在缺乏维生素 D 达 2～3 周后，生长发育逐渐减慢，羽毛生长不良，松乱而缺乏应有的光泽，病鸭腿部虚弱无力，走路费劲，跛行，飞节着地、肿大，常伏于地。骨骼发育不全，骨端的软骨部分肿大，脚趾、腿骨、翅骨弯曲，变脆易折断，胸骨呈 S 形弯曲。

产蛋母鸭缺乏维生素 D 时，一般 2～3 个月后才逐渐表现出较明显的症状，出现薄壳蛋、软壳蛋增多，继而出现产蛋量的明显下降，孵化率也随之下降，经过一段时间后，又可适当恢复，然后再出现产蛋异常，母鸭的体重也有下降，最后产蛋完全停止，鸭常出现蹲坐姿势。

【防治】配制饲料时，应保证饲料中有足量的维生素 D。已加入足量维生素 D 的混合饲料，一般不宜贮存过久，特别是加入硫酸锰、碳酸钙等矿物添加剂的饲料，更不宜久放，须放较长时间时就加入抗氧化剂。对发生维生素D缺乏症的鸭应在日粮中添加富含维生素D的饲料。对病鸭可按每千克体重喂服维生素D_3达15 000国际单位。

10. 维生素E缺乏症

【症状】维生素E缺乏时，雏鸭可见脑软化、渗出性素质、肌营养不良相关的种种症状，包括共济失调、头向下或向后挛缩、跗关节肿大、跛行或不能行走，胸腹部皮肤水肿。成鸭虽有相当的耐受性，母鸭亦能继续产蛋，但其受精率和孵化率下降，胚胎早期死亡增多。剖检可见脑膜出血水肿，脑组织软化，脑沟变平而模糊，胸部皮下胶样浸润，渗出蓝绿色液体。

【防治】怀疑维生素E缺乏症时，可在饲料中添加维生素E制剂，或供予新鲜麦芽、谷芽或某些富含维生素E的青绿饲料、植物油等。

（三）鸭微量元素缺乏症及防治

鸭佝偻病 鸭在舍饲期间，鸭的佝偻病经常发生于1～4周龄的雏鸭，在时也发生于填鸭和成年种鸭。临床特征是生长发育停滞，腿软、变形或瘫痪，蛋鸭减产或软壳蛋相对增加，进而会造成严重的经济损失。

【病因】钙和磷是构成骨骼的两种主要元素，机体对日粮中钙和磷的吸收，与维生素D有密切关系。当缺乏维生素D_3时，影响钙、磷的吸收，就容易发生佝偻病。钙、磷含量不足或配比不合理，也容易发生佝偻病。产蛋鸭在产蛋高峰期，钙的需要量增加，如果得不到及时补充，骨骼缺钙，骨质疏松软化，鸭容易骨折及产软壳蛋。其他如阴雨季节，舍饲缺乏运动或日晒，地面湿潮，肠炎下痢等，也都是发生佝偻病的重要因素。

【症状】

①雏鸭和中鸭 病初表现生长迟缓，走路不稳，步态僵硬，常常蹲卧。长骨头端增粗，骨质疏松，尤以跗关节最严重。鸭喙

变软，易扭曲变形，啄食困难。

②青年鸭 本病一般发生于中鸭转入青年鸭阶段，病初无明显临床症状，逐渐出现两腿软弱无力，走动困难，鸭经常表现产蛋量减少，蛋壳变薄易碎，常有软壳蛋和薄壳蛋，逐渐腿软无力，严重时造成瘫痪。在春季配种期，很容易被公鸭踩伤致死。

【病变】雏鸭和中鸭的病变，主要是喙的色泽变浅，质地变软，有的类似橡皮。长骨钙化不良，严重脱钙。骨髓腔变大，骨骼变薄变软，长骨头端和跗关节增粗，有的长骨弯曲，成为O形腿。肋骨与胸骨或肋骨结合部位呈结节状肿大，但较少见。

青年鸭的喙和胸骨变形，胫骨和股骨的骨质疏松，质地变脆。

成年母鸭的骨质疏松，胸骨变软，肋骨端可能有结节状肿大。

【诊断】根据病鸭的症状和病变，可以作出诊断。通过对鸭日粮中钙、磷比例，以及维生素 D_3 含量的计算，更有利于对本病的诊断。

【防治】

①在鸭的日粮中，要有足量的钙、磷和维生素 D_3，要重视钙、磷的平衡比例。

②舍饲期间，注意舍内保温，光照和通风良好，防止地面潮湿，饲养密度不宜过大。

③在阴雨季节和产蛋高峰阶段，要注意补加钙、磷和维生素 D_3 制剂。

④病初要及时调整钙、磷含量，要补加大量的维生素 D_3 制剂，也可补加鱼肝油，每天补加1～2次，可连续补加5～7天。

（四）鸭的中毒症及防治

鸭与毒物接触后引起的疾病叫中毒病。中毒可能是急性的，也可能是慢性的。急性中毒是鸭在短时间内如几分钟、几小时，一次或多次摄入较大剂量的毒物而引起的，病症较严重，鸭突然死亡或迅速死亡。慢性中毒是鸭在较长时间内如几天、几周内不断摄入或吸收小剂量的毒物，病程进展较慢，往往先出现精神沉郁，采食量减少或增重下降，随后临床症状逐渐加重，零星死亡。在生产实践中遇到的鸭中毒病例多为急性中毒，通常是意外事故，很多是工作人员的无知、疏忽或误用或过量使用化学药品（如防治用药或饲料添加剂物等）；或因饲养管理上的旧习，麻痹大意如煤气中毒。发生中毒的途径，一般多为经口摄入或经呼吸道吸入，但也可通过其他途径，如透过皮肤或黏膜被鸭机体摄入，也可通过注射器注入等。

中毒的一般特征：①饲喂后不久突然发病死亡；②同群鸭的症状与病变相同；③体温正常；④个体大的鸭先发病；⑤多有神经机能紊乱症状（拒食、沉郁、腿软无力、不愿运动或行走不稳、蹒跚、痉挛）。

1. 水中毒

【病因】断水、缺水时间过长，然后突然的暴饮，造成体内血液中红细胞破裂而死亡。

【症状】病鸭精神沉郁，食欲废绝，离群，羽毛蓬乱，黏膜发绀，口流液体，嗉囊膨大积水而透明，并排出少量稀便。脱水严重者暴饮后抢救不及而死亡，死后剖检见食管内蓄积大量水，无食糜，其他脏器无病变。

【治疗】

①紧急将发病鸭倒提，并按摩鸭食管，让食管中的积水从口腔流出，1 小时后病情好转，食管缩小，精神好转，有少数病鸭已开始有食欲；

②每只病鸭肌注安钠咖 0.5 毫升，维生素 B_1 注射液 0.5 毫升，皮注 0.1 毫升硝酸士的宁，并适量滴服口服补液盐溶液（1 包供 100 只用量）；

③给有食欲的病鸭喂煮烂的米饭，并滴服复合维生素 B 溶

液。翌日精神、食欲恢复正常。

【管理】

①养鸭户需要重视供给充足饮水，且饮水器充足而放置均匀，绝不可失之偏颇，使鸭断水、缺水、暴饮而引起水中毒，尤其是夏季饲养的雏鸭更为重要。万一发生断水时，应先给饮足等渗生理盐水和葡萄糖水，待正常饮水后再给饮用水，可防止暴饮引起水中毒。一般成鸭的饮水量约为采食量的 2 倍左右。雏鸭比例更大些，夏季饮水量为采食量的 3～4 倍为宜。

②鸭只万一出现水中毒，可立即及时采用对症治疗：排水、强心、适当补液调节体液平衡等措施，疗效较佳。

2. 雏鸭有机磷农药中毒 有机磷类农药多种，鸭最常发生的有机磷中毒为敌百虫、敌敌畏和乐果等。有机磷杀虫剂是一种神经性毒剂，可经消化道、呼吸道、皮肤和黏膜吸收，进入体内后，通过血液迅速分布到全身各器官组织，可透过血脑屏障，对中枢神经系统产生毒害作用。如敌敌畏中毒。

【病因】鸭敌敌畏中毒多发生在鸭舍喷洒敌敌畏灭蝇而污染饲料时，或饲喂喷洒过敌敌畏的粪坑掏回的蝇蛆而中毒。

【症状】发病初期，病鸭表现精神沉郁，不食，不愿行动，流涎，鼻腔流出浆液性鼻液，瞳孔缩小，可视黏膜苍白，两翅下垂，双腿无力，伏卧，下痢，排出的粪便带有灰白色泡沫性黏液。随病情进一步发展，病鸭出现呼吸困难，伸颈抬头，最后昏迷倒地死亡。

【病变】血液凝固不良，鼻腔黏膜充血、出血，内有浆液性液体。肺充血、肿胀，支气管内充有白色泡沫。肾肿大质脆，肾膜充血，切片暗红。小肠黏膜充血与出血。

【诊断】发病迅速，在鸭场或饲料周围喷洒过敌敌畏；临床症状为沉郁，瞳孔缩小，鼻腔流出浆液以及呼吸困难；剖检见血液凝固不良，支气管内有泡沫等可作出初步诊断。

【治疗】

①重症者　对中毒较重的病鸭，每只大腿内侧肌肉注射硫酸阿托品 1.5 毫克，双复磷 10 毫克及 10%葡萄糖生理盐水 2 毫升；

②轻症者　对中毒较轻的病鸭可肌注硫酸阿托品 0.5 毫克和 10%葡萄糖生理盐水 2 毫升；

③无症者　对尚未出现症状的鸭每只可口服 0.1 毫克阿托品。

3. 鸭喹乙醇中毒　喹乙醇又名快育灵，既能促进家禽的生长发育，又具有较强的抗菌和杀菌作用，且价格较便宜，故常用于家禽的饲料添加剂和防治某些传染病。

【病因】使用不当，如用量过大、使用过久，或因混于饲料时搅拌不匀，而造成中毒。

【症状】病初精神沉郁，食欲减少或不食，体温正常，翅下垂，行走摇摆或伏卧，严重时，瘫痪在地不能起立，衰竭而死。慢性中毒者食欲减少，发育受阻、消瘦，被毛粗乱，不愿走动或瘫痪。鸭嘴上喙出现水泡，泡液混浊，后破裂，脱皮干涸龟裂。喙上短下长。眼单侧或双侧失明。

【病变】急性中毒病的鸭无明显肉眼变化。慢性中毒的病鸭常见消瘦，发育不良，上喙出现水泡、皱缩，甚至畸形，喙与腿骨较软，肝脏微肿，肠道轻度肿胀。

【诊断】调查是否有过喂喹乙醇历史，每次饲喂量每千克鸭重是否超过 20～30 毫克剂量，或连续饲喂高剂量而发生药物积蓄作用导致中毒，或因药物使鸭肠道菌群失调，引起消化机能紊乱，食欲废绝，衰竭而死。

【防治】使用喹乙醇时，应严格按说明书规定剂量喂服，不得任意增加剂量，也不得连续高剂量喂服。经饲料用药一定要搅拌均匀。发现有中毒症状时立即停药。

4. 鸭亚硝酸盐中毒

【病因】鸭亚硝酸盐中毒是由于采食了经堆放发热而变质或

经加工不当的包菜或白菜而发生的一种中毒。因菜中含有硝酸盐，在一定温度、湿度及酸碱度条件下，由于反硝化细菌及其分泌的酶的作用，使之转化为亚硝酸盐，喂鸭后陆续中毒死亡。

【症状】鸭采食菜后约1小时，出现不安，流涎，口吐白沫，驱赶时行走无力，摇摆并呈瘫痪状。结膜发绀，呼吸困难等。

【病变】血液呈酱油色，凝固不良。食道或嗉囊内充满菜料，并有浓烈的酸败味。小肠黏膜充血，大肠臌气。心肌无弹力，心外膜有出血点。肝呈黄白色，质软肿胀。

【诊断】根据调查，鸭采食过堆放变质或经煮后加盖闷放过夜的菜帮菜叶而迅速发病。流涎，呼吸困难，死后剖检血液呈酱油色并凝固不良，据此即可作出初步诊断。确诊需取饲料送兽医检验部门做实验诊断。

【治疗】可静脉或肌肉注射1%美蓝溶液。美蓝溶液配法：取美蓝1～2克溶于10毫升纯酒精中，加生理盐水90毫升混合。每千克体重注射0.1毫升，必要时重复1次。

5. 鸭一氧化碳中毒　一氧化碳（即煤气）中毒多发生在育雏期的雏鸭。

【病因】由于育雏室内通风不良，煤炉装置不合适或煤烟道不通畅等造成空气中的一氧化碳浓度增高所致。我国北方寒冷地区发生较多。鸭对一氧化碳非常敏感，应引起养鸭户的高度重视。

【症状】急性中毒的症状为病雏表现不安，嗜睡，呆立，运动失调，呼吸失调。随后病雏不能站立，倒于一侧或伏卧，头向前伸，这是一个重要的症候。临死前发生痉挛或惊厥。亚急性中毒时，病雏羽毛粗乱，食欲减少，精神呆钝，生长缓慢。

【病变】急性病例的主要变化是肺和血液呈樱桃红色（即鲜红色）。亚急性中毒不见明显病变，不易诊断。

【防治】育雏室内应注意通风良好，煤炉装置要确实安全，经常检查烟道是否通畅。加煤或封火时一定加温，千万不要麻痹大意。发现雏鸭有中毒迹象时，要立即打开窗户，最好将雏鸭移至通风良好、空气新鲜的地方，中毒不深的可以很快恢复。

6. 食盐中毒 食盐由 Na 和 Cl 两种元素组成，是家禽体内不可缺少的常量元素，食盐在体内以 Na^+ 和 Cl^- 形式成为细胞外液的主要阳离子和阴离子，对于维持细胞液及体液的渗透压和酸碱度起着重要的作用；适量的氯化钠还可增进食欲，增强体质。但当鸭摄入过量的氯化钠时，又可引起中毒，甚至造成死亡。

【病因】 食盐超量是引起中毒的唯一原因。而食盐超量的原因却不止一个。

①误解饲养（料）标准的食盐含量为标准添加量，因而也就不计算饲粮原料中的氯化钠含量。如我国鸭饲养标准的食盐量为0.37%。一些书刊也误作为是标准添加量，比饲料标准中规定的氯化钠含量高出1倍以上。

②饲粮营养失衡。家禽饲粮中含硫氨基酸低于标准水平时，极易发生啄癖。有人过分强调食盐是啄癖的主要原因。而滥用食盐，有的达到中毒量，啄癖却依然照常。

③不测鱼粉、特别是咸鱼粉的含盐量，将咸鱼粉当作淡鱼粉使用，甚至还添加食盐，结果造成中毒。

④操作不慎重复加盐，或混合不匀，而造成少数鸭中毒。

⑤在沿海地区，由于水中含盐量大，而又在饲料中正常添加盐时，常会造成鸭吸入盐的含量较高。

【症状】

①一般症状 开始精神萎靡，食欲减退或废绝，共济运动失调，两腿乏力，行动困难，直致完全瘫痪；驱赶时靠两翼扑地移动；后期极度衰弱，呼吸、脉搏增快，出现肌肉痉挛，最后进入昏迷状态，继而虚脱死亡。

②典型症状 渴感极强，狂饮不止，死前仍在饮水；嗉囊扩张，充满液体，低头时可见口、鼻流出黏性液体；后期出现下痢，肛门周围羽毛被粪便污染。

③个别症状　突然痉挛倒地死亡，尸体和口腔干燥，眼窝下陷，禽体消瘦。

④病理剖检　尸僵不全，血液黏稠，凝固不良。病理变化主要在消化道。嗉囊内有黏液；腺胃黏膜充血，小肠病变最明显，前段充血或出血，甚至全肠管充血。病程长时可见皮下水肿、肺水肿、腹腔和心包积水，心脏有小出血点。脑膜充血、肿胀，并有小出血点。

【诊断】主要根据狂饮、神经症状可做初步诊断，在测定饲粮、饮水及嗉囊、胃肠内容物含盐后即可确诊。

【防治】

①发现食盐中毒后，立即改用无盐而易消化的饲粮，直至痊愈为止。同时供给足量清洁饮水或5%的糖水，并增加饮水器。行动困难的病禽要助饮，未出现神经症状的鸭群也可放入水池中，对有兴奋症状的也可酌情投给镇静剂或镇挛剂。

②在配制饲粮配方时要精确计算食盐用量。食盐要磨细。谨慎使用含盐量高的饲料原料，在购入前和进货后都要测定 Na^+ 和 Cl^- 含量，再依其含量确定用量，用量确定后，还要准确称量，搅拌均匀。

四、无公害鸭绿色安全生产的废弃物处理

（一）病死鸭的无害化处理

要实施无公害鸭绿色安全生产，最关键的是保持鸭群的健康。但一旦鸭子发病或出现死亡，及时进行病、死鸭的无害化处理，也是实施无公害鸭绿色安全生产的关键措施之一。由致病因子致死的鸭，其尸体可成为同舍或同场及其他禽场的感染来源。同样，无法救治的病鸭能向环境排出传染性病毒或有毒细菌，必须使此类鸭立即离开鸭群，采取不会把血液和浸出物散播的方法

加以扑杀。所有尸体，不论是死于临床表现严重的传染性疾病，还是死于确诊的普通性疾病，都要采取下列方法之一处理，以防疾病扩散。

1. 烧煮或炼油 像处理家畜尸体那样，新死的鸭也可以炼制成肥料或其他产品。炼制温度必须达到灭菌的程度。运输尸体的卡车的垫料应清洗、消毒。装载尸体的容器必须采用蒸汽清洁和灭菌。在尸体运输中，必须事前和事后均采取严格的消毒措施，运输途中也必须采用严格的全密闭车辆承动。如果不采取严格的预防措施，就有可能从某些发病地区带入另一地。

2. 焚烧 焚烧是杀死传染性物质的最可靠方法。对于小范围的病死鸭，如不需要到集中地处理时，可自己购置焚尸炉。为了要实施无公害养禽生产，我国政府应鼓励有技术的企业生产小型的经济、实用型焚尸炉上市。这样可便于养禽场及时将病、死禽进行处理。但这类焚尸炉必须合理设计，以免在燃烧时出现空气污染。

3. 掩埋 对于那些因死亡带来严重的尸体处理问题，或经济效益承受能力较差的养鸭场，在目前我国环境法规尚允许的条件下，可挖一深沟掩埋尸体，这样其他动物就不会吃到。最好也是最容易的方法就是用反向铲挖成一个深而窄的沟，把当天收集到的死鸭投放在里面，然后覆盖，到装满为止。

4. 坑或池处理 对少量死亡的正常淘汰的鸭，可采用分解坑。也可以修建较大而粗放的坑，但必须注意位置，不能污染供水，坑顶或边墙不能塌方，动物不会向坑内打洞，蝇和其他昆虫不能侵入，最重要的是儿童们还会跌落进去。顶盖必须用胶纸或塑料封闭，必须能支持 1/3 米厚泥土的压力。地下水水位较浅的地方，挖地下坑不太方便时，可选用建立于地面之一的死鸭堆肥场。

5. 堆肥 美国马里兰大学研究出一种处理方法，是利用需氧菌、嗜热细菌成批处理家禽尸体。稻草、全禽尸体、有机肥和水在堆肥混合中的比例为 1∶1∶1.5∶0.5（每一层加 1/3 水），这样可迅速分解且无臭味。堆肥很快加热，温度达 62.8～73.9℃，14 天内可完全处理软组织。病原存活检查表明，该处理过程是生物上“清洁”的。试图分离大肠杆菌、沙门氏类细胞和处理鸡的传染性法氏囊病病毒等均为阴性结果。堆肥的方法可能是较之传统死禽处理方法更为有效的一种方法，特别是在地下水位接近地面的地方尤为适用。

（二）鸭粪的无害化处理与利用

1. 鸭粪的特点　鸭粪是由饲料中未被消化吸收的营养物质、体内代谢产物、消化道黏膜脱落物和分泌物、肠道微生物及其分解产物等共同组成，生产中收集到的鸭粪还有在饲喂时撒落的饲料、脱落的羽毛，以及采用地面垫料平养时的垫料等。

（1）鸭粪的产量大　鸭采食量多，产粪量也多，尤其是肉鸭，体型大、耗料多，产粪量更高。加上目前养鸭生产的集约化程度高，饲养密度大，因而鸭场的粪便排泄量极大。一个年养1 000只的肉种鸭场，每日耗料达 250 千克，就可产生湿粪 250 千克，其中干物质 80 千克左右。

（2）水分含量高　由于鸭独特的排泄器官构造，鸭粪实际上是粪和尿的混合物，因而其水分含量很高，一般可达 70%～75%。鸭粪的实际含水率随季节、饮水方式、年龄、室温等的不同而有较大变化，也受饲养管理条件的很大影响，尤其鸭属平喙型禽类，其独特的饮水方式，宜使水撒向水槽外，有时鸭还会进入水槽内饮水和嬉水，使舍内更加潮湿，造成鸭粪的含水量会大幅度提高。

（3）鸭粪利用价值高　鸭粪是一种重要的农业生产资源。由于鸭饲料的营养浓度高，而鸭的消化道短、消化吸收能力有限，因而在鸭粪中含有大量未被其消化吸收、又可被其他动植物所利用的营养成分。鸭粪经适当加工处理，可制成优质肥料和饲料，还可作为能源加以利用，从而可使鸭粪发挥较高的利用价值。

2. 鸭粪的无害化处理方法 为了减少鸭粪造成的环境污染，充分利用鸭粪中丰富的营养和能量资源，必须通过适当的方法对鸭粪进行处理。鸭粪处理和加工，首先要彻底杀灭病原体，减少有害气体的产生；其次，加工要减少鸭粪的体积，并能形成固态产品，采用密封包装，可远距离运输，并可减少运输费用及避免在运输过程中造成环境污染；第三，在加工处理过程中必须尽量减少鸭粪中营养成分的损耗，并提高营养物质的消化利用率；第四，处理工艺应当高效节能，尽可能降低处理成本，使鸭粪处理能产生一定的经济效益。

（1）脱水干燥处理 新鲜鸭粪的主要成分是水。通过脱水干燥处理，使鸭粪的含水量降低到15%以下。这样既减少了鸭粪的体积和重量，便于包装运输，又可有效地抑制鸭粪中微生物的活动，减少营养成分（特别是蛋白质）的损失。脱水干燥处理的主要方法有：高温快速干燥、太阳能自然干燥以及鸭舍内干燥等。

①高温快速干燥 采用以回转圆筒烘干炉为代表的高温快速干燥设备，可在短时间（10分钟左右）将含水率达70%的湿鸭粪，迅速干燥至含水仅10%～15%的鸭粪加工品。在加热干燥过程中，还可做到彻底杀灭病原体，消除臭味，鸭粪营养损失量小于6%。

②太阳能自然干燥处理 这种处理方法采用塑料大棚中形成的“温室效应”，充分利用太阳能来对鸭粪作干燥处理。专用的塑料大棚长度可达60～90米，内有混凝土槽，两侧为导轨，在导轨上安装有搅拌装置。湿鸭粪装入混凝土槽，搅拌装置沿着导轨在大棚内反复行走，并通过搅拌板的正反向转动来捣碎、翻动和推送鸭粪。利用大棚内积蓄的太阳能使鸭粪中的水分蒸发出来，并通过强制通风排除大棚内的水汽，从而达到干燥鸭粪的目的。在夏季，只需要约1周的时间即可把鸭粪的含水量降到

10%左右。

③鸭舍内干燥处理　这种处理方法，主要用于笼养鸭的鸭舍内，采用舍内自然通风干燥，也可采用吸湿性好的农副产品（如麸等）作垫料，来吸收鸭粪中的水分，采用这种处理方法时，要求适当控制鸭的饮水量，并防止水槽漏和饮水时的抛撒。对采用垫料来干燥鸭粪时，最好是每天清除鸭粪，并将新鲜鸭粪作生物发酵后及时用于喂家畜。

（2）发酵处理　鸭粪的发酵处理是利用各种微生物的活动来分解鸭粪中的有机成分，可以有效地提高这些有机物质的利用率。在发酵过程中形成的特殊理化环境也可基本杀灭鸭粪中的病原体。根据发酵过程中依靠的主要微生物种类不同，可分为有氧发酵和厌氧发酵两类处理。

充氧动态发酵：在适宜的温度、湿度以及供氧充足的条件下，好气菌迅速繁殖，将鸭粪中的有机物质大量分解成易被消化吸收的形式，同时释放出硫化氢、氨等气体。在45～55℃下处理12h左右，可获得除臭、灭菌虫的优质有机肥料和再生饲料。

我国已开发出“充氧动态发酵机”，该机采用“横卧式搅拌釜”结构。在处理前，要使鸭粪的含水量降至45%左右，如用鸭粪生产饲料，可在鸭粪中加入少量副料（粮食），以及发酵菌。这些配料搅拌混合后投入发酵机，由搅拌器翻动，隔层水套中的热水和充气机散发的热气使鸭粪混合物直接加温，使发酵机内温度始终保持在45～55℃。同时向机内充入大量空气，供给好气菌活动的需要，并使发酵产出的氨、硫化氢和水分随气排出。

堆肥处理：堆肥（或称混合发酵）是一种比较传统的简便方法。堆肥是指富含氮有机物（如鸭粪、死鸭）与富含碳有机物（秸秆等）在好氧、嗜热性微生物的作用下转化为腐殖质、微生物及有机残渣的过程。在堆肥发酵过程中，大量无机氮被转化为有机氮的形式固定下来。形成了比较稳定、一致且基本无臭味的产物，即以腐殖质为主的堆肥。在发酵过程中，粗蛋白质也大量被分解。据估测，粗蛋白质的含量在堆肥处理后要下降40%，因此，堆肥不适于作饲料，而被用作一种肥效持久、能改善土壤结构、维持地力的优质有机肥。

沼气处理：沼气处理是厌氧发酵过程。目前有不少鸭场因清粪工艺的限制，采用水冲清粪，这样得到的鸭粪含水量极高。沼气法可直接对这种水粪进行处理，它最显著的优点是，产出的沼气是一种高热值可燃气体，可为生产、生活提供能源。

但是，沼气处理形成的沼液如果处理不当，容易造成二次污染问题。目前，在对水冲鸭粪作沼气处理时比较好的工艺路线是：①首先对水冲鸭粪作固液分离，对固体部分作干燥处理，制成肥料或饲料；②液体部分进入增温调节池，然后进入高效厌氧池中生产沼气；③生产沼气后形成的上清液排放到水生生物塘中，最后进入鱼塘，使上清液的营养成分被水生生物和鱼类利用，同时也基本解决了二次污染问题。

沼气处理的投资很大，产出较低，所以如果没有环保部门的支持，家庭鸭场是很难负担的。

3. 鸭粪的利用

(1) 鸭粪用作肥料　畜禽粪在我国一直被农民视作优质的有机肥用于种植业生产中，过去农民常把未经处理的畜禽粪直接施用到农田中，使畜牧业和种植业形成一个良性的生态循环。现代大规模集约化养禽生产发展以来，禽粪的产量大幅度增加，单纯依靠禽场周围的农田来利用鲜禽粪已远远不够；且从防疫角度出发，禽场的粪便不经处理最好不要直接撒向周围农田。

①直接用作肥料　鸭粪富含氮、磷、钾等主要植物养分。在土壤中施用鸭粪加工成的有机肥后，可以促进土壤微生物的活动，改善土壤结构，减少水土流失。因此，鸭粪肥料可像鸭粪肥料一样，成为重要的土壤有机肥。

鸭粪直接作为肥料使用时，必须考虑两个方面的因素：一是鸭粪的营养成分含量。由于不同鸭种、不同饲养方式、不同营养水平、不同饲养地及不同饲养季节、不同处理方式和不同加工条件等因素的影响，造成鸭粪的成分变异很大。因此，在鸭粪使用前应对其成分作分析，也可根据所喂饲养的营养成分及各种营养素的吸收率，来估计出各饲养阶段的鸭粪中营养成分。二是拟施肥土壤的养分需求。要求在施肥前必须了解土壤类型、土壤成分及种植植物的种类，要对土壤成分进行化学分析，在植物营养学家的指导下确定合理的养分需要量，并在此基础上计算出鸭粪施用量。

②生产有机无机复合肥　除在大田直接用作有机肥使用外，还可将鸭粪干燥后制成有机无机复合肥，用于园艺生产，为生产高档果菜、花卉提供肥料。这种鸭粪最好先经发酵后再烘干，然后与无机肥配制成复合肥。这种复合肥不但松软、易拌、无臭味，而且施肥后也不再发酵，可避免因发酵产生大量热而烧伤种子和苗，所以这种复合肥特别适合于盆栽花卉和无土栽培，更适合于庭院种植业。

（2）鸭粪的用作饲料

①鸭粪作饲料的安全性问题　在利用鸭粪饲喂畜禽时，必须重视鸭粪饲料的安全性。人们最为关心的是矿物质元素（铜、钙、铅、汞、砷等）、药物（抗菌素、抗球虫剂、磺胺类药物等）、真菌毒素等的过量水平对畜禽造成的危害，以及病原体通过粪便传播给其他动物和人。但在正常情况下，鸭粪在用作饲料前只要经过适当的加工处理，并根据各种鸭粪的营养成分合理控制用量，使日粮的组成尽量可能平衡，那么使用鸭粪作饲料就不会对畜禽的健康造成危害。实际上，在利用常规饲料配制日粮时也可能出现上面这些问题，只是在使用鸭粪时应当更加小心。

②鸭粪作为饲料的营养价值　鸭粪中含的粗蛋白一般可在20%～34%变化。但由于鸭粪实际上是粪尿的混合物，而尿中含有大量尿酸盐（含量高达28%～55%），所以鸭粪中大量的氮是以非蛋白氮（尿酸盐、氨、尿素、肌酸等）的形式存在的，真蛋

白质的含量仅占干物质的10%左右。由于反刍动物可以充分利用非蛋白氮，所以鸭粪可作为反刍动物的良好饲料，而单胃动物基本上不能利用非蛋白氮，因而用鸭粪喂猪等单胃动物时的营养价值明显较低。

从对肉鸭和蛋鸭粪的能量来看，两种鸭粪的总能量含量虽比较高，但作为单胃动物饲料时的代谢能值却较低，这是鸭粪作单胃动物饲料的另一个限制因素。采用垫料饲养的蛋鸭和肉鸭，鸭粪与垫料的混合物作为反刍动物饲料时的消化率较高，因而可将其作为反刍动物日粮中有一定价值的能量来源。

在矿物质方面，鸭粪中含钙、磷等均较高。除产蛋鸭粪外，其余各种鸭粪均可提供含量丰富、比例合适的钙、磷，在反刍动物饲料中适量添加，即可满足其钙磷需要。产蛋鸭饲料中含钙量很高（约3%），所以其粪便中钙含量也很高，钙、磷比例失调。因此，在饲料中添加产蛋鸭粪时，必须补充适量的磷，才能保持钙、磷的平衡。

③用处理过的鸭粪饲喂牛　国内外虽未见用鸭粪饲喂牛的结果报道，但用鸡粪喂牛的效果已得到肯定，目前许多国家都在推广。研究表明，在肉牛饲料中加入40%的肉鸡粪垫料，即可基本满足牛蛋白质和矿物质需要，且成本能大幅度的下降。

用鸭粪饲喂牛时，第一限制因素是能量。因此，应加入高能量的饲料原料，如谷物、块根类、水果加工下脚料等，从而保证以鸭粪为基础的日粮中营养成分平衡。同时，增加富含碳水化合物的原料比例，也可使鸭粪中的非蛋白氮得到充分利用。在利用鸭粪时遇到的第二限制因素是灰分含量高，特别是产蛋鸭粪，灰分含量高达29%，从而使日粮中不可消化物质的总量增加。因此，必须适当控制鸭粪的用量，以保证牛日粮中含有足够的营养水平。

鸭粪在饲喂前必须经过加工处理，减少微生物数量，彻底消灭病原体，并提高适口性。用作饲料的鸭粪不得发霉，不得含有碎玻璃、碎石块和其他异物。最好用磁铁吸除铁钉、铁丝和其他金属物，以免使牛发生创伤性胃炎或创伤性心包炎。

用鸭粪饲喂牛时，比较好的处理方法是堆贮或窖贮，可以有效地改善饲料的适口性、杀灭病原体、提高饲料营养价值。这一方法类似制作青贮饲料。鸭粪可以和全株青玉米一起做成青贮。含有30%干燥基础鸭粪的玉米青贮，其粗蛋白质水平可达15%(干物质基础)，青贮质量优良。如果在玉米中加入过多的鸭粪，则不易做成质量优良的青贮。用含30%（干物质基础）鸭粪的玉米青贮喂肥育小母牛，效果与喂青贮玉米加豆饼相同。

肉用仔鸭的粪和垫草可以单独地“青”贮。为了使发酵作用良好，鸭粪和垫草混合物的含水量须调至40%。在做青贮前调节鸭粪含水量时必须注意，鸭粪的黏性如果变得过大，会使操作非常困难。鸭粪与垫草一起堆贮，可以产生足够的温度，并能杀死多种杆菌。

应当指出的是，生产供人消费的牛奶的奶牛，不能喂鸭粪，但乳用后备牛可喂鸭粪。

④用处理过的鸭粪饲喂羊 羊与牛一样，也可充分利用鸭粪中丰富的非蛋白氮。而且羊的营养需要水平较低，越冬饲喂时间又相当长，因此羊可以利用质量较差、含大量垫料的鸭粪。在羊的日粮中补充含碳水化合物丰富的原料，并满足矿物质需求量水平时，可以用鸭粪来取代所有的饲草和精料，这在越冬期间尤为重要。因此，用鸭粪饲喂羊具有很大的经济潜力。

⑤用鸭粪饲喂鱼 我国许多地方有着鱼鸭混养、用鸭粪喂鱼的习惯，这是我们平常提倡的生物链养殖模式之一。鱼对鸭粪的利用主要有下列途径：

直接食用：鲶鱼、鲢鱼、罗非鱼等利用鸭粪的能力均很强，可以充分有效地利用鱼塘中的鸭粪。

通过水生植物间接利用：鸭粪进入鱼塘后，丰富的养分被水中的植物吸收利用，这些植物迅速生长茂盛后，可被鱼食用。

通过浮游动物间接利用：水中的各种微生物能够大量利用鸭粪，特别是非蛋白氮部分。这些微生物以及水中的浮游植物均可被浮游生物食用，水体中增加的大量浮游生物又可被鱼食用。

传统的鸭粪喂鱼都是直接将鸭粪撒入鱼塘中喂鱼，鸭粪进入水体后会对水产生一定程度的污染，特别是鸭粪的耗氧物质会使水中的氧含量降低，严重时会出现水质的富营养化，造成水中鱼的大面积死亡。采用鱼鸭混养的场家，还会出现鸭的健康受阻，继而发生疾病和死亡。所以在无公害鸭绿色安全生产中一般不提倡鱼鸭混养，即使采用鸭粪喂鱼时，也应对鸭粪进行必要的杀菌处理后，再适量使用于鱼塘。在无公害鸭绿色安全生产中比较提倡的是，将鸭粪进行干燥处理后，按一定比例与其他饲料原料混合，制成鱼用全价颗粒配合饲料，这样不仅可最有效的利用鸭粪，而且可避免鸭粪对水体的污染。

⑥用鸭粪饲喂猪　用加工处理后的鸭粪喂猪是可行的，其原理与鸡粪喂猪一样。但由于鸭粪中含的氮是大量的非蛋白氮，所以鸭粪喂猪后的营养价值相对较低。生产上采用鸭粪喂猪时，控制用量一般为日粮的 1/4 内，且鸭粪应进行加工处理，切不可用鲜鸭粪喂猪。在肥猪上市前半月起最好停止用鸭粪喂猪，以免影响猪肉的质量。

⑦用鸭粪喂喂家禽　由于家禽有些疾病是共发的，因而处理不当的鸭粪用来喂家禽时，会造成禽类发病和疾病的传播。因而生产上最好不要用鸭粪来饲喂家禽。

第十一章

无公害鸭场绿色安全生产的经营管理

一、搞好无公害鸭场经营管理的重要性

（一）目前鸭场经营管理中存在的问题

鸭场生产经营的目的是盈利。那么，怎样才能使鸭场多盈利呢？养殖者普遍知道，要使鸭场增加盈利，必须既要靠提高鸭的生产性能来增加收入，又要通过降低饲料及管理成本来减少支出，即做好鸭场的增收节支工作。这就需要养殖者既要抓好鸭场的生产，又要搞好鸭场的经营管理。

1. 中型规模的家庭鸭场经营管理中存在的问题 中型规模的家庭鸭场一般是一户或数户合作的私营或股份制的养鸭场，其生产规模小于国营养鸭场，大于一般的个体养鸭户。这类鸭场中规模较大的一般实行制种、孵化、饲料生产、饲养甚至加工一起的一条龙配套生产，鸭场就像一个企业，该企业内部往往是一个生产大循环，企业内有一定的技术力量。但生产水平及经济效益并不很高，这中间既有各场的实际状况（个性），即各个场本身存在的一些具体条件和困难，但同时又带有他们中普遍存在的共同性。这些共同性主要包括两个方面：一是不重视饲养管理技术；二是不熟悉经营管理方法。概括起来有以下几方面。

（1）场主和饲养人员对饲养技术了解甚少 他们没有将技术在生产中的重要性认识清楚，场主往往用家长式的命令来代替技

术措施的贯彻，饲养人员往往我行我素或用自我理解的方法来贯彻技术措施，结果造成贯彻的技术措施无针对性。

（2）技术人员不能独立行使技术职权　在场内技术人员最多只能是场主在技术上的参谋，一项技术措施的贯彻必须先将场主说通，然后场主根据自我的理解去向饲养人员布置，结果造成生产问题出现后技术措施不能立即到位，不能有针对性的解决问题，从而使技术人员变成是企业的摆设，不能行使技术职权。

（3）场主及技术人员花在钻研饲养经营管理技术的精力较少　他们的体力劳动时间多于脑力劳动时间，大部分精力不是花在技术及管理上，而是花在日常事务的处理上，场主是有事必亲到，样样事情要抓，造成抓不住重点；技术人员往往是和饲养人员一起劳动，无法有更多的时间花在了解全局上，不能有针对性的解决问题。

（4）场主及技术人员对生产实际及生产全过程的缺乏了解　能掌握全局的场主一是不了解技术，二是没时间亲自下第一线去了解实际情况，对全局的了解多是听他人之说，实际情况如何却不知道；想对全局有所了解的技术人员，往往又无权去了解全局，对生产实际状况也了解甚少，所以采取的技术措施针对性也不强。

（5）经营管理和技术管理间脱节　达到一定规模的家庭式的私营养鸭场，往往按经营管理人员和技术管理人员两大方面来安排人，结果造成搞经营管理的不懂技术，但有权管人；搞技术的不懂管理，虽有技术，但无权管人。而鸭场所有的技术管理措施必须通过人去执行，结果造成饲养人员在技术上可以不听技术人员的话。而且技术人员和搞经济分析的财务人员接触就更少，有时也会造成技术人员不按经济规律办事的现象出现。

（6）技术人员的积极性没有充分调动起来　这其中包括：选用技术负责人往往不是从技术才能出发来选用，往往业主喜欢任用比较听话的；而技术人员有为别人干活的想法，更无与鸭场共生存的想法；技术人员整天忙于具体事项，真正忙于技术活的时间较少，平时没有专门的人员指导，对技术业务学习的积极性不高。

2. 小型家庭（个体）**养鸭场经营管理中存在的问题**　目前从事的家庭小型养鸭户，一般以小规模生产为主，此类家庭鸭场虽规模小，但往往是专业化，集中搞一项，其饲养的总量在我国鸭业所占比例很大。这些小型养鸭户以使用家庭劳动力为主，存在的共同问题有：

①缺乏对养鸭生产全过程的系统了解，缺乏对鸭的生活习性的系统了解。虽工作勤劳，起早摸黑，但对鸭的日常管理却不太动脑筋，不善于很好的观察鸭群，往往按饲养管理的规则机械地操作。

②生产无计划性，不考虑鸭舍等的利用率，任意延长和缩短鸭群的生产时间。

③不太考虑环境对鸭生产性能的影响，人为的制造干扰因素，影响鸭群的生产性能。忽视卫生防疫工作，重治而不重防。

④采购苗鸭、设备、饲料等往往以价低为购买标准，却不知低价购的东西，加大了使用成本，而使总成本（标价＋使用成本）提高，反而造成经济损失。

⑤以小规模、小生产方式经营，搞短期行为，无参与竞争意识。

⑥缺乏对市场经济的了解和直接参与能力，大量利润转给了中间商，存在着生产而不经销的小农生产意识。

要使各类鸭场的经济效益提高，就必须克服各自存在着的不足，在技术措施真正落实到位的同时，搞好鸭场的经营管理，使鸭场成为一个高效益的企业。

（二）鸭场经营成功的要素

鸭场建场前须充分考虑饲养规模、饲养方式与本身经济、技术条件相适应，必须考虑产品种类及数量与市场需要及需求量相适应。鸭场经营是否成功最终必须要以经济效益来衡量，这在很大程度上决定于鸭场经营管理的水平。因而如能在建场前后充分掌握并实现下述要素，则必将有助于成功地经营好一个鸭场。

1. 建设鸭场的要素 良好的无公害鸭场绿色生产的环境条件应该是：保证场内具有较好的小气候条件，有利于鸭舍内空气环境的控制；便于严格执行各项卫生防疫制度和措施；便于合理组织生产，提高场地及设备利用率和工作人员的劳动生产率。

(1) 合理选择鸭场场址 鸭场的建筑地必须选择在地势高燥，向阳避风，地面要平坦而稍有坡度，地形要开阔整齐；土壤最好为透气性好的砂壤土；水源必须充足，采用水、陆运动场相结合的鸭场，水质必须好，水为流动水，且水源面积必须和饲养量相适应，同时必须有清洁的饮用水源。场址必须远离居民生活区，且交通方便，水、电供应稳定、可靠。

(2) 合理建造、配置鸭舍 鸭场内房舍建造应经济、适用，场内建筑物布局合理，各种类型房舍比例适当。布局时要能合理利用地形地势，光照，做到夏天能防暑、冬天能保温，各种环节都能保证鸭舍能正常通风换气。

(3) 合理配置饲养设备 购置的设备价格适宜、规格适当、性能优良、耐用；同时选购的设备必须符合鸭的生活特性，同时便于饲养人员的操作，保证生产效率高、噪音低。

(4) 保证鸭场有良好的生态环境 既要防止鸭场被周围环境污染，又要做到鸭场不污染周围环境，这是保证鸭场能长久生存的基础。

2. 搞好鸭场生产的要素

(1) 能保证鸭场有稳定、健康，且价格合理、品质优良的苗源；保证鸭场有稳定的优质饲料原料或优质配合饲料供应。

(2) 保证生产的产品适销对路，且价格有利。

(3) 必须保证场内各类鸭群健康生活，且生产性能高。

（4）能有效地严格贯彻综合防疫措施。

（5）技术人员必须技术熟练、经验丰富、工作积极主动，能在生产第一线开展工作，措施采取得当、及时。

（6）管理人员和饲养人员工作责任心强、工作认真负责。管理人员必须和技术人员密切配合，将管鸭和管人结合好。

（三）鸭场的科学管理模式

近年来，随着养鸭业的发展，我国的鸭场已逐步由一家一户的分散饲养方式，向规模化、专业化生产方向发展，出现了私营企业型的养鸭场，这极大地提高了养鸭的规模效益，使良种的供应，饲料的科学配制，科学的管理成为可能和必需。由于家庭鸭场在饲养条件、规模、技术力量、管理力量等方面差异悬殊较大，使得管理模式也不尽相同，因而必须因地制宜。制定出自己的管理模式。

1. 根据不同的条件、规模确定不同的管理模式

（1）“监督”式管理　“监督”即我们通常所说的“监工”。“监督”式管理就是以“监工”为核心，通过“监工”现场指导，督促完成生产工作的一种管理模式，用于小型养鸭场和专业户的管理模式。“监工”集生产、技术于一身，寸步不离生产现场，进行现场管理，随时指导、督促工作的进行。由于工作性质单一，“监工”又不离开现场，这对一般饲养人员的文化素质要求就不那么苛刻，只要服从指挥，工作踏实就行。同时，“监工”只要对本环节生产技术有一个全面系统的了解即可，没有必要要求有丰富的管理经验。“监工”多采用“家长式”和“命令式”的领导方法，一竿子到底。考核多以印象为主，工人处于被动服从地位，也没有必要浪费人力和时间去做大量的思想工作，这样既减少机构，节省了人员，又节约了时间，能够起到调整、高效的效果，同时又弥补了小场人才缺乏、职工素质较低的缺陷。这种管理模式缺点是：第一，“监工”集生产技术于一身，死守现场，负担太重，等于说生产环节的一切负担全部压在一人身上，通过其思考，过滤化为简单的动作分解给工人；第二工人不能参与管理，处于被动服从地位，像机器人一样机械地工作，积极性、主观能动性发挥不出来。

（2）专业化管理　这种管理模式主要适用于中度规模的专业场，比专业户大几倍甚至几十倍，但又不具备集良种繁育、饲料加工、饲养、产品深加工等多功能综合集团公司的规模，仅有其中一个或两个环节，这种场虽然工作性质不复杂，但因具有相当的规模，管理机构设置比较多，生产、技术、供应、销售、财务、场办、后勤、思想工作都有专人或科室去抓，它不仅需要各部门间建立协调、稳定的关系，使生产供应、销售不受影响，而且还必须建立一套严格的、全面的规章制度和考核手段去控制。横向到边，纵向到底，事事有人抓，事事有标准，事事有考核，事事有奖罚，按组织分工和管理程序进行民主管理。对工作弹性较大的岗位，如管理各科室可以采用岗位责任制，目标管理制等形式，定出工作范围及职责，工作程序及标准，考核办法及奖罚，以及对生产一线的服务程序进行评定，对工作比较具体的各生产班组，可以采用目标管理、计量工资、承包等形式，通过定产量、定投入，进行考核评定、奖罚。这种管理模式克服了“监工”管理负担太重、饲养员主动性不够的不足，分工明确，便于短期掌握，熟练技术，提高工作效率，适合大规模生产，但要求配合协作较强，且管理人员必须有良好的文化素质，管理经验。若配合不好容易滋生扯皮、推诿、内耗、管理费用加大等缺点，这就要求在“人”的工作上下很大功夫，做深入仔细的思想工作。

（3）系统管理　系统管理适用于集良种繁育、饲料生产、鸭的饲养、产品深加工于一体的多功能综合性家庭养鸭企业。企业对下属分公司、分场的领导，主要是制定生产技术指标，定期培训技术人员和饲养人员，把握好经营方针、生产计划、搞好经营工作，不参与下属场的具体管理事务，实行一级对一级负责。

2. 根据饲养者的不同素质确定不同的管理尺度 饲养者素质的高低与家庭养鸭场的效益高低关系相当密切，但若管理方式不当，具有的潜力也发挥不出来，这除了工作方法之外，还存在一个管理尺度问题。若过高地估计了饲养者的素质，管理过粗、放权过度，结果因人员负责不起来，造成场内生产困难丛丛，搞得不可收拾。但如果过低地估计了饲养者素质，管理过细，统得过紧，主观能动性难以发挥，造成管理者到处救火。因此，在管理过程中，必须认真观察、分析、准确地估量职工素质，确定合适的管理尺度。以私营养鸭场为例，若本场饲养人员能够独立完成养鸭的一切日常工作，可以采用生产、技术大包干的形式，场主仅进行场规、场纪、场风等基础管理（但财务、销售必须由场主统管），场主提供鸭苗、饲料、药品、易耗品、水、电，各承包人的鸭舍上交的鸭或肉鸭数量根据场主定价，饲养阶段结束统一核算，超归已，欠全赔或按比例分成。若本场饲养人员不能独立完成整个生产过程，则场主须制定出详细全面的具体规程，要求严格按操作规程工作，依执行情况进行考核。若本场饲养人员能够基本完成鸭舍日常工作，只是在饲料配制、疾病防治、药品使用、易耗品量的控制等方面掌握不了或把握不住，可以采用目标管理与操作规程相结合的方式予以管理。如蛋鸭舍，要求在生产、技术人员的指导下，按照操作规程，完成产蛋率、破蛋率、饲料耗量等生产技术指标，按比例取报酬，对饲养人员无能为力的其他项目可不考虑考核。

（四）鸭场必须制定的经营管理制度

养鸭场必须制定若干必要的经营管理制度，并认真贯彻执行，才能确保各项任务完成，从而提高经济效益。其经营管理制度主要有：

1. 饲养管理操作规程 各类鸭舍、孵化场、饲料厂、产品加工厂都必须订立严格的规程，操作时必须按规程进行，不可随意更改。

2. 防疫免疫程序 鸭场必须根据本场及当地的鸭发病的规律，制定出切合本场实际的鸭的防疫免疫程序，一经制定，必须严格执行。同时应改变过去重治不重防的旧习惯，提倡防重于治，以减少疾病的发生，降低治疗成本。

3. 卫生消毒制度 要切实做好鸭的卫生消毒工作，尽量减少外人进入鸭场，杜绝非生产人员进入鸭舍，以减少鸭病传播。鸭场内部生产人员不能随意进出鸭场，特别不能到其他鸭场去，以及出鸭场后不经消毒即进入本场内生产区。场内各鸭舍的饲养人员不能随意进出其他鸭舍。消毒员在进行消毒工作时要严格按操作规程进行，要一丝不苟，保证该消毒的场所全部、彻底消毒好。

4. 劳动纪律、生产责任制度 必须有严明的纪律，严格的考核，使职工明确各自的职责，确将职责与其创造的效益挂钩。

5. 财务计划、经济分析计划和开支审批制度 节俭，鸭场兴旺；浪费，鸭场亏本。财务上必须要精打细算，而且应该将财务与经济分析结合起来，使财务既为经济服务、更为生产服务。

6. 生产统计及报表制度 必须将鸭场内各鸭群当日的数量变动情况、鸭群健康情况、饲料消耗情况，有孵化厂时必须将孵化、出雏情况、销售情况、收支情况在日报的基础上搞好周报和月报。

二、无公害鸭场绿色生产的经营管理内容

（一）生产前经营管理的决策

所谓养鸭场的经营管理决策，就是对养鸭场的建场方针、奋斗目标以及实现这一目标所采取的重大措施作出选择与决定，决

策包括经营方向、生产规模、饲养方式、鸭场建设等方面。

1. 选定经营方向 经营方向包括养鸭场是专业化饲养还是综合性饲养。专业化饲养是指养某一鸭种的一个类型，如养肉用仔鸭或商品蛋鸭；综合性饲养是指养某一鸭种的几个类型，如肉种鸭场兼养肉仔鸭，或养肉用仔鸭与养鱼或养猪相结合等。

2. 确定生产规模 生产规模取决于投资能力、饲养条件、技术力量、鸭苗来源和产品销售等方面的条件。但从经济效益来说，养鸭是属薄利多销行业，所以在养鸭生产上的规模效益较为明显，也就是说，只有形成批量生产才能有较大的饲养效益。但是目前国内限于经济条件，因而靠国家的投资来办大鸭场较困难，所以养鸭业在较长一段时间内仍以分散的小规模生产为主。

3. 决定饲养方式 饲养方式也必须按人力、物力和自然条件情况来决定，一个养鸭场是否采用机械化和机械化程度如何，应取决于资金和劳动者的素质以及工人工资的高低。一般来说，在较发达的地区借用资金比雇用工人更为有利，因而宜多采用机械化设备，但在一些落后地区，能找到廉价的劳动力，且劳动力在闲置时可转行，而机械设备在闲置时必须同样支付折旧费。从这方面来说，用手工比用机械作业承担的风险小，投资也小。

4. 建设正规鸭场 养鸭场目前主要有全舍饲和半舍饲两种，半舍饲一般多设置水、陆运动场。全舍饲必须提供给鸭适宜、稳定的环境，因而鸭的生产水平较高，但基建投资大；而开放式鸭舍虽受外界环境影响较大，但基建投资较小、收效快。

就鸭的饲养方式来说，目前一般采用平养。蛋鸭一般采用地面平养；而肉鸭有采用地面平养，也有采用网上平养，甚至在育雏期也有采用重叠式笼培育雏，尤其是商品雏鸭，笼养能充分利用空间，饲养密度大，节省饲料，便于管理，利于防疫，经济效益好。

对于用其他旧房改造来进行养鸭时，不管是养肉鸭，还是养蛋鸭，所用的改造房必须通风良好、舍内易干燥，但也不能四周都漏风。

（二）生产中的组织与管理

1. 制订年度生产计划 所谓年度生产计划是养鸭场根据自己的经营方向、生产规模、本年度的具体生产任务，结合场内实际情况，拟定全年的各项生产计划与措施。

（1）总产计划与单产计划 总产计划是养鸭场年度争取实现的商品总量，如一年养多少批肉鸭及全年饲养的肉鸭总数；单产计划是养鸭的“单位”产量，如每批商品肉鸭多少天出售、出售时每只鸭的平均体重达多少。

（2）利润计划 养鸭场的利润计划，受到饲养规模、生产经营水平、饲料、鸭苗等各种费用的开支因素的制约。各鸭场（或养鸭专业户）应根据自己的实际情况予以制订。要尽可能地将利润计划到各饲养人员，并与他们的经济效益挂起钩来，以确保利润的顺利实现。

（3）鸭群周转计划 现代化养鸭业，较多的实现专业化的流水作业生产方式，这种流水作业生产方式要求有高度严密的周转计划，以此来调节全场各个生产环节以及本场和外场的关系，如在某一环节上周转失灵，则会打乱全场的生产。为了使养鸭生产能有条不紊地进行，充分发挥现有鸭舍、设备、人力的作用，达到全年均衡生产，实现高产稳产的目的，就必须制订好全年的鸭群周转计划，并通过对内、对外签订合同的形式来保证其实现。

（4）饲料计划 饲料是发展养鸭生产的物质基础，必须根据养鸭场的经营规模及日常用量妥善安排，在确保场内有半月至一月的饲料外，应广泛联系，力争使全年饲料都落实到实处。

（5）产品销售计划 养鸭场销售计划，种鸭场为种蛋和雏鸭，蛋鸭场为鲜鸭蛋，肉鸭场为肉用仔鸭，此外鸭场还有鸭粪、淘汰鸭等。

为保证各类产品的畅销，需要做好市场的调查工作，结合本场生产能力，制订月、季、年度的销售计划。不了解行情，盲目生产，常常会发生供过于求的情况。要了解消费者的消费心理状况和消费习惯，掌握市场行情变化的规律性（如夏天消费者对肉食的需求量减少等），来安排生产计划和销售计划，饲养肉用仔鸭时更应注意这个问题。

（6）其他开支计划　在养鸭生产中还有一些费用开支也应列入计划。如防疫、医药、房舍与设备维修、水电费、零星购物费等。应严格审查，能不花的要省，如果平时控制不严，开支过大，会影响到年度利润计划的完成。

2. 保证生产计划实现的一些重要措施

（1）技术措施　现代养鸭场必须符合下列技术要求：

①所养鸭种必须良种化；

②养鸭所用饲料必须全价化、平衡化；

③饲养用设备必须符合各种鸭的生物学特性；

④鸭场管理必须科学化；

⑤鸭病的防疫必须程序化、科学化；

⑥鸭场经营必须专业化、配套化。

（2）生产措施

①提高鸭群的成活率。

②适时更新或出售鸭群　鸭群更新应根据市场行情和投资费用来确定。如养肉用仔鸭的场，如果想获得扣除饲料费用后的最大利润，则饲料费用越高，肉用仔鸭就应越早出售（最好在生长达到最高峰时出售）；反之，如固定成本费用高，如高价购进鸭苗，那么较晚出售会有好处，以便能使这些费用分摊给更高重量的肉用仔鸭，亦即当饲料价格较低或肉用仔鸭价格较高时，鸭群应养到较大体重出售。

对商品产蛋鸭或种鸭来说，虽然第二个产蛋周期内蛋白质量和产量比第一个产蛋周期低，但通过强制换只后用于第二产蛋周期的鸭的投资省，尤其是种鸭，只要蛋的价格及苗鸭的价格仍能维持以前水平，则有可能其利润高于第一产蛋周期的鸭。如在强制换只前将一批低产或弱质的鸭淘汰，则将收益更大。

③从能全年均衡地为市场提供产品中获得利益　开始饲养鸭，可先通过在合适的季节育雏来积累经验，特别是种鸭场和蛋鸭场，选择温暖的季节育雏，可使育雏的鸭体质健壮，成活率高，且育成后的鸭可获得高产、稳产，从而在经济上可获得更高效益。一般最佳育雏季节为春季，秋季次之，但规模鸭场就应打破季节性生产的惯例，否则就无法改变市场"淡季"与"旺季"的传统状况，也无法从中获利。所以，种鸭、蛋鸭也要像肉用仔鸭一样全年都能生产，在设备环境上、技术上来调整和克服季节性差异对养鸭的影响。

④降低饲料费用　在养鸭生产成本中，饲料的费用最大，一般国有鸭场的饲料费用约占整个费用的65%～75%。因此，降低饲料费用对于实现养鸭生产的低成本、高效益将尤为重要。

饲养经济效益，主要是从降低成本，提高饲料报酬，减少浪费等方面着手，如减少饲喂过程中的浪费，严防饲料的发霉变质以及鼠雀偷吃，对于降低饲料费用十分必要。

⑤降低鸭蛋的破损率　可通过合理饲喂日粮，加强管理措施来达到。

⑥搞好生产统计　养鸭场的生产统计，是了解生产、指导生产的重要资料，也是进行经济核算以及评价职工劳动效率，实行奖罚的重要依据，应该认真做好。

（3）经济措施　所谓经济措施，就是采用经济管理的方法，制订出一些具体措施来管理养鸭场的生产。下面介绍主要的两项。

①实行"联产承包"的生产责任制　"联产承包"责任制是当前养鸭场中实行生产责任制的一种基本形式，主要有两大方面（指股份制场和中型鸭场）：一是鸭场向上级承包全年总产和总利润，二是鸭场对所属的各生产组和个人订各项生产指标。

②对外订立各种经济合同　养鸭场实现生产和销售任务中，不能避免地要与有关单位发生经济往来，如购买饲料、销售产品等。为保证这些活动都能顺利进行，应该与这些单位签订供销合同，使双方自负经济责任，促使各方把生产搞好。

（4）*生产中的经济核算*　养鸭场经过一定阶段（月、季、年）生产后，应该进行生产小结或总结，进行经济核算来检查生产计划和利润计划的执行情况。在此基础上，进行经济分析，从中找出规律，改善生产、提高经济效益。

（三）鸭场记录及其分析

1. 鸭场记录的重要性　所谓鸭场记录就是用笔记本将鸭场生产经营活动中的人、物、事等记录备案。从目前情况看，我国国有鸭场的各种记录一般都比较健全，而小型鸭场和养鸭专业户或是记录不全，或是不重视记录，特别是有些养鸭户根本没有记录簿，而全凭自己的大脑记忆。一些鸭场管理者不重视记录，其中一个很重要原因就是没有认识到鸭场记录的重要性。具体来说，鸭场记录有以下几方面的作用。

（1）*鸭场记录反映着鸭场生产经营活动的历史*　完善的鸭场记录，可将整个鸭场的动态与静态，详细记录无遗。如财产记录、收支情况、饲料消耗、死亡率、产蛋率、孵化率等都可以从记录中一一获得。要想了解鸭场历年来生产及其进展情况，只要查阅过去记录并加以比较，即可获悉。

（2）*改善鸭场的组织与经营*　鸭场的生产要素的利用是否有效，每只种鸭的产蛋量，每100千克饲料的报酬，每个生产者所创产值，鸭场总收入等，皆可从记录中一一算出，可作为下一年计划生产的根据，进而改善鸭场组织与经营，提高经济效益。

（3）*增加资金融通的机会*　金融机构（如银行、信用社等）愿意将资金投放在那些财务记录好的企业，这样更有信心，可得到资金回收的保证。若鸭场缺乏完整的记录，难以获贷款。

（4）作为政府有关部门制定政策的依据　政府所制定的有关发展畜禽饲养业的政策，对养鸭生产的利害关系最为密切，故在制定政策之前，就查关于畜禽生产的精确数字资料，而此项最可靠的数字，当推畜禽养殖场的原始数据。在许多发达国家，畜禽养殖场场主为求公平纳税，对其一切生产经营活动都自动加以记录，以作为缴纳税款的计算标准。

2. 鸭场记录的原则　目前，有不少养鸭场（特别是养鸭专业户）虽有记录，但记录不完整，不能作为分析用，故达不到记录的目的。为了搞好鸭场记录，应遵守以下几项原则。

（1）力求简化　如果记录工作复杂繁琐，就不易实行。鉴于目前大多数鸭场的饲养员的文化程度较低，故所设置的各种生产记录表格尽量做到简明扼要，减少记录工作量和时间，让人在干完一件事后能随时方便地记录下来。对于养鸭专业户而言，由于其业务范围不足，专雇一人记录，户主兼作记录员即可，故所有账目更要简便易行。小型鸭场各账目以采用单式记录为宜；大、中型鸭场因设有专门的财务部门，故应采用复式记账（单式记账和复式记账是两种不同的记账，单式记账对发生的每一笔经济业务一般只在一个账户上登记一笔账；而复式记账对发生的每一项业务都要以相等的金额，在相互联系的两个或两个以上账户中进行登记）。

（2）精确完整　所谓精确，即将鸭场的一切动态与静态，按照当时实际情形，每日加以确定记录。如果不精确，将失去记录的可靠性与有用性，徒然浪费时间与精力。负责记录的人要认真填写，不得拖延、积压记录工作，不能随意虚构数据。字迹务求工整，易于辨认。所谓完整，就是要有良好设计的各项记录簿册，形成系统化，如果记录不完整、不系统，就不能对鸭场生产经营活动进行全面的分析。

（3）便于分析　记录的目的是为了分析鸭场生产经营活动的情况，因此，在设计记录表格时，要考虑记录下来的资料便于整理、归类、统计。为了与其他鸭场进行横向比较，还应注意记录内容的可比性。为了对鸭场记录信息电子计算机处理分析，还应使记录表格标准化、统一化，使信息名称代码化。

3. 鸭场记录的内容　鸭场记录的内容因鸭场经营方式与所需资料而异，一般而言，主要包括以下几个方面。

（1）*财产记录*　这是鸭场记录中最有用、最主要的一类，又可分为：①固定资产类，包括土地、建筑物、机器设备等；②库存物资类，包括饲料、兽药、修理配件、办公用品、产成品、杂用品等；③现金及信用类，包括现金、存款、债券、股票、应付款、应收款等。

（2）*劳动记录*　这是记载每天出勤情况、工作时数、工作类别及所完成的工作量、劳动报酬等。若采用机械设备，应将其类别与时数一并记入，如汽车运输、自己发电等。

（3）*饲料记录*　将每日不同鸭群（也可以每栋、每栏或每笼为单位）所消耗的饲料按其种类、数量及单价等记载下来。

（4）*生产记录*　包括鸭场的品种、饲养数量、饲养日期、生长情况、产蛋情况、死亡数、孵化情况、育种情况等。

（5）*收支记录*　包括出售产品的时间、数量、价格、去向及各项支出情况。

（6）*疾病防治记录*　包括免疫程序、发病情况、诊断及治疗用药情况、防疫措施等。

除上述主要记录项目外，还包括生产事故记录、维修记录、会议记录等。

关于鸭场记录的格式，尚无统一标准，各鸭场可根据本场特点及统计分析需要而加以制定。有些记录项目如现金收支、物资进出库等，可在文化用品商店买到印制好的专用记录簿。而大部分原始记录项目都需要鸭场管理者自己设计格式并印制。

4. 鸭场记录的分析　对鸭场各种记录资料的分析是通过一

系列分析指标来实现的。一般而言，可将各种分析分为两大类，一是技术效果指标，二是经济效果指标。技术效果指标是分析生产投入的资源同产出的鸭产品的数量关系，亦即分析各种技术的有效性及先进性，主要包括育雏成活率、育成率、入舍母鸭产蛋率、平均蛋重、种蛋受精率及孵化率、料重比、料蛋比等。经济效果指标是分析劳动消耗、劳动占用的投入同产出的鸭产品收益间的数量关系，亦即分析成本与收入之间的关系，主要包括利润分析、成本分析、劳动生产率分析、资金分析等指标。

三、影响鸭场利润的因素

鸭场利润为各项收入总和减去各项支出总和两者之差。出售收入越大，生产成本越低，两者之差就越大，利润就越高。

（一）出售产品总量与饲料转化比

假如饲料价格和主产品（如种蛋、鲜蛋、肉用仔鸭等）出售价格一定，出售数量越大、出售收入越多；饲料转化比的值越小，所花饲料费用越小，二者之差越大，即收益越大。但是，蛋鸭或种鸭的产蛋随饲养期延长，产蛋率降低，其饲料转化比的值变大。肉用仔鸭因出栏体重越大，出售日龄越迟，饲料转化比的值也变大。所以，肉鸭或蛋鸭收益都不能随饲养期延长的比例而增大。在实际生产中，除按科学管理办法确定好鸭群最佳出售日期，降低全程饲料转化比的值外，首先要千方百计提高鸭群的单产水平。其次，要根据鸭群不同品种、不同饲养阶段制定最佳饲料配方，确保鸭群所需各种营养物质，并使饲料价格相对降低，以实现最大的饲养经济效益。此外，要广开饲料资源、降低饲料成本；减少饲喂过程中的抛撒现象；严防饲料的发霉变质及鼠雀偷吃，以降低饲料成本。

（二）出售价格与出售时间

影响养鸭生产收益的因素很多，其中最根本的是商品的社会价值、社会必要劳动时间、市场供求情况，而这些都不是生产者个人所能决定的，生产者可以决定的是产品出售时间。出售时间不同，价格上有很大差异，对生产者的收益影响很大。例如，冬季，尤其是像临近春节那样的传统节日，市场对鸭肉的需求量很大，经营鸭产品的单位增多，家庭养鸭场应根据市场上的这种规律性变化，结合本场生产能力，安排好生产计划和销售计划。经营活鸭的鸭场尤应注意这个问题。

（三）饲养密度与生产费用

在同一生产设施条件下，生产的鸭群数量越大，则单位产品的费用越小，收益越高。所以，一年内一定设施生产的鸭蛋或鸭肉总量是影响收益的主要因素。当然，在一定饲养密度及鸭舍利用条件下，企业管理费、燃料动力费等生产成本越低，鸭场效益就越高。

（四）成活率与产品质量

鸭的成活率对养鸭的成败有很大关系。成活率越高越好。尤其是规模越大的鸭场，减少死淘率就显得重要。另外，成活率高的鸭群，发育正常，产品质量也相应提高，当然，产品质量还包括生产管理、产品储运等环节。凡产品质量好者，产品价格可上升，获利也高。

在日常经营管理中，要认真地做好生产经营成本的核算，准确反映出生产经营过程的全部经济活动情况。同时，还要开展经济效果的分析，通过分析总结经验作出评价，以便采取有效措施，改进生产经营和饲养管理工作。开展生产经营成本评价分析的方法较多，最为常见的基本方法有三种：一是对比分析法，该方法的主要内容是把同性质的两种或两种以上的经济指标作科学合理的对比，找出差距，以发现经营管理中的问题，并分析造成差距和出现问题的原因，最终提出切实可行的消除差距和解决问题的方法。用对比法进行分析评价时，要求必须保证各项经济指标的可比性，即对比各种指标的经济内容要一致，计算方法和使用单位也要一致。二是逐步详细法，该方法是按各种不同标志来分析综合指标，从而逐步详细解剖，如按各个组成部分或各个成本项目分解总费用的构成，分解各种产品与总成本的比重。并根据分析资料详细分析和核算影响经营效果的诸因素，以改进生产经营工作。三是因素分析法，该方法是对组成某一复杂综合指标的各个因素顺序进行分析，当分析某一因素时，把其他因素的影响暂时排除，给予抽象化，而只分析因素在数量上的增减变化情况。

（五）养鸭场饲料成本节约途径

在养鸭生产成本中，饲料费是鸭场的一大笔开支，约占总成本的60%～70%，为进一步提高经济效益，就得在饲料成本中挖掘。养鸭场节约饲料成本的途径主要有以下几方面。

1. 把好饲料原料质量关 掌握和控制饲料原料质量是关键途径之一，它牵涉饲料的转化率和养鸭的经济效益。在生产实践中，原料质量的好坏，一凭对原料的感观认识，二靠饲料监测部门分析化验。特别是对价格昂贵的原料，应当一批一批地化验。市场上鱼粉和豆粕（饼）掺假现象较为严重，稍不注意就会上当受骗，如鱼粉中掺尿素、羽毛粉、豆粕（饼）、玉米粉等。

2. 优化饲料配方 配方优化主要是利用电子计算机来筛选和制定最低原料和廉价原料、与同等营养水平下的配方相比，电脑配方的饲料成本一般下降10%左右，其经济效益是相当可观的。如制定和使用少鱼粉或无鱼粉配方，用其他蛋白质代替部分配方中价格昂贵的进口鱼粉，用去毒菜籽粕（饼）代替部分豆粕

（饼），同时通过氨基酸平衡进一步降低配方的蛋白质水平，以求将配方的成本降到最低。

3. 严格饲料加工操作过程　一般的养鸭场都配有饲料加工成套设施。在饲料的加工中，主要是认真注意计量、粉碎、混合这三环节。配方确定后，操作人员必须严格执行，不得随意改动，对使用量较少的添加剂一定要称量精确。在粉碎玉米时不能只用一种筛孔的筛片，因为雏鸭料、蛋鸭料、仔鸭料和肉鸭料对粒度大小的要求不同。粒太粗，小鸭吃不下，即使吃下这些不被完全粉碎的饲料，也会很快排出体外造成浪费；粒太细，则影响鸭的采食和消化。添加剂要用一台小混合机进行预混，把添加剂量先预混扩大至100千克左右，以保证混合均匀。此外，通过进一步强化操作管理水平，控制和降低原料损耗，减少粉尘损失，提高产出率，实现低成本高产出。

4. 加强饲养管理，减少饲料浪费

（1）*避免一次加料过多*　据统计，饲料加到料槽的2/3，饲料浪费约11%，加到1/2，饲料浪费约4%，加到1/3时，饲料浪费约1.5%，所以用食槽喂鸭时，一次饲料加入量不能超过料槽深度的1/3。如果是人工上料，上完后要进行1～2次的匀料，饲养员应有责任心，如果上料不精心，致使少部分撒落到粪池、地板，这样日积月累，不仅浪费饲料，而且不能满足鸭的需要量，影响其生产性能的发挥。

（2）鸭场使用的水槽普遍为塑料制品，容易变形、破裂，若水槽漏水，将料泡湿，应尽快撒开湿料让鸭吃掉，以防霉烂，并尽快修复漏水水槽。

（3）*蛋鸭生产中，育成鸭要进行限制饲养*　如不限制饲养，不仅浪费饲料，而且鸭体重过重，影响以后的产蛋率。尽快淘汰不用的公鸭，产蛋前淘汰病鸭、残鸭，产蛋高峰期淘汰尚未下蛋的鸭，产蛋中期淘汰低产蛋鸭。

（4）*注意补喂砂粒*　饲料中不含砂粒，如平时又不定期补喂砂粒，饲料的消化率将降低3%～10%。

(5) 鸭群环境温度的高低会影响到鸭的采食、饮水和体内养分的消耗　据报道，鸭群环境温度在20～21℃时，饲料效率最高，产蛋鸭的产蛋量和肉鸭的增重效果最好。

(6) 定期免疫接种、驱虫，防止传染病和寄生虫病的发生　鸭群发病时，饲料效率也将降低。

5. 改变料形、提高饲料转化率　通过对肉鸭的饲喂试验，按照同样的配方，喂颗粒料不仅适口性好，而且浪费也极少，其料重比为2.53∶1，而粉料的料重比则为2.78∶1。颗粒料的成本为2.25元/千克，而粉料的成本为1.95元/千克，喂颗粒料成本看似较高，但通过分析，达到同样的体增重，所需饲料的最终成本较低，每千克增重可节约饲料成本0.31元，所以喂颗粒料的经济效益高于喂粉料。

6. 定期灭鼠，加强饲料保管　鸭场及饲料厂（加工车间）都存在鼠害的威胁，老鼠不仅会传播疾病，而且会吃掉大量的饲料，甚至咬死雏鸭，因此养鸭场要指定专人定期灭鼠，并用窗纱堵住能开的窗户和通风出口。此外，购进的原料和加工好的饲料，常因保管不当造成浪费，无论是购进的原料或是已加工好的饲料尽量不要放在室外，保管存放时底部都要用砖块或木板垫起20厘米高度。采购饲料时，不要一次大量购进，这样可以减少贮存时间，降低营养成分的损耗，一次加工的饲料量最多贮存一周，以保证随时用新鲜饲料，防止饲料被污染，提高饲料利用率。

这里还需强调一点，搞好流动周转资金调配，适时采购原料，签订订购合同，稳定原料供应及降低成本，这也不失为节约饲料总成本的一项有效措施。

附录

一、中国饲料成分及营养价值表

附表一　饲料描述及常规成分（%）

饲料名称	饲料描述	干物质	粗蛋白	粗脂肪	粗纤维	粗灰分	钙	总磷	有效磷
01 玉米	成熟，高蛋白质	86	9.40	3.10	1.20	1.20	0.02	0.27	0.10
02 玉米	成熟，GB1 级	86	8.70	3.60	1.60	1.40	0.02	0.27	0.10
03 玉米	成熟，GB2 级	86	7.80	3.50	1.60	1.30	0.02	0.27	0.10
04 高粱	NY/T 1 级，成熟	86	9.00	3.40	1.40	1.80	0.13	0.36	0.12
05 小麦	NY/T 2 级，混合小麦，成熟	87	13.90	1.70	1.90	1.90	0.17	0.41	0.21
06 大麦（裸）	NYT/T 2 级，裸大麦，成熟	87	13.00	2.10	2.00	2.20	0.04	0.39	0.14
07 大麦（皮）	NY/T 1 级，皮大麦，成熟	87	11.00	1.70	4.80	2.40	0.09	0.33	0.12
08 黑麦	籽粒，进口	88	11.00	1.50	2.20	1.80	0.05	0.30	0.10
09 稻谷	NY/T 2 级，成熟、晒干	86	7.80	1.60	8.20	4.60	0.03	0.36	0.12

（续）

饲料名称	饲料描述	干物质	粗蛋白	粗脂肪	粗纤维	粗灰分	钙	总磷	有效磷
10 糙米	良，籽粒，成熟，未去米糠	87	8.80	2.00	0.70	1.30	0.03	0.35	0.13
11 碎米	良，加工精米后的副产品	88	10.40	2.20	1.10	1.60	0.06	0.35	0.13
12 粟（谷子）	合格，带壳，成熟	86.5	9.70	2.30	6.80	2.70	0.12	0.30	0.11
13 木薯干	NY/T 合格，木薯干片，晒干	87	2.50	0.70	2.50	1.90	0.27	0.09	—
14 甘薯干	NY/T 合格，木薯干片，晒干	87	4.00	0.80	2.80	3.00	0.19	0.02	—
15 次粉	NY/T 1 级，黑面、黄面、下面	88	15.40	2.20	1.50	1.50	0.08	0.48	0.15
16 次	NY/T 2 级，黑面、黄面、下面	87	13.60	2.10	2.80	1.80	0.08	0.48	0.15
17 小麦麸	NY/T 1 级，传统制粉工艺	87	15.70	3.90	8.90	4.90	0.11	0.92	0.30
18 米糠	NY/T 2 级，新鲜，不脱脂	87	12.80	16.50	5.70	7.50	0.07	1.43	0.20
19 米糠饼	NY/T 1 级，机榨，未脱脂	88	14.70	9.00	7.40	8.70	0.14	1.69	0.22
20 米糠粕	NY/T 1 级，浸提或预压浸提	87	15.10	2.00	7.50	8.80	0.15	1.82	0.24
21 大豆	NY/T 2 级，黄大豆，熟化	87	35.50	17.30	4.30	4.20	0.27	0.48	0.16
22 大豆饼	NY/T 1 级，机榨	87	40.90	5.70	4.70	5.70	0.30	0.49	0.16
23 大豆粕	NY/T 1 级，浸提或预压浸提，去皮	87	46.80	1.00	3.90	4.80	0.31	0.61	0.20
24 大豆粕	NY/T 2 级，浸提或预压浸提	87	43.00	1.90	5.10	6.00	0.32	0.61	0.20
25 棉籽饼	NY/T 2 级，机榨	88	36.30	7.40	12.50	5.70	0.21	0.83	0.27
26 棉籽粕	NY/T 2 级，浸提或预压浸提	88	42.50	0.70	10.10	6.50	0.24	0.97	0.25

（续）

饲料名称	饲料描述	干物质	粗蛋白	粗脂肪	粗纤维	粗灰分	钙	总磷	有效磷
27 菜籽饼	NY/T 2 级，机榨	88	35.70	7.40	11.40	7.20	0.59	0.96	0.33
28 菜籽粕	NY/T 2 级，浸提或预压浸提	88	38.60	1.40	11.80	7.30	0.65	1.02	0.33
29 花生仁饼	NY/T 2 级，机榨	88	44.70	7.20	5.90	5.10	0.25	0.53	0.17
30 花生仁粕	NY/T 2 级，浸提或预压浸提	88	47.80	1.40	6.20	5.40	0.27	0.56	0.18
31 向日葵仁饼	NY/T 2 级，壳仁比 35∶65	88	29.00	2.90	20.40	4.70	0.24	0.87	0.22
32 向日葵仁粕	NY/T 2 级，壳仁比 16∶84	88	36.50	1.00	10.50	5.60	0.27	1.13	0.23
33 向日葵仁粕	NY/T 2 级，壳仁比 24∶76	88	33.60	1.00	14.80	5.30	0.26	1.03	0.23
34 亚麻仁饼	NY/T 2 级，机榨	88	32.20	7.80	7.80	6.20	0.39	0.88	0.38
35 亚麻仁粕	NY/T 2 级，浸提或预压浸提	88	34.80	1.80	8.20	6.60	0.42	0.95	0.42
36 芝麻饼	机榨 CP40％	92	39.20	10.30	7.20	10.40	2.24	1.19	0.22
37 玉米蛋白粉	玉米去胚芽、淀粉后的面筋部分	90.1	63.50	5.40	1.00	1.00	0.07	0.44	0.16
38 玉米蛋白粉	同上，中等蛋白产品	91.2	51.30	7.80	2.10	2.00	0.06	0.42	0.15
39 玉米蛋白粉	同上，中等蛋白产品	89.9	44.30	6.00	1.60	0.90	—	—	—
40 玉米蛋白饲料	玉米去胚芽去淀粉后的含皮残渣	88	19.30	7.50	7.80	5.40	0.15	0.70	0.17
41 玉米胚芽饼	玉米湿磨后的胚芽，机榨	90	16.70	9.60	6.30	6.60	0.04	1.45	—
42 玉米胚芽粕	玉米湿磨后的胚芽，浸提	90	20.80	2.00	6.50	5.90	0.06	1.23	—

（续）

饲料名称	饲料描述	干物质	粗蛋白	粗脂肪	粗纤维	粗灰分	钙	总磷	有效磷
43 玉米 DDGS	玉米酒精糟及可溶物，脱水	90	28.30	13.70	7.10	4.10	0.20	0.74	0.31
44 蚕豆粉浆蛋白粉	蚕豆去皮制粉丝后的浆液，脱水	88	66.30	4.70	4.10	2.60	—	0.59	—
45 麦芽根	大麦芽副产品，干燥	89.7	28.30	1.40	12.50	6.10	0.22	0.73	—
46 鱼粉	7 样平均值	90	64.50	5.60	0.50	11.40	3.81	2.83	0.83
47 鱼粉	8 样平均值	90	62.50	4.00	0.50	12.30	3.96	3.05	3.05
48 鱼粉	沿海区产的海鱼粉，脱脂	90	60.20	4.90	0.50	12.80	4.04	2.90	2.90
49 鱼粉	山东浙江等产小鱼，脱脂	90	53.50	10.00	0.80	20.80	5.88	3.20	3.20
50 血粉	鲜猪血，喷雾干燥	88	82.80	0.40	0.00	3.20	0.29	0.31	0.31
51 羽毛粉	纯净羽毛，水解	88	77.90	2.20	0.70	5.80	0.20	0.68	0.68
52 皮革粉	废牛皮，水解	88	74.70	0.80	1.60	10.90	4.40	0.15	0.15
53 肉骨粉	屠宰下脚，带骨干燥粉碎	93	45.00	8.50	2.50	37.00	11.00	5.90	5.90
54 肉粉	脱脂	94	54.00	12.00	1.40	—	7.69	3.88	3.88
55 苜蓿草粉	NY/T 1 级，1 茬，盛花期，烘干	87	19.10	2.30	22.70	35.30	1.40	0.51	0.51
56 苜蓿草粉	NY/T 2 级，1 茬，盛花期，烘干	87	17.20	2.60	25.60	8.30	1.52	0.22	0.22
57 苜蓿草粉	NY/T 3 级	87	14.30	2.10	21.60	10.10	1.34	0.19	0.19
58 啤酒糟	大麦酿造副产品	88	24.30	5.30	13.40	4.20	0.32	0.42	0.14
59 啤酒酵母	啤酒酵母菌粉，QB/T1940—94	91.7	52.40	0.40	0.60	4.70	0.16	1.02	0.31
60 乳清粉	乳清，脱水，含乳糖 72%以上	94	12.00	0.70	0.00	9.70	0.87	0.79	0.79
61 牛奶乳糖	含乳糖 80%以上	96	4.00	0.50	0.00	8.00	0.52	0.62	0.62

附表二 有效能及矿物质

饲料名称	鸡代谢能 AME	钠	钾	氯	镁	硫	铁	铜	锰	锌	硒
	兆焦/千克	(%)	(%)	(%)	(%)	(%)	(毫克/千克)	(毫克/千克)	(毫克/千克)	(毫克/千克)	(毫克/千克)
01 玉米	13.31	0.01	0.29	0.04	0.11	0.13	36	3.4	5.8	21.1	0.04
02 玉米	13.56	0.02	0.30	0.04	0.12	0.08	37	3.3	6.1	19.2	0.03
03 玉米	13.47	0.02	0.30	0.04	0.12	0.08	37	3.3	6.1	19.2	0.03
04 高粱	12.30	0.03	0.34	0.09	0.15	0.08	87	7.6	17.1	20.1	<0.05
05 小麦	12.72	0.06	0.50	0.07	0.11	0.11	88	7.9	45.9	29.7	10.05
06 大麦（裸）	11.21	0.04	0.36	0.00	0.11	—	100	7	18	30	0.16
07 大麦（皮）	11.30	0.02	0.56	0.15	0.14	0.15	87	5.6	17.5	23.6	0.06
08 黑麦	11.26	0.02	0.42	0.04	0.12	0.15	117	7	53	35	0.4
09 稻谷	11.00	0.04	0.34	0.07	0.07	0.05	40	3.5	20	8	0.04
10 糙米	14.06	—	0.34	0.06	0.09	—0.10	78	3.3	21	10	0.07
11 碎米	14.23	—	0.13	0.08	0.11	—0.06	62	8.8	47.5	36.4	0.06
12 粟（谷子）	11.88	0.04	0.43	0.14	0.16	0.13	270	24.5	22.5	15.9	0.08
13 木薯干	12.38	—	—	—	—	—	150	4.2	6	14	—0.04
14 甘薯干	9.79	—	—	—	0.08	—	107	6.1	10	9	—0.07
15 次粉	12.76	0.06	0.60	0.04	0.41	0.17	140	11.6	94.2	73	0.07
16 次粉	12.51	0.06	0.60	0.04	0.41	0.17	140	11.6	94.2	73	0.07
17 小麦麸	6.82	0.07	1.19	0.07	0.52	0.22	170	13.8	104.3	96.5	0.07
18 米糠	11.21	0.07	1.73	0.07	0.90	0.18	304	7.1	175.9	50.3	0.09
19 米糠饼	12.17	0.08	1.80	—	1.26	—	400	8.7	211.6	56.4	0.09
20 米糠粕	8.28	0.09	1.80	—	—	—	432	9.4	228.4	60.9	0.1

（续）

饲料名称	鸡代谢能 AME 兆焦/千克	钠（%）	钾（%）	氯（%）	镁（%）	硫（%）	铁（毫克/千克）	铜（毫克/千克）	锰（毫克/千克）	锌（毫克/千克）	硒（毫克/千克）
21 大豆	13.55	0.02	1.70	0.03	0.28	0.23	111	18.1	21.5	40.7	0.06
22 大豆饼	10.54	0.02	1.77	0.02	0.25	0.33	187	19.8	32	43.4	0.04
23 大豆粕	9.83	0.03	2.00	0.05	0.27	0.43	181	23.5	37.3	45.3	0.1
24 大豆粕	9.62	0.03	1.68	0.05	0.27	0.43	181	23.5	27.4	45.4	0.06
25 棉籽饼	9.04	0.04	1.20	0.14	0.52	0.40	266	11.6	17.8	44.9	0.11
26 棉籽粕	8.41	0.04	1.16	0.04	0.40	0.31	263	14	18.7	55.5	0.15
27 菜籽饼	8.16	0.02	1.34	—	—	—	687	7.2	78.1	59.2	0.29
28 菜籽粕	7.41	0.09	1.40	0.11	0.51	0.85	653	7.1	82.2	67.5	0.16
29 花生仁饼	11.63	0.04	0.15	0.03	0.33	0.29	347	23.7	36.7	52.5	0.06
30 花生仁粕	10.88	0.07	1.23	0.03	0.31	0.30	368	25.1	38.9	55.7	0.06
31 向日葵仁饼	6.65	0.02	1.17	0.01	0.75	0.33	424	45.6	41.5	62.1	0.09
32 向日葵仁粕	9.71	0.20	1.00	0.01	0.75	0.33	226	32.8	34.5	82.7	0.06
33 向日葵仁粕	8.49	0.20	1.23	0.10	0.68	0.30	310	35	35	80	0.08
34 亚麻仁饼	9.79	0.09	1.25	0.04	0.58	0.39	204	27	40.3	36	0.18
35 亚麻仁粕	7.95		1.38	0.05	0.56	0.51	219	25.5	43.3	38.7	0.18
36 芝麻饼	8.95		1.39	0.05	0.50	0.43	—	50.4	32	2.4	—
37 玉米蛋白粉	16.23		0.30	0.05	0.08	0.43	230	1.9	5.9	19.2	0.02
38 玉米蛋白粉	14.26		0.35	—	—	—	332	10	78	49	—
39 玉米蛋白粉	13.30		0.40	0.08	0.05	0.60	400	28	7	—	1
40 玉米蛋白饲料	8.45		1.30	0.22	0.42	0.16	282	10.7	77.1	59.2	0.23

（续）

饲料名称	鸡代谢能 AME 兆焦/千克	钠（%）	钾（%）	氯（%）	镁（%）	硫（%）	铁（毫克/千克）	铜（毫克/千克）	锰（毫克/千克）	锌（毫克/千克）	硒（毫克/千克）
41 玉米胚芽	9.37		0.30	—	0.10	0.30	99	12.8	19	108.1	—
42 玉米胚芽粕	8.66		0.69	—	0.16	0.32	214	7.7	23.3	126.6	0.33
43 玉米 DDGS	9.20		0.98	0.17	0.35	0.30	197	43.9	29.5	83.5	0.37
44 蚕豆粉浆蛋白粉	14.53	0.01	0.06	—	—	—	—	22	16	—	—
45 麦芽根	5.90	0.06	2.18	0.59	0.16	0.79	198	5.3	67.8	42.4	0.6
46 鱼粉	12.38	0.88	0.90	0.60	0.24	0.77	226	9.1	9.2	98.9	2.7
47 鱼粉	12.18	0.78	0.83	0.61	0.16	0.48	181	6	12	90	1.62
48 鱼粉	11.80	0.97	1.10	0.61	0.16	0.45	80	8	10	80	1.5
49 鱼粉	12.13	1.15	0.94	0.61	0.16	—	292	8	9.7	88	1.94
50 血粉	10.29	0.31	0.90	0.27	0.16	0.32	2 100	8	2.3	14	0.7
51 羽毛粉	11.42	0.31	0.18	0.26	0.20	1.39	73	6.8	8.8	53.8	0.8
52 皮革粉	—	—	—	—	—	—	131	11.1	25.2	89.8	—
53 肉骨粉	9.96	0.60	1.30	0.70	1.00	0.40	500	1.5	10.1	90	0.25
54 肉粉	9.20	0.80	0.57	0.97	0.35	0.45	440	10	10	94	0.37
55 苜蓿草粉	4.06	0.09	2.08	0.38	0.30	0.30	372	9.1	30.7	17.1	0.46
56 苜蓿草粉	3.64	0.17	2.40	0.46	0.36	0.37	361	9.7	30.7	21	0.46
57 苜蓿草粉	3.51	0.11	2.22	0.46	0.36	0.17	437	9.1	33.2	22.6	0.48
58 啤酒糟	9.92	0.25	0.08	0.12	0.19	0.21	274	20.1	35.6	—	0.41
59 啤酒酵母	10.54	0.10	1.70	0.12	0.23	0.38	248	61	22.3	86.7	1
60 乳清粉	11.42	2.11	1.81	0.14	0.13	1.04	160	—	4.6	—	0.06
61 牛奶乳糖	11.25	—	2.40	—	0.15	—	—	—	—	—	—

附表三 饲料氨基酸含量（%）(1)

饲料名称	干物质	粗蛋白	赖氨酸	蛋氨酸	胱氨酸	苏氨酸	异亮氨酸
01 玉米	86	9.40	0.26	0.19	0.22	0.31	0.26
02 玉米	86	8.70	0.24	0.18	0.20	0.30	0.25
03 玉米	86	7.80	0.23	0.15	0.15	0.29	0.24
04 高粱	86	9.00	0.18	0.17	0.12	0.26	0.35
05 小麦	87	13.90	0.30	0.25	0.24	0.33	0.44
06 大麦（裸）	87	13.00	0.44	0.14	0.25	0.43	0.43
07 大麦（皮）	87	11.00	0.42	0.18	0.18	0.41	0.52
08 黑麦	88	11.00	0.37	0.16	0.25	0.34	0.40
09 稻谷	86	7.80	0.29	0.19	0.16	0.25	0.32
10 糙米	87	8.80	0.32	0.20	0.14	0.28	0.30
11 碎米	88	10.40	0.42	0.22	0.17	0.38	0.39
12 粟（谷子）	86.5	9.70	0.15	0.25	0.20	0.35	0.36
13 木薯干	87	2.50	0.13	0.05	0.04	0.10	0.11
14 甘薯干	87	4.00	0.16	0.06	0.08	0.18	0.17
15 次粉	88	15.40	0.59	0.23	0.37	0.50	0.55
16 次粉	87	13.60	0.52	0.16	0.33	0.50	0.48
17 小麦麸	87	15.70	0.58	0.13	0.26	0.43	0.46
18 米糠	87	12.80	0.74	0.25	0.19	0.48	0.63
19 米糠饼	88	14.70	0.66	0.26	0.30	0.53	0.72
20 米糠粕	87	15.10	0.72	0.28	0.32	0.57	0.78
21 大豆	87	35.50	2.22	0.48	0.55	1.38	1.44
22 大豆饼	87	40.90	2.38	0.59	0.61	1.41	1.53
23 大豆粕	87	46.80	2.81	0.56	0.60	1.89	2.00
24 大豆粕	87	43.00	2.45	0.64	0.66	1.88	1.76
25 棉籽饼	88	36.30	1.40	0.41	0.70	1.14	1.16
26 棉籽粕	88	42.50	1.59	0.45	0.82	1.31	1.30
27 菜籽饼	88	35.70	1.33	0.60	0.82	1.40	1.24
28 菜籽粕	88	38.60	1.30	0.63	0.87	1.49	1.29
29 花生仁饼	88	44.70	1.32	0.39	0.38	1.05	1.18
30 花生仁粕	88	47.80	1.40	0.41	0.40	1.11	1.25
31 向日葵仁饼	88	29.00	0.96	0.59	0.43	0.98	1.19
32 向日葵仁粕	88	36.50	1.22	0.72	0.62	1.25	1.51
33 向日葵仁粕	88	33.60	1.13	0.69	0.50	1.14	1.39
34 亚麻仁饼	88	32.20	0.73	0.46	0.48	1.00	1.15
35 亚麻仁粕	88	34.80	1.16	0.55	0.55	1.10	1.33

（续）

饲料名称	干物质	粗蛋白	赖氨酸	蛋氨酸	胱氨酸	苏氨酸	异亮氨酸
36 芝麻饼	92	39.20	0.82	0.82	0.75	1.29	1.42
37 玉米蛋白粉	90.1	63.50	0.97	1.42	0.96	2.08	2.85
38 玉米蛋白粉	91.2	51.30	0.92	1.14	0.76	1.59	1.75
39 玉米蛋白粉	89.9	44.30	0.71	1.04	0.65	1.38	1.63
40 玉米蛋白饲料	88	19.30	0.63	0.29	0.33	0.68	0.62
41 玉米胚芽饼	90	16.70	0.70	0.31	0.47	0.64	0.53
42 玉米胚芽粕	90	20.80	0.75	0.21	0.28	0.68	0.77
43 玉米 DDGS	90	28.30	0.59	0.59	0.39	0.92	0.98
44 蚕豆粉浆蛋白粉	88	66.30	4.44	0.60	0.57	2.31	2.90
45 麦芽根	89.7	28.30	1.30	0.37	0.26	0.96	1.08
46 鱼粉	90	64.50	5.22	1.71	0.58	2.87	2.68
47 鱼粉	90	62.50	5.12	1.66	0.55	2.78	2.79
48 鱼粉	90	60.20	4.72	1.64	0.52	2.57	2.68
49 鱼粉	90	53.50	3.87	1.39	0.49	2.51	2.30
50 血粉	88	82.80	6.67	0.74	0.98	2.86	0.75
51 羽毛粉	88	77.90	1.65	0.59	2.93	3.51	4.21
52 皮革粉	88	74.70	2.18	0.80	0.16	0.71	1.06
53 肉骨粉	93	45.00	2.20	0.53	0.26	1.58	1.70
54 肉粉	94	54.00	3.07	0.80	0.60	1.97	1.60
55 苜蓿草粉	87	19.10	0.82	0.21	0.22	0.74	0.68
56 苜蓿草粉	87	17.20	0.81	0.20	0.16	0.69	0.66
57 苜蓿草粉	87	14.26	0.60	0.18	0.15	0.45	0.58
58 啤酒糟	88	24.30	0.72	0.52	0.35	0.81	1.18
59 啤酒酵母	91.7	52.40	3.38	0.83	0.50	2.33	2.85
60 乳清粉	94	12.00	1.10	0.20	0.30	0.80	0.90
61 牛奶乳糖	96	4.00	0.16	0.03	0.04	0.10	0.10

附表四　饲料氨基酸含量（%）（2）

饲料名称	亮氨酸	精氨酸	缬氨酸	组氨酸	酪氨酸	苯丙氨酸	色氨酸
01 玉米	1.03	0.38	0.4	0.23	0.34	0.43	0.08
02 玉米	0.93	0.39	0.38	0.21	0.33	0.41	0.07
03 玉米	0.93	0.37	0.35	0.2	0.31	0.38	0.06

（续）

饲料名称	亮氨酸	精氨酸	缬氨酸	组氨酸	酪氨酸	苯丙氨酸	色氨酸
04 高粱	1.08	0.33	0.44	0.18	0.32	0.45	0.08
05 小麦	0.8	0.58	0.56	0.27	0.37	0.58	0.15
06 大麦（裸）	0.87	0.64	0.63	0.16	0.4	0.68	0.16
07 大麦（皮）	0.91	0.65	0.64	0.24	0.35	0.59	0.12
08 黑麦	0.64	0.5	0.52	0.25	0.26	0.49	0.12
09 稻谷	0.58	0.57	0.47	0.15	0.37	0.4	0.1
10 糙米	0.61	0.65	0.49	0.17	0.31	0.35	0.12
11 碎米	0.74	0.78	0.57	0.27	0.39	0.49	0.12
12 粟（谷子）	1.15	0.3	0.42	0.2	0.26	0.49	0.17
13 木薯干	0.15	0.4	0.13	0.05	0.04	0.1	0.03
14 甘薯干	0.26	0.16	0.27	0.08	0.13	0.19	0.05
15 次粉	1.06	0.86	0.72	0.41	0.46	0.66	0.21
16 次粉	0.98	0.85	0.68	0.33	0.45	0.63	0.18
17 小麦麸	0.81	0.97	0.63	0.39	0.28	0.58	0.2
18 米糠	1	1.06	0.81	0.39	0.5	0.63	0.14
19 米糠饼	1.06	1.19	0.99	0.43	0.51	0.76	0.15
20 米糠粕	1.3	1.28	1.07	0.46	0.55	0.82	0.17
21 大豆	2.53	2.59	1.67	0.87	1.11	1.76	0.56
22 大豆饼	2.69	2.47	1.66	1.08	1.5	1.75	0.63
23 大豆粕	3.66	3.59	2.1	1.33	1.65	2.46	0.64
24 大豆粕	3.2	3.12	1.95	1.07	1.53	2.18	0.68
25 棉籽饼	2.07	3.94	1.51	0.9	0.95	1.88	0.39
26 棉籽粕	2.35	4.3	1.74	1.06	1.19	2.18	0.44
27 菜籽饼	2.26	1.82	1.62	0.83	0.92	1.35	0.42
28 菜籽粕	2.34	1.83	1.74	0.86	0.97	1.45	0.43
29 花生仁饼	2.36	4.6	1.28	0.83	1.31	1.81	0.42
30 花生仁粕	2.5	4.88	1.36	0.88	1.39	1.92	0.45
31 向日葵仁饼	1.76	2.44	1.35	0.62	0.77	1.21	0.28
32 向日葵仁粕	2.25	3.17	1.72	0.81	0.99	1.56	0.47
33 向日葵仁粕	2.07	2.89	1.58	0.74	0.91	1.43	0.37
34 亚麻仁饼	1.62	2.35	1.44	0.51	0.5	1.32	0.48
35 亚麻仁粕	1.85	3.59	1.51	0.64	0.93	1.51	0.7
36 芝麻饼	2.52	2.38	1.84	0.81	1.02	1.68	0.49
37 玉米蛋白粉	11.59	1.9	2.98	1.18	3.19	4.1	0.36
38 玉米蛋白粉	7.87	1.48	2.05	0.89	2.25	2.83	0.31

（续）

饲料名称	亮氨酸	精氨酸	缬氨酸	组氨酸	酪氨酸	苯丙氨酸	色氨酸
39 玉米蛋白粉	7.08	1.31	1.84	0.78	2.03	2.61	—
40 玉米蛋白饲料	1.82	0.77	0.93	0.56	0.5	0.7	0.14
41 玉米胚芽饼	1.25	1.16	0.91	0.45	0.54	0.64	0.16
42 玉米胚芽粕	1.54	1.51	1.66	0.62	0.66	0.93	0.18
43 玉米 DDGS	2.63	0.98	1.3	0.59	1.37	1.93	0.19
44 蚕豆粉浆蛋白粉	5.88	5.96	3.2	1.66	2.21	3.43	—
45 麦芽根	1.58	1.22	1.44	0.54	0.67	0.85	0.42
46 鱼粉	4.99	3.91	3.25	1.75	2.13	2.71	0.78
47 鱼粉	5.06	3.86	3.14	1.83	2.01	2.67	0.75
48 鱼粉	4.8	3.57	3.17	1.71	1.96	2.35	0.7
49 鱼粉	4.3	3.24	2.77	1.29	1.7	2.22	0.6
50 血粉	8.38	2.99	6.08	4.4	2.55	5.23	1.11
51 羽毛粉	6.78	5.3	6.05	0.58	1.79	3.57	0.4
52 皮革粉	2.53	4.45	1.91	0.4	0.63	1.56	0.5
53 肉骨粉	2.9	2.7	2.4	1.5	—	1.8	0.18
54 肉粉	3.84	3.6	2.66	1.14	1.4	2.17	0.35
55 苜蓿草粉	1.2	0.78	0.91	0.39	0.58	0.82	0.43
56 苜蓿草粉	1.1	0.74	0.85	0.32	0.54	0.81	0.37
57 苜蓿草粉	1	0.61	0.58	0.19	0.38	0.59	0.24
58 啤酒糟	1.08	0.98	1.66	0.51	1.17	2.35	—
59 啤酒酵母	4.76	2.67	3.4	1.11	0.12	4.07	2.08
60 乳清粉	1.2	0.4	0.7	0.2	—	0.4	0.2
61 牛奶乳糖	0.18	0.29	0.1	0.1	0.02	0.1	0.1

二、鸭生产性能指标名称和计算方法

（一）种鸭产蛋性能

1. 开产日龄

（1）个体开产日龄　是指个体的性成熟日龄，即每只种鸭产第一枚蛋的日龄，应每只种鸭分别记载，然后以各个体的平均日龄计算。

（2）群体开产日龄　以群体中母鸭日产蛋率连续 3 天到达

50%产蛋率时，3天中的第一天作为群体开产日龄，即群体性成熟日龄。

2. 产蛋量

（1）个体产蛋量　将母鸭个体月产蛋记录表中的产蛋数相加，即得各母鸭的月产蛋量。整个产蛋期相加即得产蛋期各个体的产蛋量。

（2）群体产蛋量

①按入舍母鸭数统计

入舍母鸭年产蛋量（枚）＝年内（或产蛋期内）总产蛋量÷入舍之日母鸭数

②按母鸭饲养日统计

母鸭饲养只日年产蛋量（枚）＝年内（或统计期内）的总产蛋量÷平均饲养母鸭只数＝年内（或统计期内）的总产蛋数×统计期日数÷统计期内累加饲养只日数

3. 产蛋率　母鸭在统计期内的产蛋百分比。

（1）入舍母鸭年产蛋率（%）＝统计期内的总产蛋量÷（入舍母鸭数×统计日数）×100

（2）母鸭饲养只日年产蛋率（%）＝统计期内的总产蛋量÷实际饲养日母鸭只数的累加数×100

统计期内的总产蛋量指周、月、年和规定期内统计的产蛋量。

4. 蛋重

（1）平均蛋重　从300日龄开始计算，以克为单位。个体记录者须连续称取3个以上的蛋求平均值；群体记录时，则连续称取3天总产蛋量求平均值。大型种鸭场按日产蛋量的5%称测蛋重，求平均值。

（2）总蛋重（千克）＝［平均蛋重（克）×平均产蛋量］÷1 000

（二）种蛋孵化性能

1. 种蛋合格率　指种鸭在规定的产蛋期内（或产蛋一年中），所产符合该品种要求的（一般指能入孵的）种蛋数占产蛋总数的百分比。

种蛋合格率（%）＝合格种蛋数÷产蛋总数×100

2. 受精率　受精蛋占入孵蛋的百分比。血圈、血线蛋按受精蛋计算；散黄蛋按无精蛋计算。

受精率（%）＝受精蛋数÷入孵蛋数×100

3. 孵化率（出雏率）

①受精蛋孵化率　出雏数占受精蛋数的百分比。

受精蛋孵化率（%）＝出雏数÷受精蛋数×100

②入孵蛋孵化率　出雏数占入孵蛋数的百分比。

入孵蛋孵化率（%）＝出雏数÷入孵蛋数×100

4. 健雏率　指健康雏鸭数占出雏总数的百分比。健雏指适时出壳、绒毛正常、脐部愈合良好、精神活泼、无畸形者。

健雏率（%）＝健雏数÷出雏数×100

5. 种母鸭提供健雏数　每只种母鸭在规定产蛋期内提供的健康雏鸭数。

（三）肉鸭肉用性能

1. 宰前体重（活重）　指在屠宰前禁食 12 小时后的重量，以克为单位（以下同）。

2. 屠体重　切开耳下颈部血管，放血致死，去羽毛、脚皮、趾壳和喙壳后的重量（湿拔法须沥干）。

3. 半净膛重　屠体、气管、食管、嗉囊、肠、脾、胰和生殖器官，留心、肝（去胆）、肾、腺胃、肌胃（除去内容物及角质膜）和腹脂（包括腹部板油及肌胃周围的脂肪）的重量。

4. 全净膛重　半净膛去心、肝、腺胃、肌胃、腹脂后的重量。

5. 常用的几项屠宰率的计算方法

①屠宰率（%）＝屠体重÷宰前活重×100

②半净膛率（%）＝半净膛重÷宰前活重×100

③全净膛率（%）＝全净膛重÷宰前活重×100

④翅膀率　将翅膀向外侧拉开，在肩关节处切下，称左右两侧翅膀重，并计算其占全净膛的比例。

翅膀率（%）＝两侧翅膀重÷全净膛重×100

⑤腿比率　将腿向外侧拉开使之与体躯垂直，用刀沿着腿内侧与体躯连接中间向后，绕过坐骨端避开尾腺部，沿腰荐中线向前直至最后胸椎处，将皮肤切开，用力把腿部向外掰开，切离髋关节各部分肌腱，即可连皮肤撕下腿部，称两侧腿肌重，计算其与全净膛重的比率。

腿比率（%）＝两侧大腿重÷全净膛重×100

⑥腿肌比率　去腿骨，皮肤，皮下脂肪后的全部腿肌占全净膛重的比率。

腿肌率（%）＝大小腿净肌肉重÷全净膛重×100

⑦胸肌率　沿着胸骨脊切开皮肤并向背部剥离，用刀切离附于胸骨脊侧面的肌肉和肩胛部肌腱，就可将整块去皮的胸肌剥离，称两侧胸肌重，并计算其与全净膛重的比率。

胸肌率（%）＝两侧胸肌重÷全净膛重×100

⑧内脏重、肠重

内脏重＝心＋肝＋肌胃

肠重＝大小肠＋胆、胰、脾、胸腺＋生殖器官

（四）育雏期、育成期的生长速度及成活率

1. 生长速度

（1）称重

①育雏和育成期需称重 3 次，包括初生、育雏期末和育成期

末。每次称重数量至少 100 只（公母各半）。称重前需断料 6 小时以上（鸭为 12 小时以上）。

②种鸭成年体重分为开产期体重和产蛋期末体重。

（2）绝对增重

①育雏期增重＝育雏期末体重－初生重

②育成期增重＝育成期末体重－育雏期末体重

③全期增重＝育成期末体重－初生重

（3）相对增重

①育雏期相对生长速度（%）＝（育雏期末体重－初生重）÷育雏期末体重×100

②育成期相对生长速度（%）＝（育成期末体重－育雏期末体重）÷育雏期末体重×100

③全期相对生长速度（%）＝（育成期末体重－初生重）÷育雏期末体重×100

2. 成活率

（1）育雏期成活率　育雏期末成活鸭数占入舍鸭数的百分比。

育雏期成活率（%）＝育雏期末成活雏鸭数÷入舍雏鸭数×100

（2）育成期成活率　育成期末成活鸭数占育雏期末入舍雏鸭数的百分比。

育成期成活率（%）＝育成期末成活的育成鸭数÷育雏期末成活鸭数×100

（3）全期成活率　育成期末成活鸭数占入舍雏鸭数的百分比。

全期成活率（%）＝育成期末成活的育成鸭数÷入舍雏鸭数×100

（五）饲料转化率

1. 耗料量（以下均按全群来统计）

（1）育雏期耗料量　从育雏期开始至育雏期结束时的耗料量。

（2）育成期耗料量　从育成期开始至育成期结束时的耗料量。

（3）整个饲养期耗料量　从育雏期开始至育成期结束时的耗料量。

2. 料重比

（1）育雏期料肉比

育雏期料肉比＝育雏期的耗料量÷（育雏结束时的体重－初生重）

（2）育成期料肉比

育成期料肉比＝育成期的耗料量÷（育成期结束时的体重－育雏结束时的体重）

（3）全期料肉比

全期料肉比＝整个饲养期的耗料量÷（育成期末体重－初生重）

参考文献

[1] 杜文兴，周俊编著．鸭无公害饲养综合技术．北京：中国农业出版社，2003
[2] 杜文兴编著．新型家庭养鸭．北京：中国农业出版社，2002
[3] 甘孟侯主编．中国禽病学．北京：中国农业出版社，1999
[4] 高福等译．禽病学（第十版）．北京：中国农业出版社，1999
[5] 邱祥聘主编．家禽学（第三版）．成都：四川科学技术出版社，1993
[6] 陈育新主编．中国水禽．北京：中国农业出版社，1990
[7] 陈烈等编著．实用养禽手册．上海：上海科学技术出版社，1989
[8] FAO 网站资料